普通高等院校计算机类专业规划教材·精品系列

Web 程序设计

（第二版）

武仁杰　主　编
王志辉　米海英　郭晓玲　副主编
郭喜凤　主　审

中国铁道出版社
CHINA RAILWAY PUBLISHING HOUSE

内容简介

ASP作为目前流行的Web应用程序开发技术之一，其功能强大而简单易学，是学习Web程序设计的首选。本书从初学者的角度出发，结合实例，循序渐进地介绍了使用ASP技术进行Web程序设计的方法和技术。全书共九章，主要内容包括Web程序设计基础、HTML和CSS、JavaScript、浏览器端程序设计、VBScript、ASP程序设计、ActiveX组件、ActiveX数据对象和电子文档管理系统的开发等，内容丰富，结构清晰，具有很强的实用性。

本书适合作为高等院校Web程序设计课程的教材，也可作为Web程序设计爱好者的自学用书。

图书在版编目（CIP）数据

Web程序设计/武仁杰主编. —2版. —北京：中国铁道出版社，2015.8

普通高等院校计算机类专业规划教材. 精品系列

ISBN 978-7-113-20737-3

Ⅰ. ①W… Ⅱ. ①武… Ⅲ. ①网页制作工具—程序设计—高等学校—教材 Ⅳ. ①TP393.092

中国版本图书馆CIP数据核字（2015）第166220号

书　　名：Web程序设计（第二版）
作　　者：武仁杰　主编

策　　划：周海燕　　**读者热线**：400-668-0820
责任编辑：周海燕　冯彩茹
封面设计：穆　丽
封面制作：白　雪
责任校对：汤淑梅
责任印制：李　佳

出版发行：中国铁道出版社（北京市西城区右安门西街8号，邮政编码100054）
网　　址：http://www.51eds.com
印　　刷：北京海淀五色花印刷厂
版　　次：2009年8月第1版　2015年8月第2版　2015年8月第1次印刷
开　　本：787 mm×1092 mm　1/16　**印张**：19.25　**字数**：433千
书　　号：ISBN 978-7-113-20737-3
定　　价：37.00元

版权所有　侵权必究

凡购买铁道版图书，如有印制质量问题，请与本社教材图书营销部联系调换。电话：（010）63550836

打击盗版举报电话：（010）51873659

第二版前言

随着“互联网+”时代的到来，开发 Web 方式的应用系统已经成为应用程序设计的发展趋势。ASP（Active Server Pages）作为流行的 Web 程序开发技术，深受 Web 开发人员特别是初学者的喜爱。ASP 作为一种服务器端脚本编写技术，可以用来创建动态页面的 Web 应用程序。ASP 页面可以包含 HTML 元素、普通文本、脚本以及 COM 组件等。自 Halcycon 公司开发出称为 iASP（Instant ASP）的 ASP 脚本解释引擎后，ASP 不仅能够运行在 Windows 系统平台上的 IIS 环境中，也能运行于 UNIX 和 Linux 平台上的 Apache，使得 ASP 可以跨平台运行。

本书面向高等学校在校学生及广大 Web 程序设计的初学者。从初学者角度出发，结合实例，循序渐进地介绍了使用 ASP 技术进行 Web 程序设计的方法和技术。全书结构合理，语言通俗易懂，讲解深入浅出，便于自学。

本书自第一版发行以来，受到了读者的喜爱。随着 Web 应用程序开发技术的发展，有必要对第一版教材进行修订。在修订时，我们重新编写了第 2、3、5、7 章，介绍了最新的 HTML 5.0，增加了第 4 章浏览器端程序设计技术，在第 7 章中删除了对不常用组件的介绍并新增了对邮件发送组件的使用方法和用 Visual C++开发服务端组件的介绍，在第 8 章中增加了对高版本 Access 数据库使用方法和 Stream 对象使用方法的介绍。书中所有示例代码均在 IIS 7.0+IE 11 环境中调试通过。修改后全书共分为 9 章，第 1 章介绍 Web 程序设计基础；第 2 章介绍 HTML 和 CSS；第 3 章介绍 JavaScript；第 4 章介绍浏览器端程序设计技术；第 5 章介绍 VBScript；第 6 章介绍 ASP 程序设计；第 7 章介绍 ActiveX 组件；第 8 章介绍 ActiveX 数据对象；第 9 章以电子文档管理系统的开发为例，介绍 Web 应用程序设计、开发、发布和测试的过程和方法。

参加本书编写工作的人员都是长期从事计算机教学、科研和程序开发的一线教师，他们丰富的教学经验已经融入本书的每一章节中。本书凝聚了编者多年的教学经验和智慧，内容丰富、系统、完整，深入浅出，便于学习。

本书由武仁杰任主编，王志辉、米海英、郭晓玲任副主编。具体分工如下：第 1～4、6～8 章由武仁杰执笔；第 5 章由郭晓玲执笔；第 9 章由王志辉执笔；参加本书编写和程序调试的还有张敏、米海英、孙佰利和王锐等。郭喜凤对全书进行了审阅。

在编写本书的过程中，参考了大量的相关资料，在此向所有作者表示衷心的感谢。中国铁道出版社对本书的出版给予了大力支持，在此一并表示感谢。

限于编者水平，时间仓促，书中难免存在疏漏和不足之处，敬请广大读者批评、指正。

编　者

2015 年 5 月

第一版前言

随着Internet技术的发展，基于Web的应用系统正在成为信息系统的主流。网上应用系统、企事业信息管理、电子商务和电子政务等需求的增加，使用Web方式进行信息处理和应用系统开发已经成为应用程序设计的发展趋势。目前，ASP（Active Server Pages）是最为流行的Web程序开发技术，它做为一种服务器端脚本编写技术，可以用来创建和运行动态网页或Web应用程序。ASP网页可以包含HTML标记、普通文本、脚本命令以及COM组件等。自Halcycon公司开发出称为iASP（Instant ASP）的ASP脚本解释引擎后，ASP不仅能够运行在Windows系统平台上的IIS环境中，也能运行于UNIX和Linux平台上的Apache，使得ASP可以跨平台运行。

本书面向高等学校在校学生及广大Web程序设计的初学者。从初学者角度出发，结合实例，循序渐进地介绍了使用ASP技术进行Web程序设计的方法和技巧。全书结构合理，语言通俗易懂，讲解深入浅出，便于自学。

全书共8章，第1章介绍Web程序设计基础；第2章介绍HTML元素；第3章介绍JavaScript；第4章介绍VBScript；第5章介绍ASP内置对象；第6章介绍ActiveX组件；第7章介绍ActiveX数据对象；第8章以电子文档管理系统的开发为例，介绍Web应用程序设计、开发、发布和测试的过程和方法。

本书既可作为高等院校Web程序设计课程的教材，也可作为社会各类网站开发培训班的入门教材，还可用于Web程序设计的自学教材。

参加本书编写工作的人员都是长期从事计算机教学、科研和程序开发的一线教师，他们丰富的教学经验已经融入到本书的每一章节中。本书凝聚了多年的教学经验和集体的智慧，教材内容丰富、系统、完整，深入浅出。相信本书一定会受到读者的欢迎。

本书第1、5、6、7章由武仁杰执笔；第2章由米海英执笔；第3、4、8章由王志辉执笔；参加本书编写和程序调试的还有张敏、孙佰利、王锐、杨洁和叶永飞等。郭喜凤主审了全书。

编写过程中参考了大量的相关资料，并从网络中获取了许多最新资料，在此向所有作者表示衷心的感谢。

中国铁道出版社对本书的出版给予了大力支持，在此一并表示感谢。

限于编写者水平，时间仓促，书中难免会有疏漏之处，敬请广大读者批评、指正。

编　者

2008年12月

目　录

第 1 章

Web 程序设计基础 «

随着互联网应用的发展，Web 服务已成为互联网中最方便、最受欢迎的信息服务类型，它的影响力已远超出专业技术的范畴，并进入电子商务、远程教育、远程医疗与信息服务等领域，基于 Web 的应用系统也成为信息系统的主流。Web 程序设计技术已成为 IT 的主流技术。

本章主要介绍 Web 程序设计所必需的基础知识，其中包括 Web 的基本概念和工作方式、与 Web 有关的协议和统一资源定位器 URL、Web 程序设计技术和 Web 程序常用的编辑工具等内容。

1.1 应用程序架构及其发展

应用程序是指为了完成某项或某几项特定任务而被开发运行于操作系统之上的计算机程序。早期的计算机应用程序是在一台单独的计算机上运行，随着应用需求复杂程度的增加，应用程序架构也在不断变化，它经历了单机架构、工作站/服务器架构、客户机/服务器架构到浏览器/服务器架构的变化过程。

1.1.1 单机架构

最早的应用程序都是单机架构。在这种架构下，应用程序在本地计算机上运行，所有数据的存储和处理都在本地计算机上完成。这种架构要求本地计算机具有良好的性能和较大的磁盘空间，以实现数据的高效处理。

单机架构应用程序的优点是不易造成数据的丢失、安全性高、数据处理效率高。但这种架构存在致命的缺点：数据存储在本地，无法实现计算机间的数据共享。

1.1.2 工作站/服务器架构

为了解决数据共享问题，人们开始将应用程序部署成工作站/服务器（Workstation/Server，W/S）架构。这种架构的特点是将所有的数据保存在服务器上，由工作站运行程序来处理数据。所有的工作站通过网络连接到服务器，从服务器获取数据，然后利用运行在工作站上的应用程序对数据进行处理，并最终将处理结果保存到服务器上，以供他人共享。

工作站/服务器架构的优点是容易配置，对服务器的硬件要求不高。工作站/服务器架构的缺点是所有的数据都要通过网络传输，增大了网络流量，数据处理效率低。

如果网络规模较大，在处理数据时就显得力不从心了。另外，网络带宽和工作站的硬件配置直接影响数据处理的速度。

1.1.3 客户机/服务器架构

为了解决工作站/服务器架构过分依赖工作站性能和网络传输带宽的不足，人们提出了客户机/服务器架构（Client/Server，C/S）。客户机/服务器架构的特点是由客户机向服务器发出指令，所有数据都存储在服务器上，并且数据处理均在服务器上完成。在服务器完成数据处理后，将运算结果返回给客户机，客户机上的应用程序对结果进行二次处理后呈现给用户。

这种架构对客户机硬件要求不高，网络的作用仅限于发送操作指令和传送少量数据，因此也不会造成网络拥挤和堵塞现象。但这种架构的客户端应用程序均需分别安装在每一个客户端计算机上，不便于客户端应用程序的更新和升级。

1.1.4 浏览器/服务器架构

为了解决客户机/服务器架构的应用局限，浏览器/服务器（Browser/Server，B/S）架构的应用程序成为更多人的选择。浏览器/服务器架构是对客户机/服务器架构的改进，它使用 Internet 上的标准协议（TCP/IP）作为客户机和服务器的通信协议，可以使位于 Internet 上任意位置的人都可以访问服务器。服务器完成数据处理和数据的存储，并将处理结果以网页的形式提供给客户端。客户端的浏览器实现对数据的显示，客户端不需要单独编写应用程序，应用程序系统的升级只需在服务器上进行。

浏览器/服务器架构应用程序的普及，大大促进了 Web 应用程序设计技术的发展，出现了多种 Web 应用程序开发技术。

1.2 Internet 基础

随着 Internet 的发展和普及，越来越多的 Web 应用程序部署在 Internet 上。了解 Web 应用程序在 Internet 上运行和传输时所使用的协议 TCP/IP、HTTP 等 Internet 基础知识，对于学习 Web 程序设计显得极其重要。

1. TCP/IP

TCP/IP 是 Internet 所采用的协议簇，TCP 和 IP 是其中两个重要的协议，因此 TCP/IP 就成为这个协议簇的代名词。TCP 是传输控制协议，负责端到端的数据传输；IP 是网络互联协议，负责主机到主机的路由选择。该协议簇是一个分层的网络协议，从底到顶分为网络接口层、网际层、传输层和应用层四个层次。TCP/IP 各层中主要的协议如下：

（1）应用层：域名系统 DNS、简单邮件传输协议 SMTP、文件传输协议 FTP 和超文本传输协议 HTTP。

（2）传输层：传输控制协议 TCP 和用户数据报协议 UDP。

（3）网际层：网际协议 IP。

（4）网络接口层：随物理网络不同而使用不同的协议。

2. IP 地址

连接到 Internet 上的每台计算机必须有一个唯一的标识，该标识被称为 IP 地址。我们现在使用的 IPv4 地址由 32 位二进制数组成。为了便于书写，习惯上采用所谓的“点分十进制”表示，即每 8 位（bit）二进制数为一组，用十进制数表示，并用小数点隔开。 例如用二进制数表示的 IP 地址 11001010 01110000 00000000 00100100，用“点分十进制”表示为 202.112.0.36。

3. 域名

由于数字描述的 IP 地址没有规律且难于记忆，所以人们用具有一定含义的字符来描述每台主机的地址，称为域名（Domain name）。一个域名最多由 25 个子域名组成，各子域名间用圆点隔开。在 Internet 上由域名系统（DNS）负责域名和 IP 地址之间的转换，用户可以等价使用 IP 地址和域名。

例如，IP 地址为 60.8.194.163 的主机，域名为 www.hebeinu.edu.cn，我们可以等价使用 IP 地址和域名来访问对应的主机。

4. HTTP

HTTP（Hyper Text Transfer Protocol，超文本传输协议）是一个应用层协议，设计的目的是为了传送包含文字、图片、声音、视频等非纯文本的数据。由于其简捷、快速的特点，非常适用于分布式和合作式超媒体信息系统。自 1990 年起，HTTP 就已经被应用于 WWW 全球信息服务系统，它是 WWW 的核心，是 Web 应用程序客户端和服务器通信的基础。

5. URL

统一资源定位器 URL（Uniform Resource Locator）是某一信息资源的地址标志。

URL 由以下格式构成：

资源类型://存放资源的主机域名:端口/资源文件标识

URL 中资源类型可以为 http、ftp、telnet、news、mailto、file 等。

例如，访问存放在主机 www.hebeinu.edu.cn 上，端口为 7000 的 index.asp 文件时，使用下面的 URL：

http://www.hebeinu.edu.cn:7000/index.asp

其中 http 表示资源类型为超文本，www.hebeinu.edu.cn 为主机域名，使用的 TCP 端口为 7000，index.asp 为资源文件标识。

1.3 Web 简介

Web 是一种信息组织方式。它包含全世界 Internet 计算机中数量巨大的文档。这些文档彼此关联，通过超链接的形式组织在一起。Internet 上存放这些文档并提供服务的计算机称为 WWW 服务器或 Web 服务器，这些文档称为 Web 文档或网页，网页是 WWW 信息的基本单位，它含有丰富的文字、图像、声音、动画等信息。

1.3.1 Web 文档

Web 文档是由标记语言（HTML、XML 或 DHTML）和脚本语言（JavaScript、VBScript）等编写的代码组成的文本文件，其中可以包含指向图形、声音等的信息，也可以包含指向到其他文档的超链接。

Web 文档又称网页。网页分为静态网页和动态网页。静态网页是不包含服务端代码的 Web 文档，客户端请求这类文档时，服务器直接将该文档及嵌入到该文档的图像、声音等文件发送给客户端，由浏览器解释并呈现给用户。这类文档没有数据库支持，而且缺乏交互功能。动态网页包含服务端代码，客户端请求这类文档时，服务器将文档中所包含的服务端代码交给特定的程序解释并执行，最后将执行的结果和其他内容一同发送给客户端，由客户端浏览器解释并呈现给用户。Web 服务器端执行的代码可以是 ASP、ASP.NET、JSP、PHP 等代码，这类文档以数据库技术为基础，由于每次执行的结果会根据条件的不同而不同，所以称为动态网页。Web 应用程序主要由这类文档组成。

若干个网页按一定方式连接在一起，作为一个整体，用来描述一组完整的信息或一个单位的情况。这样一组存放在 Web 服务器上具有共同主题的相关联的网页组成的一组资源称为网站。网站的网页总是由一个主页和若干个其他页面组成。

主页是用户使用 Web 浏览器查看 Web 站点时，首先被解释执行的 Web 页，通常是首先被看到的页面。主页可以认为是网站门面，通过它可以链接到其他页面。

1.3.2 Web 的工作原理

Web 是一个分布式的超媒体（Hypermedia）系统，它是超文本（Hypertext）系统的扩充。WWW 以客户机/服务器方式工作。客户程序向服务器发出请求，服务器向客户程序返回客户所请求的 Web 文档。客户端浏览器对这些文档进行解释，按指定的显示方式显示出来。也就是说，当我们在浏览网页时，看到的所有信息，都是由客户端的浏览器处理而产生的，服务器只是提供了文字、所需的数据、文件和文件位置等信息。图 1-1 简单说明了 Web 工作的过程。

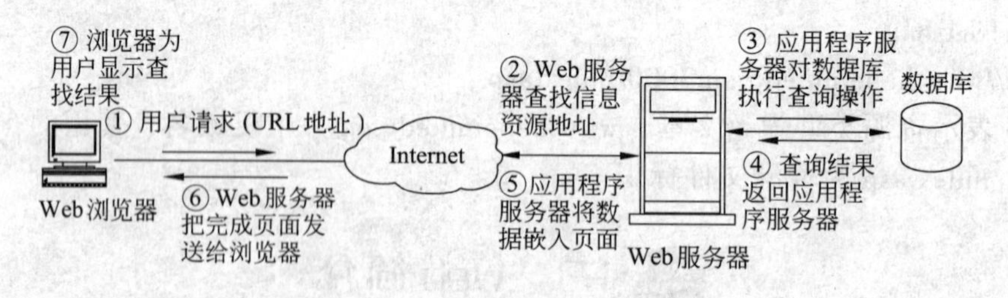

图 1-1　Web 的工作原理示意图

Web 的工作过程可归纳为以下几个步骤：

（1）用户在浏览器地址栏中指定一个 URL，浏览器向该 URL 所指向的 Web 服务器发出请求。

（2）Web 服务器（也称 HTTP 服务器）接到浏览器的请求后，把 URL 转换成页面所在服务器上的文件路径名。

（3）Web 服务器的特定程序执行 Web 应用程序的服务端代码，可以包含对数据库进行操作。

（4）数据库或数据库服务器将结果返回给 Web 服务器。

（5）Web 服务器将服务端代码执行的结果（包含数据）嵌入到客户端请求的页面中。

（6）Web 服务器向客户端发送页面。

（7）客户端浏览器解释并显示页面。

上述过程中，如果 URL 指向的是静态的 HTML 文档，则 Web 服务器直接将它送给浏览器，不需要上述（3）～（5）的步骤。HTML 文档中可能包含有使用 JavaScript、VBScript 等编写的客户端脚本代码，这些代码也将随 HTML 一起传送到浏览器，由浏览器解释执行。

1.3.3 Web 应用程序开发技术简介

Web 应用程序开发就是设计并编写使用 Web 页的方式来完成一定功能的程序，将 Web 应用程序的代码嵌入到 Web 页中，或将 Web 页与一些代码文件关联起来，其中一部分代码由服务端程序解释执行，一部分代码由客户端浏览器解释。

1. Web 客户端（浏览器）可解释执行的代码

（1）用 HTML（Hypertext Markup Language，超文本标记语言）编写的代码。

（2）按 CSS（Cascading Style Sheets，级联样式表）规范编写的代码。

（3）用 JavaScript（或 VBScript）编写的脚本。

（4）用 XML（Extensible Markup Language，可扩展标记语言）编写的代码。

2. Web 服务器端常用的开发技术

（1）JSP（Java Server Pages）技术。

（2）ASP（Active Server Pages）与 ASP.NET 技术。

（3）PHP（Personal Home Page Tools）技术。

其中 ASP（Active Server Pages）是 Microsoft 公司于 1996 年 11 月推出的 Web 应用程序开发技术，它既不是一种程序语言，也不是一种开发工具，而是一种技术框架，可以用来创建动态网页或 Web 应用程序。ASP 网页可以包含 HTML 标记、普通文本、脚本命令以及 COM 组件等。利用 ASP 可以向网页中添加交互式内容（如在线表单），也可以创建使用 HTML 网页作为用户界面的 Web 应用程序。使用 ASP 编写的 Web 文档，以.asp 作为扩展名，它具有以下四个特点：

（1）Web 服务器上的 ASP 解释程序会在服务器端执行 ASP 程序，并将执行的结果以 HTML 格式传送给客户端浏览器，用户使用各种客户端浏览器都可以正常浏览 ASP 所产生的网页。

（2）ASP 提供了一些内置对象，使用这些对象可以使服务器端脚本功能更强。例如，可以从 Web 浏览器中获取用户通过 HTML 表单提交的信息，并在脚本中对这些信息进行处理，然后向 Web 浏览器发送信息。

（3）ASP 可以使用服务器端 ActiveX 组件来执行各种各样的任务，例如，存取数据库或访问文件系统等。

（4）由于服务器是将 ASP 程序执行的结果以 HTML 格式传回客户端浏览器，因此使用者不会看到 ASP 所编写的原始程序代码，可防止 ASP 程序代码被窃取。

1.3.4　Web 应用程序部署环境

Web 应用程序是 B/S 架构的应用程序，它必须部署在安装并运行 Web 服务器软件的计算机上。目前常用的 Web 服务器软件有 Microsoft Internet Information Server（IIS）、Web Sphere Application Server、Netscape Enterprise Server、BEA WebLogic Server、Sun ONE Web Server、Apache HTTP Server 和 Tomcat Server。其中 Microsoft 的 IIS 是允许在 Windows 系统平台上发布信息的 Web 服务器，是目前最流行的 Web 服务器软件之一，很多著名的网站都是建立在 IIS 的平台上；免费的 Web 服务器软件 Apache 能够运行在各种 UNIX、Linux 及 Windows 系统平台上，是许多网站首选的 Web 服务器软件。使用本书介绍的 ASP 技术开发的 Web 应用程序既能运行在 Windows 系统平台上的 IIS 环境中，也能运行于 UNIX 和 Linux 平台上的 Apache。下面介绍不同平台上，ASP 运行环境的配置方法。

1. Windows 平台

目前流行的各种 Windows 平台，如用于个人计算机的 Windows XP、Windows 7 和 Windows 8 及用于服务器的 Windows Server 2003、Windows Server 2008 和 Windows Server 2012 等，都包含了 IIS 的不同版本，各种版本的 IIS 对 ASP 提供了很好的支持。下面以安装、配置和测试 IIS 7.0 为例，说明 ASP 应用程序运行在 Windows 的平台上时，运行环境的配置方法。

（1）安装配置 IIS

在 Windows 7 中，默认不安装 IIS，在 Windows 7 SP1 中，可按以下步骤安装并配置 IIS 7.0。

① 选择“开始”→“控制面板”命令，打开图 1-2 所示的窗口。

② 在“控制面板”窗口中，单击“程序”图标，在打开的窗口（见图 1-3）中单击“打开或关闭 Windows 功能”超链接，弹出“Windows 功能”对话框，从中选择“Internet 信息服务”并完全选中其下级的“Web 管理工具”和“万维网服务”，如图 1-4 所示。单击“确定”按钮，开始为系统增加 IIS 功能。

图 1-2 “控制面板”窗口

图 1-3 “程序”窗口

③ IIS 安装完成后，在“控制面板”窗口中，单击“系统和安全”图标，在打开窗口中选择“管理工具”，打开“管理工具”窗口，双击“Internet 信息服务（IIS）管理器”，打开图 1-5 所示的“Internet 信息服务（IIS）管理器”窗口。

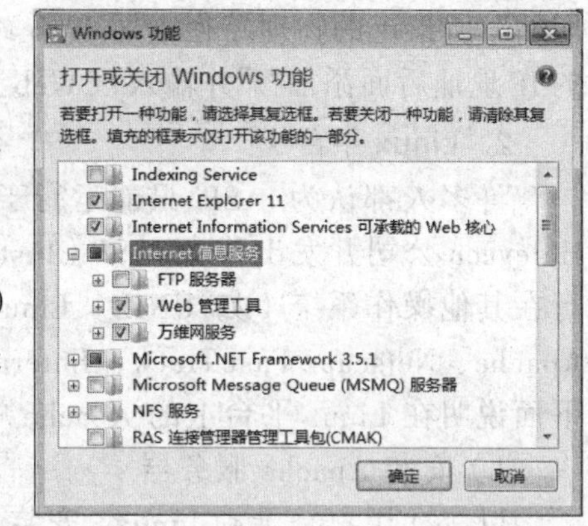

图 1-4 “Windows 功能”对话框

④ 在图 1-5 所示的“Internet 信息服务（IIS）管理器”窗口的左侧栏中，选择默认站点“Default Web Site”，然后双击中间的“ASP”图标，打开“ASP”页面，将其中的“启用父路径”栏的“False”改为“True”。再选择默认站点“Default Web Site”，然后单击右边的“基本设置”，弹出“编辑网站”对话框，浏览选择网站文件所在的“物理路径”后，单击“确定”按钮。接着双击“默认文档”图标，弹出“默认文档”页面，通过该页面添加或删除默认文档，或改变默认文档的顺序。一般默认文档的文件名为 index.asp、index.htm 或 default.asp 等。

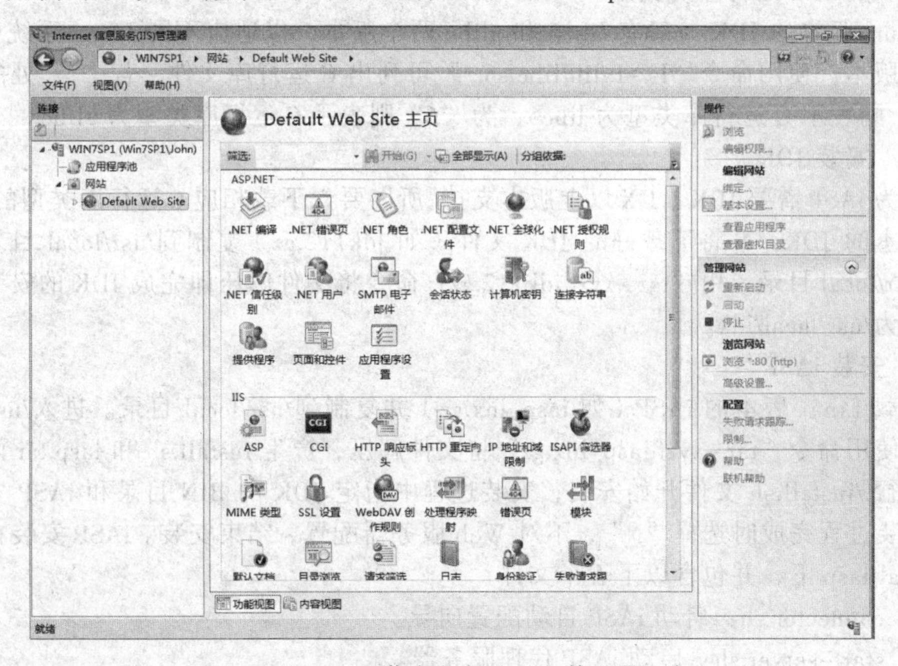

图 1-5 “Internet 信息服务（IIS）管理器”窗口

完成 IIS 的安装配置后，即可进行测试。

（2）测试 IIS

将编写好的一个 Web 应用程序的所有文档（其中首页面文件名要与上述设置的默认文档同名）复制到上述“编辑网站”所指定的物理路径，然后在网内的任何一台计算机（包括安装 IIS 的计算机本身）上打开浏览器，在地址栏中输入安装并配置了 IIS 的计算机的 IP 地址，如，http://192.168.1.15。如果在浏览器中看到站点“默认文档”的页面，说明 IIS 安装配置成功。

如果想在 IIS 环境中运行某个特定的 Web 文档，只需将该文档复制到上述“编辑网站”所指定的物理路径（即 Web 站点主目录所在的文件夹），在上述浏览器地址栏的 IP 地址后面添加“/”并输入该 Web 文档的文件名即可，如 http://192.168.1.15/login.asp。

2. Linux 平台

许多人都认为 ASP 只能运行于 Windows 系统平台上的 IIS 环境中，实际上自 Halcycon 公司开发出称为 iASP（Instant ASP）的 ASP 脚本解释引擎后，ASP 就能够运行在其他操作系统（如 UNIX、Linux、Soris 和 NetWare 等）平台及相应服务器（如 Apache、Netscape Fast Track、Enterprise Server、Sun Web Server 和 Zeus）的环境中。下面说明在 Linux 平台上的 Apache 中运行 ASP 应用程序的配置方法。

1）安装 Apache 服务器

以 root 用户登录到 Linux，安装 Apache 1.3.X 以上版本，使用 httpd 启动服务，然后在浏览器地址栏中输入该服务器的 IP 地址，访问该服务器以验证 Apache 能否工作正常。能够正常工作后，关闭该服务并继续下面的配置。

2）安装 JDK

（1）确定 C 运行库的类型

Liunx 版本的 JDK 一般有 libc5 和 glibc 两个版本，以适应不同 Liunx 系统中的 C 运行库版本。使用命令“ls -l /lib/libc.so.*”可列出 C 运行库文件，若“*”处的字符为“5”则表示 C 运行库类型为 libc5，为“6”则表示 C 运行库类型为 glibc。

（2）安装 JDK

因为 iASP 需要 JDK 1.1.X 以上版本支持，所以要先下载相应 C 运行库类型的 1.1.X 以上版本的 JDK，并将下载好的 JDK 文件（如 jdk112.gz）复制到/usr/local 目录下，进入/usr/local 目录，用“tar -xvzf jdk112.gz”命令将文件解压即完成 JDK 的安装，安装目录为/usr/local/jdk。

3）安装 iASP

下载 Linux 版本的 iASP（如 iasp_lnx.gz）并复制到/usr/local 目录。进入/usr/local 目录，使用命令“tar -xvzf iasp_lnx.gz”将文件解压，产生 install.sh 和 iasp.tar 两个文件。运行./install.sh 文件开始安装，安装过程中指定 JDK 的 BIN 目录和 iASP 安装目录。安装过程完成时选择“N”，不对 Web 服务器配置，结束安装。iASP 安装在目录/usr/local/iasp 下，并包含以下五个文件：

① connector.sh：启动 iASP 自动配置向导。

② start-server.sh：启动 iASP 代理服务器。

③ stop-server.sh：关闭 iASP 代理服务器。

④ start-admin.sh：启动 iASP 远程管理服务器。

⑤ stop-admin.sh：关闭 iASP 远程管理服务器。

4）配置 iASP

在/usr/local/iasp 目录下，运行./connector.sh 文件启动 iASP 配置向导。配置过程中选择 Web 服务器软件及版本号（如：Apache 1.3.9）和 Apache 配置文件 httpd.conf 所在目录（/etc/httpd/conf），其他使用默认设置。提示是否配置另一个服务器时，选择“N”，完成配置。

5）启动服务并测试

进入XWindow，打开一个nxterm窗口，首先在/usr/local/iasp目录下运行./start-server.sh，启动iASP Connector Proxy代理服务器程序；接着启动Apache服务器。最后在浏览器地址栏中输入该服务器的IP地址，访问该服务器可以看到iASP的例子以及一些文档，系统配置完成。

1.4 Web应用程序开发工具简介

开发Web应用程序，既可以使用文本编辑软件，也可以使用专门的开发工具，这里介绍两个常用的用于开发ASP应用程序的工具软件。

1.4.1 UltraEdit

UltraEdit是一个优秀的文本编辑软件，可同时打开和显示多个文档，支持无限的文件大小，支持JavaScript、VBScript、HTML句法高亮显示，有专为HTML设计的工具栏，支持在默认浏览器显示文档等，非常适用于Web应用程序的编写。用UltraEdit-32编辑HTML文档的界面如图1-6所示。

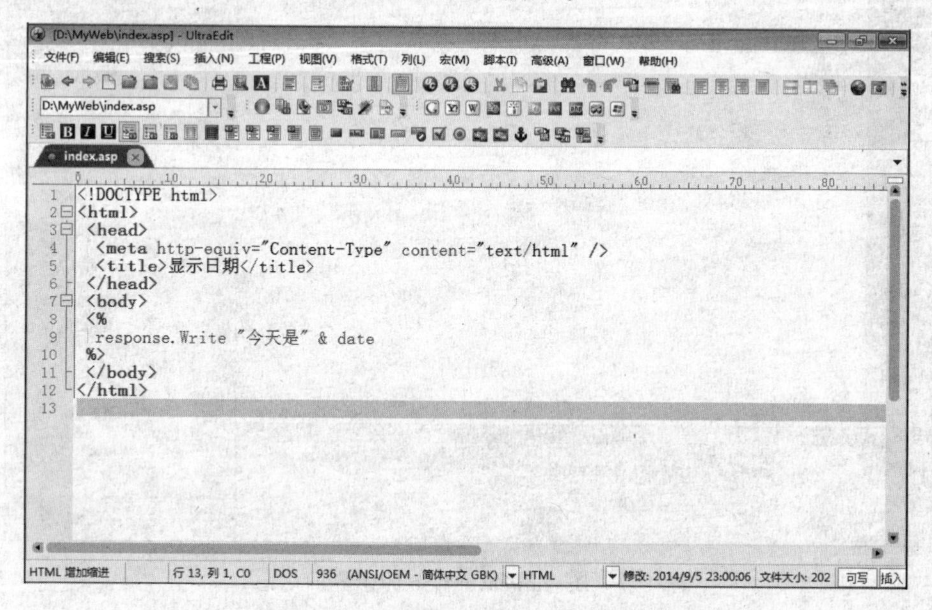

图1-6 UltraEdit编辑HTML文档示意

1.4.2 Dreamweaver

Dreamweaver是一款专业的HTML编辑器，用于Web站点、Web页和Web应用程序的设计、编码和开发。

利用Dreamweaver中的可视化编辑功能，可以快速地创建页面而无须编写任何代码，可以查看所有站点元素或资源并将它们从易于使用的面板直接拖到文档中。

Dreamweaver还提供了功能全面的编码环境，其中包括代码编辑工具（例如代码颜色和标签生成）及有关HTML、层叠样式表（CSS）、JavaScript、ColdFusion

标记语言（CFML）、Microsoft Active Server Pages（ASP）和 Java Server Pages（JSP）的参考资料。

Dreamweaver 还可以使用服务器技术（如 CFML、ASP.NET、ASP、JSP 和 PHP）生成由动态数据库支持的 Web 应用程序。使用适合于 Ajax 的 Spry 框架，开发人员能以可视方式设计、开发和部署动态用户界面。在减少页面刷新的同时，增加了交互性、速度和可用性。Dreamweaver 支持在开发环境下直接查看动态页面的生成结果，这样无须离开开发环境就能测试页面的设计正确与否，从而极大地提高了工作效率。

下面简单介绍 Dreamweaver CS6 的使用方法。

（1）使用 Dreamweaver CS6 开发调试 Web 应用程序，首先需要一个 Web 服务器。按照 1.3.4 节中所述的方法配置 IIS，然后启动 Dreamweaver CS6。Dreamweaver CS6 启动后的界面如图 1–7 所示。

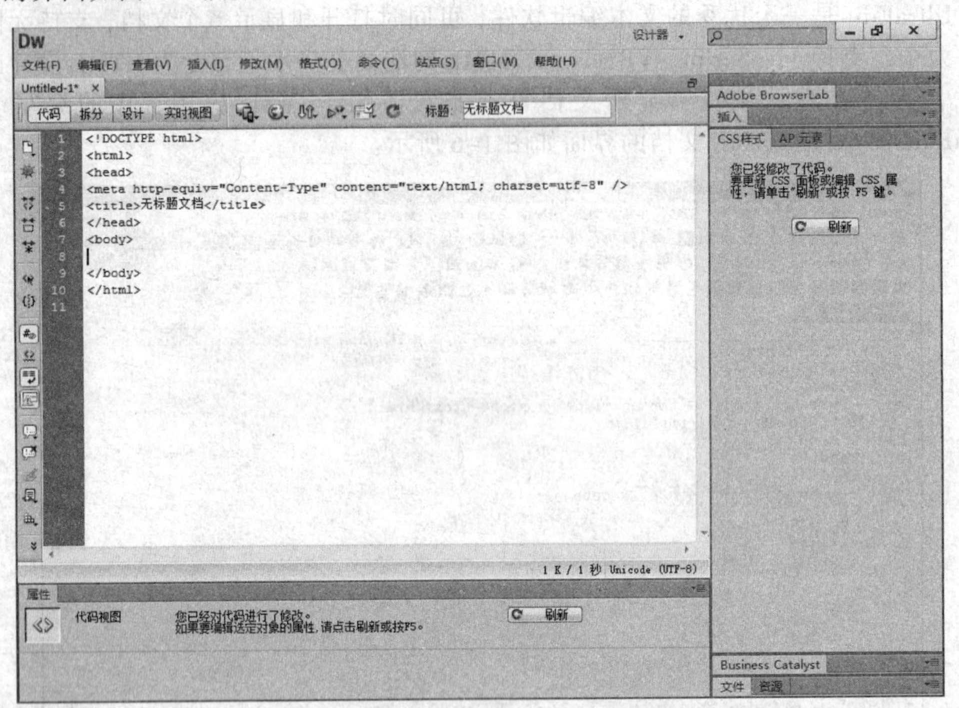

图 1–7　Dreamweaver CS6 的主界面示意

（2）在图 1–7 所示的窗口中，选择“站点”→“新建站点”命令，弹出“站点向导”对话框，按照向导的要求，逐项填写完成站点的建立。

（3）在“设计”视图下，使用 Dreamweaver 提供的各种设计工具完成页面设计。或在“代码”视图下直接输入代码，完成页面代码的编写。

（4）选择“文件”→“保存”命令，将文件保存到服务器站点。

（5）按【F12】键，在浏览器中即可看到运行的结果。

对于初学者，建议使用文本编辑软件来编写 ASP 应用程序，尽量避免使用专门的开发工具，熟悉各种语法规则后，再使用专门的开发工具来提高开发的效率。

1.5 一个简单的 Web 程序示例

本节以一个简单 ASP 程序为例，介绍使用 ASP 技术的 Web 程序的编写和运行过程。

【例 1.1】在客户端浏览器中显示服务器当前日期。

打开任意一款文本编辑软件，如 UltraEdit，输入以下代码：

```
<!DOCTYPE html>
<html>
 <head>
  <meta http-equiv="Content-Type" content="text/html" />
  <title>显示日期</title>
 </head>
 <body>
 <%
  response.Write "今天是" & date
 %>
 </body>
</html>
```

上述代码以 index.asp 为文件名保存到所指定的物理路径（即 Web 服务器站点主目录所在的文件夹）。

在网内任一台计算机（包括 Web 服务器本身）上打开浏览器，在地址栏中输入 Web 站点的 IP 地址和 ASP 文件名，如 http://192.168.1.15/index.asp，即可看到图 1-8 所示的显示结果。

图 1-8 ASP 示例文件显示结果

上例也可在 Dreamweaver CS6 环境中编辑并调试。

启动 Dreamweaver CS6，新建一个站点。进入代码视图，输入以上代码。以 index.asp 为文件名保存文件到 Web 站点所在的文件夹。按【F12】键即可看到图 1-8 所示的显示结果。

在这个例子中，<%和%>之间的代码是服务器端脚本，由 Web 服务器负责执行，其他内容由服务器直接送给客户端浏览器。一般在 ASP 文件的开头，用<%@ Language="VBScript" %>申明该 ASP 文件所用的脚本语言是 VBScript。由于 VBScript 是 ASP 的默认脚本语言，因此，可以省略<%@ Language="VBScript" %>。

从这个程序可以看出，ASP 文件也是在标准的 HTML 文档中嵌入以“<%”为开始标记和以“%>”为结束标记的服务器端脚本的文本文件。

需要注意的是，VBScript 的某些函数在 ASP 中不能使用，如 MsgBox 和 InputBox，并且 VBScript 中的 CreatObject 在 ASP 中用 Server.CreatObject 代替。

本章小结

本章主要讲述了以下内容：

（1）随着应用需求复杂程度的增加，应用程序架构经历了单机架构、工作站/服务器架构、客户机/服务器架构和浏览器/服务器架构。

（2）Web 应用程序在 Internet 上运行和传输时所使用的协议 IP、TCP、HTTP 等以及 IP 地址、域名等 Internet 基础知识。

（3）Web 是一种信息组织方式。它包含全世界 Internet 计算机中数量巨大的文档。Web 文档是由标记语言（HTML、XML）、脚本（JavaScript、VBScript）、ActiveX 组件、Plug—in 等组成的文本文件，其中可以包含指向图形、声音等的信息，也可以包含指向到其他文档的超链接。

（4）使用 ASP 技术开发的 Web 应用程序在 Windows+IIS 和 Linux+Apache 两种环境下的服务器配置方法。

（5）开发 Web 应用程序，既可以使用像 UltraEdit 一样的文本编辑软件，也可以使用专门的开发工具，如 Dreamweaver 等。

习　　题

一、单项选择题

1. ASP 技术属于（　　）。

A. 动态网页技术　　B. 静态网页技术
C. 多媒体动画技术　　D. 以上都不对

2. Windows 2000 Server 提供的 Web 服务器是（　　）。

A. PWS　　B. IIS3.0　　C. IIS4.0　　D. IIS5.0

3. XML 的含义是（　　）。

A. 超文本标记语言　　B. 扩展标记语言
C. 文件传输协议　　D. 域名

4. 假设计算机的名称为 happy，Web 主目录为 C:\Inetpbu\wwwroot\，同时在此目录之下有一个 ASP 程序，其完整路径为 C:\Inetpbu\wwwroot\Ch0\ShowTime.asp。如果要在浏览器看到执行 ASP 程序的结果，必须在地址栏输入下列（　　）网址。

A. http://happy/ShowTime.asp　　B. file:///Ch0/ShowTime.asp
C. http://Inetpbu/wwwroot/Ch0/howTime.asp　　D. http://happy/Ch0/ShowTime.asp

5. 嵌入到 HTML 文件的 ASP 代码必须放在（　　）标记之间。

A. <!--　-->　　B. <%　%>　　C. {　}　　D. <?　?>

6. 在 IP 地址为 202.193.128.183 的计算机上安装了 IIS，网页发布主目录为 d:\inetpub\wwwroot，在下面新建一个文件夹 125117，存放两个文件：myhome.asp，myhome.html，在 IIS 管理器中设置网站默认文档项中为 myhome.asp,myhome.html，下面说法正确的是（　　）。

A. 在浏览器中输入 http://202.193.128.183/myhome.html,可以访问 myhome.html 页面的内容

B. 在浏览器中输入 http://202.193.128.183/125117/,可以访问 myhome.asp 页面的内容。

C. 在浏览器中输入 http://127.0.0.1/125117/myhome.asp,可以访问 myhome.html 页面的内容。

D. 在浏览器中输入 http://202.193.128.183/125117/myhome.asp,可以访问 myhome.html 页面的内容。

7. 在运行 IIS 的 Windows 2000 Server 系统下，有一个文件 A1.asp，该文件存放在 Web 站点主目录 c:\inetpub\wwwroot 内，则可以在本机 IE 浏览器中使用（　　）地址可看到这个 ASP 文件的运行结果。

A. http://localhost/a1.asp　　B. a1.asp

C. http://wwwroot/a1.asp　　D. http://a1.asp

8. 用户访问 Internet 上 Web 服务器的资源时，主要使用的传输协议为（　　）。

A. DNS　　B. FTP　　C. HTTP　　D. UDP

9. 关于 Web 服务器，下列描述不正确的是（　　）。

A. 互联网上的一台特殊功能的计算机，给互联网的用户提供 WWW 服务

B. Web 服务器上必须安装 Web 服务器软件

C. ASP 网页可以在任何一台计算机上运行

D. 当用户浏览 Web 服务器上的网页时，使用的是 C/S 的工作方式

10. 关于“服务端/客户端技术”的描述，不正确的是（　　）。

A. “服务器/客户端技术”描述的是一种工作方式

B. 我们用来浏览网页的计算机属于客户端

C. Web 服务器既是服务器端，也可做客户端

D. Web 服务器上不能有客户端

11. 下列关于 ASP 网页描述错误的是（　　）。

A. ASP 网页是程序代码的集合

B. ASP 的程序代码必须在服务器端执行

C. ASP 的程序代码必须在客户端执行

D. ASP 的程序代码可以通过 ADO 访问数据库

12. 下列关于 Web 服务器默认文档的描述中正确的是（　　）。

A. 只能是 HTML 文件

B. 只能是 HTML、ASP、JSP 或 PHP 文件

C. 只能是 ASP、JSP 或 PHP 文件

D. 可以是任何操作系统支持的文件

二、多项选择题

1. 可以用下列（　　）软件编辑 ASP 程序。

A. 记事本　　B. Excel

C. Visual InterDev　　　　　　　　　D. FrontPage

2. 在 IIS 服务器上，表单处理程序使用的语言有（　　）。

A. C++　　　B. VBscript　　　C. JavaScript　　　D. PHP

3. 一般表单处理程序可以使用（　　）脚本语言来编写。

A. JavaScript　　　B. Vbscript　　　C. C++　　　D. PHP

4. 在正式发布程序之间，必须进行严密的调试与测试，这些测试包括（　　）。

A. 输入合法的数据，测试结果是否正确

B. 输入不合法的数据，测试结果是否正确

C. 输入合法的边界数据，测试结果是否正确

D. 不按要求操作，测试系统是否出问题

三、问答题

1. WWW 的英文全称是什么？它的主要功能是什么？

2. URL 的组成是什么？写出其标准的结构形式，并简述各部分的功能。

3. 简述 Web 的工作过程。

HTML 和 CSS «

Web 应用程序是嵌入了服务器端代码的一组 HTML 文档，Web 应用程序的界面由浏览器解释 HTML 文档和 CSS 文件决定。因此，本章学习构成 HTML 文档的各种元素及 CSS 规范。

2.1 HTML 简介

HTML（Hypertext Markup Language）是用来制作 Web 页的描述语言。它是标准通用标记语言下的一个应用，也是一种规范，一种标准，它通过标记符号来标记要显示在网页中的各个部分。网页文件本身是文本文件，通过在文本文件中添加标记符，可以使浏览器知道如何显示其中的内容（如文字如何处理，画面如何安排，图片如何显示等）。浏览器按顺序阅读网页文件，然后根据标记符解释和显示其标记的内容，浏览器不指出网页中的错误标记，也不停止其解释执行过程，网页编写人员只能通过显示效果来分析出错原因和出错部位。需要注意的是，不同的浏览器对同一标记符可能会有不完全相同的解释，因而可能会有不同的显示效果。

1. HTML 的由来及发展历史

互联网工程工作小组（IETF）于 1993 年 6 月发布了 HTML 1.0 工作草案（并非标准）;HTML 2.0 于 1995 年 11 月作为 RFC 1866 发布,并在 2000 年 6 月发布的 RFC 2854 中宣布其过时；HTML 3.2 作为 W3C 推荐标准于 1997 年 1 月 14 日发布；HTML 4.0 作为 W3C 推荐标准于 1997 年 12 月 18 日发布；现在广泛使用的是 1999 年 12 月 24 日发布的 HTML 4.01；HTML 5.0 草案的前身名为 Web Applications 1.0。于 2004 年被 WHATWG 提出，于 2007 年被 W3C 接纳，并成立了新的 HTML 工作团队。在 2008 年 1 月 22 日，第一份正式草案发布。2014 年 10 月 28 日，W3C 正式发布 HTML 5.0 推荐标准。

2. HTML 的特点

简易性：HTML 不包含流程控制等，版本升级采用超集方式，使用简单，灵活方便。

可扩展性：HTML 采取子类元素的方式为系统扩展带来保证，能满足加强功能，增加标识符等要求。

平台无关性：HTML 可以使用在广泛的平台上，不论是个人计算机还是手机。这也是万维网（WWW）盛行的另一个原因。

通用性：HTML 是网络的通用语言，是一种简单、通用的标记语言。它允许网页编写人员建立文本与图片相结合的复杂页面，这些页面可以被网上任何其他人浏览到。

3．字符集

在网页中除了可显示常见的 ASCII 码字符和汉字外，HTML 还有许多特殊字符，它们一起构成了 HTML 字符集。有两种情况需要使用特殊字符，一是网页中有其特殊意义的字符，二是键盘上没有的字符。HTML 字符可以用一些代码来表示，代码可以有两种表示方式。即字符代码（命名实体）和数字代码（编号实体）。字符代码以“&”符开始，以分号“;”结束，其间是字符名，如®，该字符显示为®。数字代码也以“&#”符开始，以分号“;”结束，其间是编号，如"，该字符显示为"。

4．HTML 5.0

目前，绝大多数浏览器对 HTML 4.01 都有很好的支持，也就是说按照 HTML 4.01 规范编写的 Web 页，可以在所有的浏览器中看到其相应的预期结果。HTML 5.0 是 HTML 最新的修订版本，2014 年 10 月由万维网联盟（W3C）完成标准制定，目标是取代 1999 年所制定的 HTML 4.01 和 XHTML 1.0 标准。广义的 HTML 5.0 实际指的是包括 HTML、CSS 和 JavaScript 在内的一套技术组合，它希望能够减少网页浏览器对于需要插件的丰富性网络应用服务（Plug-in-Based Rich Internet Application，RIA），如 Adobe Flash、Microsoft Silverlight 与 Oracle JavaFX 的需求，并且提供更多能有效加强网络应用的标准集。

HTML 5.0 添加了许多新的语法特征，其中包括<video>、<audio>和<canvas>元素，同时集成了 SVG 内容，这些元素是为了更容易地在网页中添加和处理多媒体和图片内容而添加的；其他新的元素如<section>、<article>、<header>和<nav>则是为了丰富文档的数据内容；也有一些属性和元素被移除掉了。而另一些元素，像<a>、<cite>和<menu>则被重新定义或标准化；APIs 和 DOM 已经成为 HTML 5.0 中的基础部分。HTML 5.0 还定义了处理非法文档的具体细节，使得所有浏览器和客户端程序能够一致地处理语法错误。由于 HTML 5.0 标准公布时间不长，并且 HTML 5.0 中新增了许多标记，各浏览器厂商跟进的程度不同，使得不同厂商的浏览器对 HTML 5.0 的支持程度不同，所以必须了解各种浏览器对 HTML 5.0 的支持程度。可以用浏览器访问 http://chrome.360.cn/test/html5/index.html，查看浏览器对 HTML 5.0 的支持情况。

2.2 HTML 文档的基本结构

HTML 语法非常简单，组成 HTML 文档的元素是由 HTML 标记定义的。下面以一个简单的例子来说明 HTML 文档的基本结构。

【例 2.1】一个简单的 Web 页。

```
<!DOCTYPE html>
<html>
  <head>
  <title>我的第一个 Web 页</title>
  </head>
```

```
    <body >
    正文内容写在这里......
    </body>
</html>
```

例 2.1 在浏览器中显示的结果如图 2-1 所示。

图 2-1　例 2.1 的显示效果

从例 2.1 可以看出，HTML 文档的一般结构如下：

```
<!DOCTYPE html>
<html>
  <head>
      头部内容
  </head>
  <body >
      主体内容
  </body>
</html>
```

例 2.1 中的<html>、<head>及<body >等均为 HTML 标记。标记由三部分组成：左尖括号“<”、“标记名称”和右尖括号“>”。标记通常成对出现，分别称为“开始标记”和“结束标记”，结束标记的左尖括号后加一个斜杠符号“/”，记作<标记>…</标记>或<标记　属性 1=值 1　属性 2=值 2　…>…</标记>。

若要在文档中添加注释，使用<!-- 注释内容 -->。HTML 对大小写不敏感，HTML 与 html 等价。

2.2.1　文档开始与结束标记

一个 HTML 文档以<html>开始，以</html>结束，即标志一个 HTML 文档的开始和结束。HTML 标记有以下几个常用属性：

```
xml:lang        国际化属性
xmlns           代表 XML 命名空间
dir             定义元素（文字）的对齐方式
```

例如：

```
<html xmlns="http://www.dreamdu.com" xml:lang="zh-CN" dir="ltr">
```

其中 xmlns="http://www.dreamdu.com"代表使用 http://www.dreamdu.com 作为命名空间，xml:lang="zh-CN"代表使用中文作为页面文字，dir="ltr"代表从左到右（left to right）的文字对齐方式。

一个 HTML 文档需要声明其文档类型，<!DOCTYPE> 用来声明文档的类型，但它不是 HTML 标记,而是指示 Web 浏览器关于页面使用哪个 HTML 版本进行编写的指令。

在 HTML 4.01 中，<!DOCTYPE>声明引用 DTD（Documnet Type Definition），因为 HTML 4.01 基于 SGML（Standard Generalized Markup Language）。DTD 规定了标记语言的规则，这样浏览器才能正确地呈现内容。在 HTML 4.01 中有三种<!DOCTYPE>声明，HTML 5.0 简化了<!DOCTYPE>声明，在 HTML 5.0 中只有一种<!DOCTYPE>声明，它必须是 HTML 文档的第一行，位于<html>标记之前，格式为<!DOCTYPE html>，例 2.1 的第一行代码就是对文档类型的说明。

2.2.2 头部标记

头部标记成对出现，以<head>开始，</head>结束，标记 HTML 文档的头部信息。<head>标记区域中可以有<title>标记、<link>标记、<object>标记、<script>标记、<style>标记和<meta>标记等。

1．title 标记

<title>标记用来标识 HTML 文档的标题,标题内容出现在浏览器窗口的标题栏中。<title>…</title>标记对只能放在<head>…</head>标记对之间，如例 2.1 中<title>我的第一个 Web 页</title>。

2．meta 标记

<meta>标记常用来自动跳转页面或自动刷新页面，如<meta Http-Equiv="Refresh" Content="5;URL=new.htm">表示 5 s 后，当前页面转向 new.htm 文档的页面。meta 标记放在<head>…</head>标记对之间。另外，该标记还用来说明关键字，如<meta Http-Equiv="Keywords" Content="Web,Web 程序, Web 程序设计,Web 应用程序设计, text/html;charset=GB2312">，有关键字的页面可被搜索引擎搜索到。

<link>标记、<object>标记、<script>标记和<style>标记的使用方法将在后续章节介绍。

2.2.3 主体标记

主体标记成对出现，以<body>开始，</body>结束。body 标记是一个 HTML 文档主体的开始和结束标记，其中包含文档的所有内容（如文本、图像、颜色、图形等）。在 HTML 5.0 中，删除了 HTML 以前版本中使用的所有<body>标记的特殊属性，如 Link、Alink、vlink、background、bgcolor 等，只支持 HTML 的全局属性（所有标记均支持的属性）。HTML 的全局属性及其描述如下：

```
属性                  描述
accesskey             规定访问元素的键盘快捷键
class                 规定元素的类名（用于规定样式表中的类）
contenteditable*      规定是否允许用户编辑内容
contextmenu*          规定元素的上下文菜单
dir                   规定元素中内容的文本方向
draggable*            规定是否允许用户拖动元素
dropzone*             规定当被拖动的项目/数据被拖放到元素中时会发生什么
hidden*               规定该元素是无关的。被隐藏的元素不会显示
id                    规定元素的唯一 ID
```

```
lang                     规定元素中内容的语言代码
spellcheck*              规定是否必须对元素进行拼写或语法检查
style                    规定元素的行内样式
tabindex                 规定元素的【Tab】键控制次序
title                    规定有关元素的额外信息
```

其中属性后标记*号的为 HTML 5.0 中新增的全局属性。

2.2.4 节标记

在 HTML 5.0 中新增了节标记<section>。它定义文档中的节（section），如章节、页眉、页脚或文档中的其他部分。例如：

```
<section>
  <h1>第一节</h1>
  <p>这里是第一节的内容！</p>
</section>
```

节标记放在文档的主体区域，即<body>…</body>标记对之间。

1. header 标记

<header>标记是 HTML 5.0 中的新增标记，成对出现，用于定义节或文档的页眉（介绍信息）。以下代码使用了该标记：

```
<header>
<h1>这是我的主页</h1>
</header>
```

2. footer 标记

<footer>标记是 HTML 5.0 中的新增标记，成对出现，用于定义文档或节的页脚。页脚通常包含文档的作者、版权信息、使用条款链接、联系信息等。以下代码使用了该标记：

```
<footer>
 <p>电子邮箱：<a href="mailto:wrj32366670@163.com">wrj32366670@163.com
                                                                </a></p>
</footer>
```

【例 2.2】文档基本结构标记使用示例。

```
<!DOCTYPE html>
<html>
<head>
  <title>我的第一个 Web 页</title>
  <meta http-equiv="refresh" content="5;url=new.htm">
  <meta http-equiv="keywords" content="web,web 程序设计,text/html;
                                                    charset=gb2312">
</head>
<body>
  <header>
    <h1>这是我的主页</h1>
```

```
    </header>
    <section>
      <h1>第一节</h1>
      <p>这里是第一节的内容！</p>
    </section>
    <section>
      <h1>第二节</h1>
      <p>这里是第二节的内容！</p>
    </section>
    <footer>
     <p>电子邮箱：<a href="mailto:wrj32366670@163.com">wrj32366670@163.com
                                                                </a></p>
    </footer>
  </body>
  </html>
```

例 2.2 在浏览器中的显示效果如图 2-2 所示。

图 2-2　例 2.2 的显示效果

2.3　页面标记

本节介绍常用的构成页面的标记，包括标题标记、列表标记、段落标记、块标记、文字格式和特殊符号标记。

2.3.1　标题标记

HTML 有六对标题标记，从<h1>…</h1>至<h6>…</h6>。其中<h1>…</h1>定义最大标题，<h6>…</h6>定义最小标题，在标题标记中 h 后面的数字越大标题文本就越小。

【例 2.3】标题标记的示例。

```
  <!DOCTYPE html>
  <html>
   <head>
    <title>标题标记示例</title>
```

```
</head>
<body>
  <h1>这是标题 1</h1>
  <h2>这是标题 2</h2>
  <h3>这是标题 3</h3>
  <h4>这是标题 4</h4>
  <h5>这是标题 5</h5>
  <h6>这是标题 6</h6>
</body>
</html>
```

例 2.3 在浏览器中的显示效果如图 2-3 所示。

图 2-3　例 2.3 的显示效果

2.3.2　列表标记

列表标记是用来建立一个列表，列表可分为有序列表和无序列表。

1. 普通无序列表标记

<dl>标记、<dt>标记和<dd>标记配合使用，用来创建一个多层的普通无序列表。<dt>…</dt>标记对用来创建列表中的上层项目，<dd>…</dd>标记对用来创建列表中最下层的项目。<dt>…</dt>和<dd>…</dd>标记对都需放在<dl>…</dl>标记对之间使用。

【例 2.4】无序列表示例。

```
<!DOCTYPE html>
<html>
 <head>
 <title>无序列表</title>
</head>
<body>
<dl>
  <dt>我国直辖市有：</dt>
  <dd>北京</dd>
  <dd>天津</dd>
  <dd>上海</dd>
  <dd>重庆</dd>
```

```
  </dl>
 </body>
 </html>
```

例 2.4 在浏览器中的显示效果如图 2-4 所示。

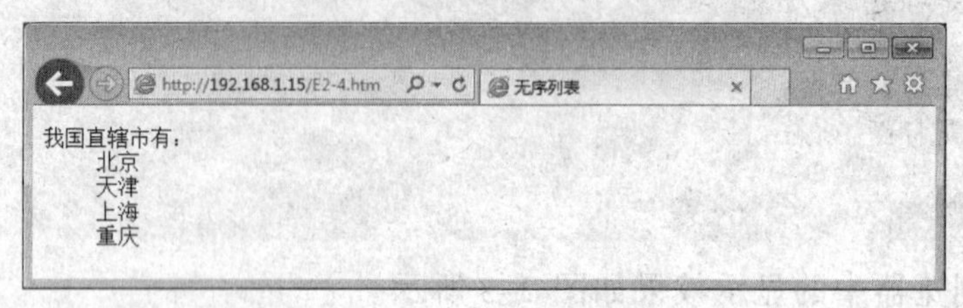

图 2-4　例 2.4 的显示效果

2．带项目符号的无序列表标记

<ul>、<li>标记配合使用，用来创建一个带有项目符号的列表。<li>是单标记，用来创建列表项。<li>标记需在<ul>…</ul>标记对之间使用。

【例 2.5】带项目符号的无序列表示例。

```
<!DOCTYPE html>
<html>
 <head>
  <title>有符号无序列表</title>
 </head>
 <body>
  <ul>
   我国直辖市有:
   <li>北京
   <li>天津
   <li>上海
   <li>重庆
  </ul>
 </body>
 </html>
```

例 2.5 在浏览器中显示效果如图 2-5 所示。

图 2-5　例 2.5 的显示效果

3．有序列表标记

<ol>、<li>标记配合使用，用来创建一个有序列表。<li>是单标记，用来创建列表项。<li>标记需在<ol>…</ol>标记对之间使用。

【例 2.6】有序列表示例。

```
<!DOCTYPE html>
<html>
 <head>
  <title>有序列表</title>
 </head>
 <body>
 <ol>
 我国直辖市按面积大小分别是:
 <li>重庆
 <li>北京
 <li>上海
 <li>天津
 </ol>
</body>
</html>
```

例 2.6 在浏览器中的显示效果如图 2-6 所示。

图 2-6　例 2.6 的显示效果

列表应用在网页上有很强的层次感，制作网页时可以将各种列表互相嵌套，增强显示效果。各种列表可以自身嵌套也可以互相嵌套。

【例 2.7】列表嵌套示例。

```
<!DOCTYPE html>
<html>
<head>
<title>列表嵌套</title>
</head>
<body>
<ol>信息科学与工程学院开设的专业有:
  <li>计算机科学系
     <ul>
        <li>计算机科学与技术专业
        <li>计算机应用专业
     </ul>
  <li>网络工程系
     <ol>
        <li>信息工程专业
        <li>计算机网络专业
```

```
        </ol>
    <li>医学信息管理系
        <ul>
            <li>医学信息管理专业
        </ul>
</ol>
</body>
</html>
```

例 2.7 在浏览器中的显示效果如图 2–7 所示。

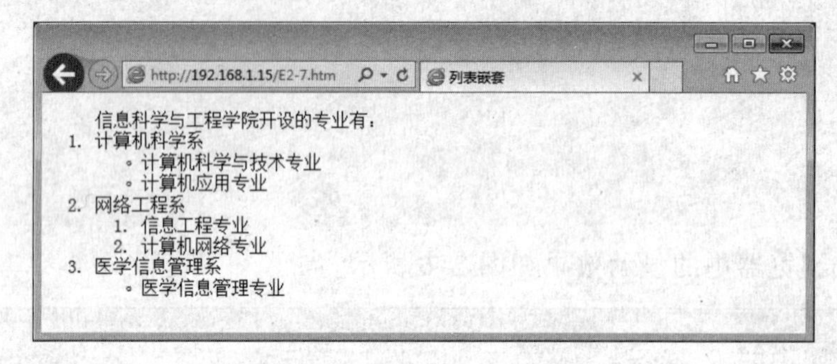

图 2–7 例 2.7 的显示效果

2.3.3 段落标记和换行标记

1. 段落标记

<p>标记放在一个段落的头和尾，用来创建一个段落。在<p>…</p>标记对之间加入的文本将按照段落的格式显示在浏览器中。

2. 换行标记

标记插入简单的换行符，它是一个空标记，意味着它没有结束标记。因此
…</br>是错误。

【例 2.8】段落标记和换行标记示例。

```
<!DOCTYPE html>
<html>
  <head>
    <title>段落标记和换行标记</title>
  </head>
  <body>
  登鹳雀楼<p>
  白日依山尽，<br />
  黄河入海流。<br />
  欲穷千里目，<br />
  更上一层楼。<br />
</body>
</html>
```

例 2.8 在浏览器中的显示效果如图 2–8 所示。

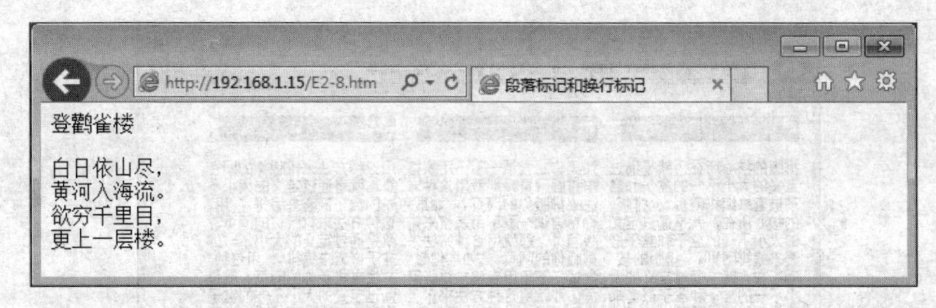

图 2-8　例 2.8 的显示效果

2.3.4　块标记

<div>标记用于定义块元素，以便通过样式表来对这些元素进行格式化。下面的代码定义一个 id 为"testdiv"的块：

```
<div id="testdiv" style="background-color:#FFFF00">
  这是在块内的文字。
</div>
```

目前更为流行的做法是用块标记配合 CSS 进行页面布局。

【例 2.9】使用 div 页面布局示例。

```
<!DOCTYPE html>
<head>
<title>div 页面布局示例</title>
</head>
<body>
<div style="margin:3px;padding:0px;float:left;height:300px; width:192px">
<h3 style="height:26px;width:179px;color:#ffffff;background-color:
                                                  #0099cc">前言</h3>
排版的核心所在，就是通过定义的大小不一的盒子和盒子嵌套来编排网页。……
</div>
<div style=";margin:3px;padding:0px;float:left;height:300px; width:
                                                          192px">
<h3 style="height:26px;width:179px;color:#ffffff;background-color:
                                                  #0099cc">正文</h3>
如果你想尝试一下不用表格来排版网页，那就用这种方法来排版你的网页。……
</div>
<div style="margin:3px;padding:0px;float:left;height:300px; width:
                                                          192px">
<h3 style="height:26px;width:179px;color:#ffffff;background-color:#0099cc">
                                                          结论</h3>
用这种方法来排版你的网页，就是通过定义的大小不一的盒子嵌套来编排。……
</div>
</body>
</html>
```

例 2.9 在浏览器中的显示效果如图 2-9 所示。

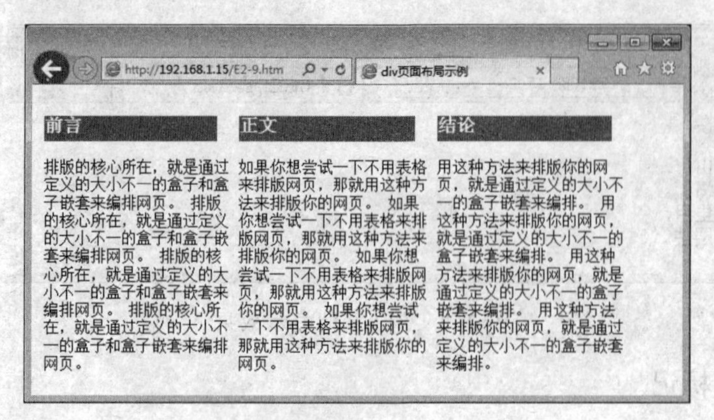

图 2-9　例 2.9 的显示效果

2.3.5　文字修饰标记及特殊符号标记

1. 文字修饰标记

文字修饰标记可以单独使用，也可以混合使用产生复合修饰效果。下面列出的是常用的文字修饰标记及描述：

标记	描述
<b>…</b>	定义文字以粗体显示
<i>…</i>	定义文字以斜体显示
<del>…</del>	定义文档中已删除的文本。为文本加删除线
<ins>…</ins>	定义文档的其余部分之外的插入文本。为文本加下划线
<small>…</small>	定义文字大小相对于前面的文字减小一级。用于旁注
[…]	定义文字成为前一个字符的上标
_…	定义文字成为前一个字符的下标
<tt>…</tt>	定义文字以标准打印机字体显示
<cite>…</cite>	定义文字输出引用方式的字体，通常是斜体
<em>…</em>	定义被强调的文本
<strong>…</strong>	定义重要的文本

2. 特殊符号

如果想在浏览器页面中显示一些诸如空格、大于号、小于号和双引号之类的特殊符号，可使用符号码：

特殊符号	符号码
"	"
&	&
<	<
>	>
©	©
®	®
±	±
×	×
§	§
¢	¢
¥	¥

```
·                          &middot;
€                          &euro;
£                          &pound;
™                          &trade;
空格                        
```

2.4 表格标记

表格标记对于网页布局非常重要，现在很多网页都在使用表格。一个简单的 HTML 表格包括<table>…</table>标记对，一个或多个<tr>…</tr>标记对、<th>…</th>标记对以及<td>…</td>标记对。<tr>…</tr>标记对定义表格行，<th>…</th>标记对定义表头单元格，<td>…</td>标记对定义标准单元格。更复杂的表格也可能包含 caption、col、colgroup、thead、tfoot、tbody 等标记，thead、tfoot 以及 tbody 标记可以对表格中的行进行分组。当创建某个表格时，也许希望拥有一个标题行，一些带有数据的行，以及位于底部的一个总计行，使用 thead、tfoot 及 tbody 标记将使浏览器有能力支持独立于表格标题和页脚的表格正文滚动。

在 HTML 5.0 中，<talbel>标记只支持 borde 属性，用于定义表格是否有边框，默认为 0，无边框；设置为 1 时，表格有边框。

2.4.1 表格行标记

<tr>…</tr>标记用于定义表格的行。行标记只能在<table>…</table>标记对之间使用。一个<tr>…</tr>标记对之间可包含一个或多个<td>…</td>或<th>…</th>标记对。例 2.10 中使用行标记定义了一个有两个行的表格。

【例 2.10】简单的表格示例。

```
<!DOCTYPE html>
<html>
  <head>
    <title>简单的表格示例</title>
  </head>
  <body>
  <table border="1">
  <tr>
    <th>月份</th>
    <th>存款</th>
  </tr>
  <tr>
    <td>一月</td>
    <td>1000 元</td>
  </tr>
 </table>
</body>
</html>
```

例 2.10 在浏览器中的显示效果如图 2-10 所示。

图 2-10　例 2.10 的显示效果

在 HTML 5.0 中，不支持<tr>标记在 HTML 4.01 中的任何属性。

2.4.2　表格单元格标记

HTML 表格有两种单元格类型，一个是表头单元格，一个是标准单元格。表头单元格由<th>…</th>标记对定义，标准单元格由<td>…</td>标记对定义。<th>…</th>标记对中的文本呈现为粗体并且居中，<td>…</td>标记对中的文本是普通的左对齐文本。例 2.10 定义的表格中，第一行定义了两个表头单元格，第二行定义了两个标准单元格。

HTML 5.0 中不再支持 HTML 4.01 中的某些属性，只支持单元格跨列跨行属性。

```
属性        值        描述
colspan     数值      定义此单元格可横跨的列数
rowspan     数值      定义此单元格可横跨的行数
```

例 2.11 通过<td>标记的 colspan 和 rowspan 属性，定义了一个跨行跨列的不规则表格。

【例 2.11】跨多行跨多列的单元格示例。

```
<!DOCTYPE html>
<html>
<head>
  <title>跨多行跨多列的单元格</title>
</head>
<body>
<center>
<table border=1>
<caption>学生信息表</caption>
   <tr >
      <th colspan=3> 学生基本信息 </th>
      <th colspan=2> 成 绩 </th>
   </tr>
   <tr>
      <th> 姓 名 </th>
      <th> 性 别 </th>
      <th> 专 业 </th>
      <th> 课 程 </th>
      <th> 分 数 </th>
```

```
    </tr>
    <tr >
       <td> 张三 </td>
       <td> 男 </td>
       <td rowspan=2> 计算机 </td>
       <td rowspan=2> 程序设计 </td>
       <td>68</td>
    </tr>
    <tr >
       <td> 王五 </td>
       <td> 女 </td>
       <td>89</td>
    </tr>
</table>
</body>
</html>
```

例 2.11 在浏览器中的显示效果如图 2-11 所示。

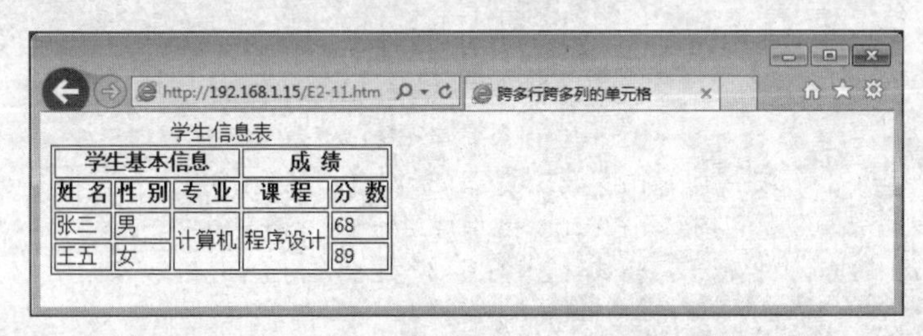

学生信息表

学生基本信息			成 绩	
姓 名	性 别	专 业	课 程	分 数
张三	男	计算机	程序设计	68
王五	女			89

图 2-11　例 2.11 的显示效果

2.4.3　表格的嵌套

HTML 表格可以嵌套。在一个表格的<td>…</td>标记对中，可以定义另一个完整的表格，从而实现表格的嵌套。

【例 2.12】嵌套的表格示例。

```
<!DOCTYPE html>
<html>
<head>
   <title>表格嵌套示例</title>
</head>
<body>
   <table border="1">
      <tr>
         <td >网页 LOGO</td>
         <td colspan="2"> <div>广告条</div> </td>
      </tr>
      <tr>
         <td>
            <table border="1">
```

```
            <tr> <td>标题栏 1</td></tr>
            <tr> <td>标题栏 2</td></tr>
            <tr> <td>标题栏 3</td></tr>
            <tr> <td>标题栏 4</td> </tr>
            <tr><td>标题栏 5</td></tr>
            <tr><td>标题栏 6</td></tr>
            <tr><td>标题栏 7</td></tr>
            <tr><td>标题栏 8</td></tr>
         </table>
      </td>
      <td>
         <table border="1">
            <tr>
               <td>
                  <table border ="1">
                    <tr>
                      <td rowspan="7">图 片</td><td>条目 1</td>
                    </tr>
                    <tr><td>条目 2</td> </tr>
                    <tr><td>条目 3</td> </tr>
                    <tr><td>条目 4</td> </tr>
                    <tr><td>条目 5</td> </tr>
                    <tr><td>条目 6</td> </tr>
                    <tr><td>条目 7</td> </tr>
                  </table>
               </td>
            </tr>
            <tr> <td>内容</td></tr>
         </table>
      </td>
      <td>
         <table border="1">
            <tr><td>内容一</td></tr>
            <tr><td>内容二</td></tr>
            <tr><td>内容三</td></tr>
            <tr><td>内容四</td></tr>
            <tr><td>内容五</td></tr>
            <tr><td>内容六</td></tr>
            <tr><td>内容七</td></tr>
            <tr><td>内容八</td></tr>
         </table>
      </td>
    </tr>
  </table>
</body>
</html>
```

例 2.12 在浏览器中的显示效果如图 2-12 所示。

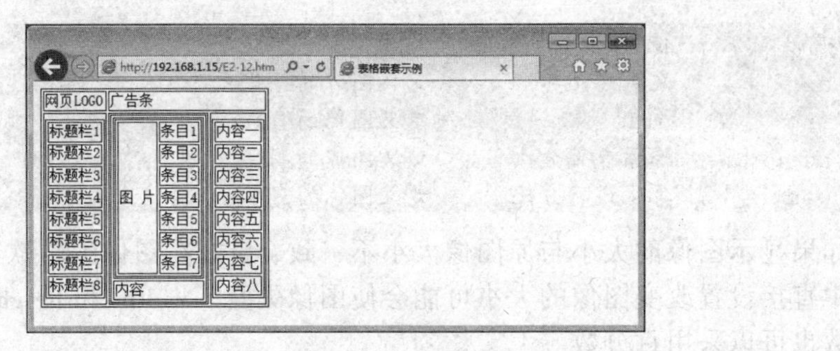

图 2-12　例 2.12 的显示效果

2.5　多媒体标记

图像、声音等能够丰富 HTML 文档，因此网页中包含很多多媒体信息，以增加 HTML 文档的表现力。

2.5.1　图像标记

图像标记<img>定义 HTML 页面中的图像占位符。它的作用是为被引用的图像创建占位符。图像并不会插入到 HTML 文档中，而是链接到 HTML 页面上。<img>标记为单标记，它有一个必需的属性 src。

【例 2.13】图像标记示例。

```
<!DOCTYPE html>
<html>
<head>
  <title>图像标记示例</title>
</head>
<body>
  <img src="t1.jpg" alt="图像未显示时所显示的文字" width="260" height="180" >
</body>
</html>
```

该示例代码中，使用了<img>标记的 src、alt、width 和 height 属性。其中 src 属性定义了所显示图像的 URL，一般是文件标识。本例是在页面中显示 t1.jpg 图片文件，显示效果如图 2-13 所示。

图 2-13　例 2.13 的显示效果

在 HTML 5.0 中支持<img>标记的下列属性：

属性	值	描述
alt	文本	定义图像的替代文本
src	url	定义图像的 URL
height	像素或百分比	定义图像的高度
width	像素或百分比	定义图像的宽度

如果显示图像的大小与原图像大小不一致，最好在图像编辑软件中处理。如果在页面中直接设置改变图像的大小可能会使图像失真。width 和 height 属性值可以采用像素数也可以采用百分数。

2.5.2 音频标记

音频标记<audio>用于定义声音，如音乐或其他音频流。<audio> 标记是 HTML 5.0 的新标记。考虑到一些旧版本的浏览器不支持该标记，可以在开始标记和结束标记之间放置文本内容，说明浏览器不支持<audio>标记。<audio>标记有一个必需的属性 src。

【例 2.14】音频标记示例。

```
<!DOCTYPE html>
<html>
<head>
  <title>音频标记示例</title>
</head>
<body>
  <audio src="test.mp3" controls >
  您的浏览器不支持 audio 标记。
  </audio>
</body>
</html>
```

该示例代码中使用了<audio>标记的 src 属性。src 属性定义所播放声音文件的 URL，一般是文件标识。本例是在页面显示时播放 test.mp3 声音文件并显示播放控制按钮，显示效果如图 2-14 所示。

图 2-14　例 2.14 的显示效果

在 HTML 5.0 中支持<audio>标记的下列属性：

属性	值	描述
src	url	要播放的音频的 URL
autoplay	autoplay	出现该属性，音频就绪后马上播放
controls	controls	出现该属性，页面显示控件，比如播放按钮
loop	loop	出现该属性，每当音频结束时重新开始播放
preload	preload	出现该属性，在页面加载时加载音频，并预备播放。如果使用"autoplay"，则忽略该属性

2.5.3 视频标记

视频标记<video>用于定义视频，如电影片段或其他视频流。<video> 标记是 HTML 5.0 的新标记。考虑到一些旧版本的浏览器不支持该标记，可以在开始标记和结束标记之间放置文本内容，说明浏览器不支持<video>标记。<video>标记也有一个必需的属性 src。

【例 2.15】视频标记示例。

```
<!DOCTYPE html>
<html>
<head>
  <title>视频标记示例</title>
</head>
<body>
  <video src="test.mp4" controls="controls">
  您的浏览器不支持 video 标记。
  </video>
</body>
</html>
```

该示例代码中，使用了< video >标记的 src 属性。src 属性定义所播放视频文件的 URL，一般是文件标识。本例是在页面显示时播放 test.mp4 视频文件，显示效果如图 2-15 所示。

图 2-15　例 2.15 的显示效果

在 HTML 5.0 中支持< video >标记的下列属性：

属性	值	描述
src	url	要播放的视频的 URL
Height	pixels	设置视频播放器的高度
Width	pixels	设置视频播放器的宽度

```
autoplay      autoplay     出现该属性，视频就绪后马上播放
controls      controls     出现该属性，页面显示控件，比如播放按钮
loop          loop         出现该属性，每当视频结束时重新开始播放
preload       preload      出现该属性，在页面加载时加载视频，并预备播放。
                           如果使用 "autoplay"，则忽略该属性
```

不同的浏览器，所支持的视频格式也不同。IE11 支持编码标准为 H.264 的 AVC 视频格式的 MP4 播放。

2.5.4 画布标记

画布标记<canvas>用于在 HTML 页面中定义图形容器，容器中的图形必须使用另外的脚本来绘制。<canvas>标记是 HTML 5.0 中的新标记，该标记有以下的属性：

```
属性          值           描述
height        pixels       设置 canvas 的高度
width         pixels       设置 canvas 的宽度
```

【例 2.16】画布标记示例。

```
<!DOCTYPE html>
<html>
 <head>
  <title>画布标记示例</title>
 </head>
 <body>
 <canvas id="test"  height="400"  width="300"></canvas>
 <script type="text/javascript">
  var canvas = document.getElementById("test");
   if(canvas.getContext)
    {
    var context = canvas.getContext("2d");
    context.beginPath();                //新路径建立
    context.font = "12px 微软雅黑";     //设置字体大小、格式等
    context.textAlign = "center";       //设置文字对齐
   context.textBaseline = "top";        //设置文字的基线，
context.fillText("时钟表",100,80);      //绘制字符串坐标是 X100  Y80 的位置
   context.arc(100,100,99,0,2*Math.PI,false); //绘制圆，圆心 100 100，半径为 99。
                                         //角度是在 0 和 2π之间，逆时针方向
   context.moveTo(194,100); //光标移动到 194  100 的这个坐标，但不绘制线条
    context.arc(100,100,94,0,2*Math.PI,false);
    context.moveTo(100,100);
    context.lineTo(100,15);             //绘制时针
    context.stroke();
    }
  </script>
 </body>
</html>
```

例 2.16 是一个画布标记使用的示例，该示例在 HTML 页面中定义了一个画布，并在画布上绘制了一个时钟。显示效果如图 2-16 所示。

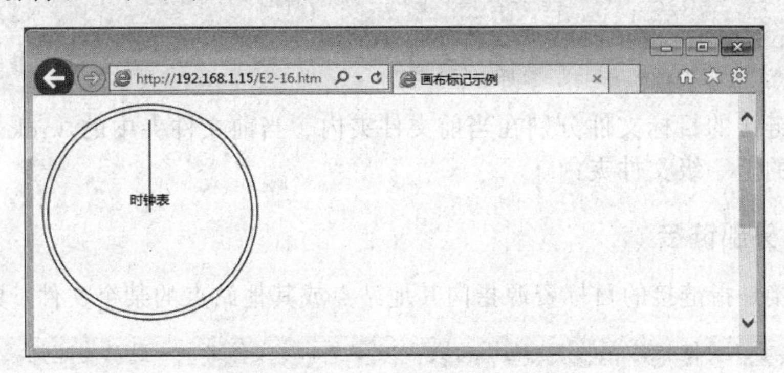

图 2-16　例 2.16 的显示效果

2.6　超链接标记

超链接是 HTML 元素中的一个特色，它定义页面的跳转位置。一般 HTML 页面中都用文字或图片作为超链接，设定了超链接的文字或图片的外观会有所变化，鼠标指针也会有所变化。

超链接标记<a>定义超链接，用于从一个页面链接到另一个页面。<a> 标记最重要的属性是 href 属性，它指定链接的目标。<a> 标记的另一个常用属性是 target，target 属性有_blank、_parent、_self 和_top 四个取值，定义目标页面在浏览器中打开的位置。

```
target 属性的值          描述
_blank                  表示该链接在新窗口中打开目标文件
_parent                 表示该链接在当前文件的父级框架中打开目标文件
_self                   表示该链接在当前窗口位置或框架位置中打开目标文件
_top                    表示该链接在当前的完整窗口中打开目标文件
```

在所有浏览器中，定义了超链接文字的默认外观颜色，其中未被访问的超链接带有下画线而且是蓝色，已被访问的超链接带有下画线而且是紫色，活动超链接带有下画线而且是红色。在页面设计时，常用 CSS 改变超链接的外观。

2.6.1　内部链接

内部链接是指链接的目标资源是站点内部的某个文件。具体格式为：

```
<a href="目标资源">显示的超链接对象</a>
```

内部链接的 href 属性值即目标资源一般用相对路径表示。目标资源文件和当前文件在同一文件夹内时，href 的值可以是“目标文件名”；目标资源文件在当前文件的下一级文件夹内时，href 的值是“子文件夹名/目标文件名”；当目标资源文件在当前文件的上一级文件夹内时，href 的值是“../目标文件名”，其中“../”表示上一级文件夹。如果目标资源文件在当前文件的再上一级文件夹内或再下一级文件夹内时，依上类推即可。下面的语句是超链接的示例：

```
<a href="new.htm"   target="_blank" >新闻</a>
<a href="work/new.htm">工作新闻</a>
<a href="../new.htm">新闻</a>
```

这些超链接的目标文件分别在当前文件夹内、当前文件夹中的 wrok 子文件内和当前文件夹的上一级文件夹内。

2.6.2 外部链接

外部链接是指链接的目标资源指向其他站点或其他站点的某个文件。具体格式为：

```
<a href="要链接站点的 IP 地址或域名[:端口][/文件名]">显示的超链接对象</a>
```

当其他的站点使用默认的 TCP 端口时，第一个中括号及内部的内容省略；当只想打开要链接站点的首页时，第二个中括号及内部的内容省略。例如要链接到百度的网站，其语句格式为：

```
<a href="http://www.baidu.com">百度</a>
```

该语句链接到百度网站的首页。

也可以使用图片作为显示的超链接对象，上述语句可修改为：

```
<a href="http://www.baidu.com"> <img src="baidu.gif" alt="百度"> </a>
```

该语句用一个当前文件夹内名为 baidu.gif 的图片作为显示的超链接对象。

2.6.3 指向电子邮件的超链接

单击指向电子邮件的超链接，将打开默认的电子邮件程序，如 Outlook Express、FoxMail 等，并自动填写邮件地址。具体格式为：

```
<a href="mailto:电子邮件地址">显示的超链接对象</a>
```

例如要链接的邮件地址为 wrj32366670@163.com，其链接语句的格式为：

```
<a href="mailto: wrj32366670@163.com ">联系作者</a>
```

2.6.4 指向下载文件的超链接

如果链接的目标资源文件是浏览器不能识别的文件格式，单击超链接时，弹出“另存为”对话框，文件被下载。具体格式为：

```
<a href="文件名">显示的超链接对象</a>
```

例如要链接到当前文件夹 soft 子文件夹内的 winrar.exe 文件时，使用下面的语句。

```
<a href="soft/winrar.exe">解压缩软件</a>
```

【例 2.17】超链接示例。

```
<!DOCTYPE html>
<html>
 <head>
  <title>超链接示例</title>
```

```
 </head>
 <body>
 <a href="new.htm"   target="_blank" >新闻</a><br />
 <a href="work/new.htm">工作新闻</a><br />
 <a href="http://www.baidu.com">百度</a><br />
 <a href="mailto: wrj32366670@163.com ">联系作者</a><br />
 <a href="soft/winrar.exe">解压缩软件</a><br />
</body>
</html>
```

例 2.17 是一个超链接的示例，该示例在 HTML 页面中定义了两个内部链接，一个外部链接、一个指向电子邮件的超链接和一个指向下载文件的超链接。显示效果如图 2–17 所示。

图 2–17　例 2.17 的显示效果

2.7　表单及表单元素标记

表单用于用户输入各种类型的数据，是用户向服务器端提交信息的界面。表单的使用，使 Web 应用程序具有交互功能。

2.7.1　表单标记

表单标记<form>…</form>用于创建一个表单，即定义表单的开始和结束位置，该标记对之间的一切都属于表单的内容。该标记有以下的一些常用属性：

属性	描述
action	指定服务端接收用户提交表单数据的文件。一般是包含服务端脚本的文件，如 asp、jsp 或 php 文件
method	设置服务端处理程序从表单中获取信息的方式，可取值为“GET”或“POST”。GET 方式是处理程序从当前文档中获取数据，POST 方式是当前的文档把数据传送给处理程序，传送的数据量要比使用 GET 方式大得多
target	用来指定目标窗口或目标框架。它的取值为“_blank”、“_self”、“_parent”或“_top”
enctype	规定在发送表单数据之前如何对其进行编码。enctype 属性可能的取值为“application/x-www-form-urlencoded”、“multipart/form-data”或“text/plain”
id	为表单定义一个唯一的标识

下面的语句定义一个 id 为“myform”的表单：

```
<form id="myform" action="confirm.asp" method="post">
<label id="mylable"  for="userid">用户名: </lable>
<input type="text" id="userid">
</form>
```

2.7.2 标记标记

标记标记<label>用于定义表单元素的标注。如果在 label 元素内单击文本，就会触发与此关联的表单元素。就是说，当用户选择该标记时，浏览器就会自动将焦点转到和标记相关的表单元素上。该标记支持 HTML 5.0 的标准属性，它的“for”属性可把 label 绑定到另外一个元素。

```
<label id="mylable"  for="userid">用户名: </lable>
```

上述语句定义了一个 id 为“mylable”的标记，显示内容为“用户名：”。当用户在浏览器中选择“用户名：”时，就会自动将焦点转到 id 为“userid”的表单元素上，该表单元素一般是输入域标记定义的元素。

2.7.3 输入域标记

输入域标记<input>是表单元素标记，放在表单标记<form>…</form>之间。它用于定义用户输入各种类型数据的界面。<input>标记支持 HTML 的标准属性，它有一个必需的属性 type，该属性的取值决定输入域的类型。以下列出了 type 属性的值及相对应的输入域类型：

```
type 属性值     输入域类型
text           定义单行文本的输入区域
reset          定义将表单内容全部设置为默认值的按钮
submit         定义将表单内容提交给服务器的按钮
image          定义使用图像来代替 Submit 按钮,图像的文件名由 src 属性指定
radio          定义单选按钮
checkbox       定义一个复选框
hidden         定义隐藏区域,用户不能在其中输入,用来预设某些要传送的信息
password       定义输入密码的区域,当用户输入密码时,区域内将会显示"*"号
email          定义包含 E-mail 地址的输入域, 提交表单时自动验证该域的值
url            定义包含 URL 地址的输入域。提交表单时自动验证 url 域的值
number         定义包含数值的输入域。用 min 和 max 属性设定对所接受的数字最小
               值和最大值的限定, 用 step 属性设定合法的数字间隔, 用 value 设定默认值
range          定义包含一定范围内数字值的输入域。range 类型显示为滑动条。用
               min 和 max 属性设定对所接受的数字最小值和最大值的限定, 用 step
               属性设定合法的数字间隔, 用 value 设定默认值
```

HTML 5.0 新增了一系列属性，利用 Autofocus 属性可以自动获取焦点，placeholders 属性可以指定占位符文字，required 属性规定必须在提交之前填写输入域（不能为空），pattern 属性可以为输入域指定一个正则表达式。

【例 2.18】输入域标记示例。

```
<!DOCTYPE html>
<html>
 <head>
  <title>输入域标记示例</title>
 </head>
<body>
 <form id="myform" action="register.asp" method="post"  autocomplete="on">
用户名: <input type="text" id="username"  Autofocus maxlength="8"
                                   size="14"  required="required" ><br />
密码: <input type="password" id="userpw" placeholder="4-10个英文字母"
pattern="[A-Za-z]{4,10}" required="required" autocomplete="off" ><br />
性别: <input type="radio" name="sex" checked>男
      <input type="radio" name="sex" >女<br />
年龄: <input type="number" id="age" min="8" max="100" value="18"><br />
爱好: <input type="checkbox" id="hobby">游戏
      <input type="checkbox" id="hobby" checked>打球<br />
 Email: <input type="email" id="email" placeholder="abc@163.com"><br />
个人主页: <input type="url" id="homepage" ><br />
每天上网时间: <input type="range" id="nettime" min="0" max="24" value=
                                                              "3"><br />
<input type="hidden" id="sessionid">
<input type="submit" id="ok" value="提交" >
<input type="reset" id="cancel" value="重置" ><br />
</form>
</body>
</html>
```

例 2.18 定义了一个 id 为“myform”的表单，并使用输入域标记定义该表单中的各种元素。显示效果如图 2-18 所示。

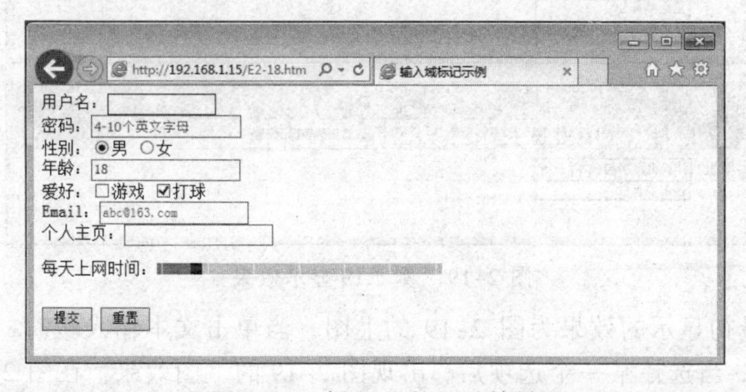

图 2-18　例 2.18 的显示效果

2.7.4　数据列表标记

数据列表标记<datalist>…</datalist>是表单元素标记，放在表单标记<form>…</form>之间。它用于定义用户文本输入域的数据列表，具体的数据项由<option>标记定义。

【例 2.19】数据列表标记示例。

```
<!DOCTYPE html>
<html>
 <head>
  <title>数据列表标记示例</title>
 </head>
<body>
<form id="myform" action=" " method="post"  autocomplete="on">
<label for="major">专业</label>
<input id="major" name="major" type="text" list="majorlist" title="
                                                   请选择" /></p>
<datalist id="majorlist">
   <option value="信息工程" label="工程类专业"/>
   <option value="计算机科学与技术" label="技术类专业"/>
   <option value="通信科学" label="学术类专业"/>
</datalist>
</form>
</body>
</html>
```

例 2.19 定义了一个 id 为“myform”的表单，并使用数据列表标记定义了一个为文本输入域提供可选择数据的数据列表。显示效果如图 2-19 所示。

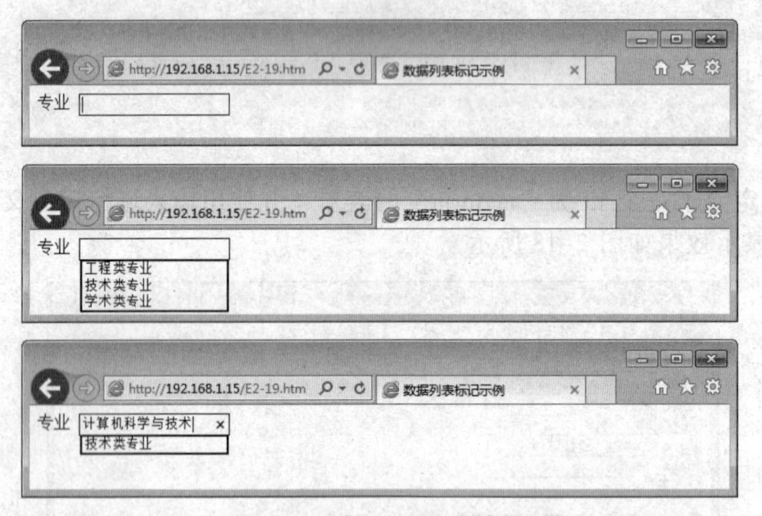

图 2-19　例 2.19 显示效果

例 2.19 最初显示的效果为图 2-19 的上图，当单击文本输入域时，出现图 2-19 的中图的效果，当选择某一个选项后，出现图 2-19 的下图效果。在图 2-19 的下图中单击×，可取消选择项进行重新选择。

2.7.5　下拉菜单标记

下拉菜单标记成对出现，以<select>开始，以</select>结束>。它是表单元素标记，放在表单标记<form>…</form>之间。具体的菜单项由<option>标记定义。

下面的语句定义了一个下拉菜单：

```
<label for="major">专业</label>
<select id="major" name="major" title="请选择" /></p>
    <option value="信息工程">信息工程</option>
    <option value="计算机科学与技术">计算机科学与技术</option>
    <option value="通信科学">通信科学</option>
</select>
```

当菜单项较多时，可对菜单项分组。

【例 2.20】下拉菜单标记示例。

```
<!DOCTYPE html>
<html>
 <head>
  <title>下拉菜单标记示例</title>
</head>
<body>
<form id="myform" action=" " method="post"  autocomplete="on">
<label for="major">专业</label>
<select id="major" name="major" title="请选择" /></p>
<optgroup label="理工类专业">
     <option value="信息工程">信息工程</option>
     <option value="计算机科学与技术">计算机科学与技术</option>
     <option value="通信科学">通信科学</option>
</optgroup>
<optgroup label="文史类专业">
     <option value="汉语言文学">汉语言文学</option>
     <option value="世界史">世界史</option>
 </optgroup>
 </select>
</form>
</body>
</html>
```

例 2.20 定义了一个 id 为“myform”的表单，并在该表单中定义了两组下拉菜单。显示效果如图 2-20 所示。

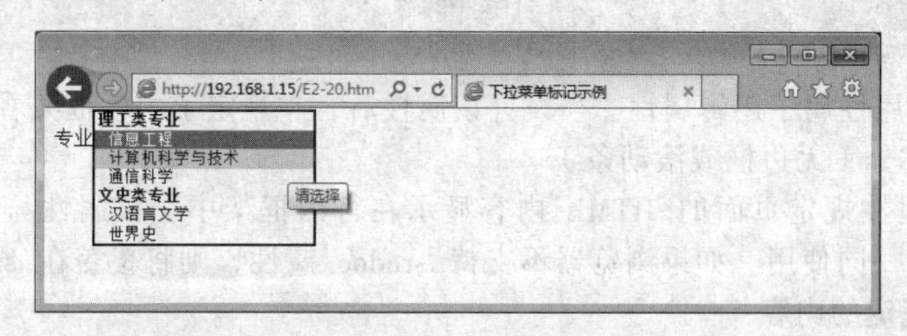

图 2-20 例 2.20 的显示效果

2.7.6 文本输入区域标记

文本输入区域标记成对出现，以<textarea>开始，以</textarea>结束。它是表单元素标记，放在表单标记<form>…</form>之间，它有行列属性。下面的语句定义了一个5行80列的文本输入区域：

```
<textarea cols="80" rows="5" id="abs" name="abs" placeholder="请输入" >
</textarea>
```

2.8 其他标记

HTML还提供了一些其他标记，本节列出了其中常用的几个标记。

2.8.1 内联框架标记

内联框架标记成对出现，以<iframe>开始，以</iframe>结束。它创建包含另外一个文档的内联框架（即行内框架）。一般用来包含别的页面，例如可以在自己的网站页面加载其他网站的内容。<iframe>和</iframe>之间的内容可以作为浏览器不支持该标记时显示的文本。

使用width属性和height属性定义框架的宽度和高度，src属性定义框架内文档的来源（文档URL），allowtransparency属性用于设置框架的透明。下面的语句定义了一个包含其他HTML文档的内联框架：

```
    <iframe src="http://www.baidu.com" allowtransparency="true" style=
"background-color=transparent" title="test" frameborder="0" width="800"
height="600" scrolling="no">
    您的浏览器不支持该标记
    </iframe>
```

HTML 5.0中，新增了sandbox、seamless和srcdoc属性，sandbox属性规定了一系列对内联框架中内容的额外限制，它有以下一些取值：

```
属性值                    描述
""                        应用以下所有的限制
allow-same-origin         允许 iframe 内容被视为与包含文档有相同的来源
allow-top-navigation      允许 iframe 内容从包含文档导航（加载）内容
allow-forms               允许表单提交
allow-scripts             允许脚本执行
```

seamless属性属于逻辑属性。当设置该属性后，它规定了内联框架看上去像是包含文档的一部分（无边框或滚动条）。

srcdoc 属性规定页面的 HTML 内容显示在行内框架中。该属性与 sandbox 和 seamless属性一同使用。如果浏览器不支持 srcdoc 属性，则将覆盖在 src 属性（若已设置）中规定的内容：

```
属性值          描述
HTML_code       显示在框架中的 HTML 内容。必须是有效的 HTML 语法
```

下面的语句定义了一个显示HTML语句的内联框架：

```
<iframe srcdoc="<table border=1><tr><td>内联框架内的表格</td></tr>
```

```
</table>" frameborder="0" width="80" height="50" scrolling="no">
    您的浏览器不支持该标记
    </iframe>
```

2.8.2 进度条标记

进度条标记成对出现，以<progress>开始，以</ progress>结束。它定义运行中的进度，不同的浏览器有不同的外观。它有两个重要的属性：一个是 max，指最大值；另一个是 value，指当前进度的值。

最大值 max 若默认，进度值范围为 0.0～1.0，如果设置成 max=100，则进度值范围为 0～100；若 max=100, value=50，则进度正好一半。

当前进度的值 value 属性的存在与否决定了 progress 进度条是否具有确定性。没有 value，它将显示为一个无限循环的动画；有了 value 属性（即使无值），如<progress value></progress>，将显示为确定的进度。一般该标记配合 JavaScript 脚本使用。

【例 2.21】进度条标记示例。

```
<!DOCTYPE html>
<html>
 <head>
  <title>进度条标记示例</title>
 </head>
<body>
进度条，当前值为 85
<progress  id="objprogress" value=85 max=100>
<span id="progressdisplay">85</span>%
</progress>
</body>
</html>
```

例 2.21 定义了一个最大值为 100，当前值为 85 的进度条。显示效果如图 2-21 所示。

图 2-21　例 2.21 的显示效果

2.8.3 客户端脚本标记

当一个 HTML 文档需要 JavaScript 或 VBscript 客户端脚本时，必须将这些脚本代码放在一对客户端脚本标记之间，否则浏览器将不会执行这些代码而是直接显示在页面上。

客户端脚本标记必须成对使用，以<script>开始，以</script>结束。该标记对之间放置客户端脚本，如 JavaScript 语句或 VBscript 语句。除可以包含脚本语句外，也可以通过 src 属性指定外部脚本文件。它有一个必需的 type 属性规定脚本的 MIME 类型。

客户端脚本的常见应用是图像操作、表单验证以及动态内容更新。

【例 2.22】客户端脚本标记示例。

```
<!DOCTYPE html>
<html>
 <head>
  <title>客户端脚本标记示例</title>
 </head>
<body>
九九表
<script type="text/javascript">
 document.write("<table width=90%>");
 for(i=1;i<=9;i++)
 {
    document.write("<tr>");
    for(j=1;j<9; j++)
    {
      document.write("<td>");
      document.write(i+"×"+j+"="+i*j);
      document.write("</td>");
    }
    document.write("</tr>");
 }
  document.write("</table>");
 </script>
</body>
</html>
```

例 2.22 是一段在页面显示一个九九表的客户端脚本示例。显示效果如图 2-22 所示。

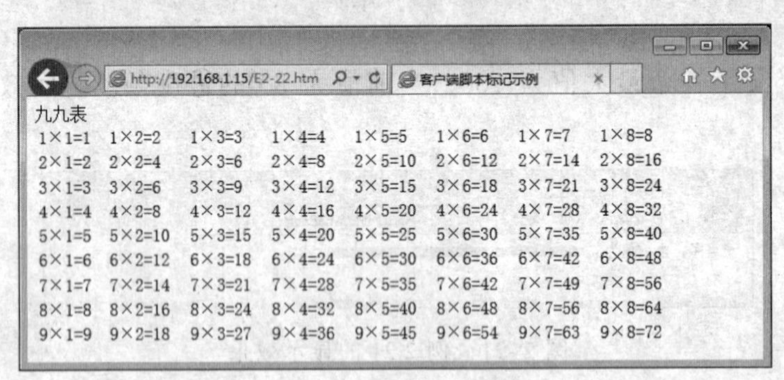

图 2-22　例 2.22 的显示效果

当一段客户端脚本用于多个页面时，可以将客户端脚本保存到另外的一个文件中，用客户端脚本标记的 src 属性指向该文件，效果与将所指向的文件中的代码直接放在页面中相同。下面的语句将引用一个名为 checklogin.js 的脚本文件：

```
<script type="text/JavaScript"  src="checklogin.js" ></script>
```

2.8.4　外部资源链接标记

外部资源链接标记<link>用于定义引入文档的外部资源。它是一个单标记，没有结束标记。<link> 标记最常见的用途是链接样式表，它只能存在于 head 部分，不过它可出现任意次数。该标记是一个空标记，只有属性，下面列出了该标记的常用属性：

属性值	描述
href	指定需要加载的资源的 URL
rel	指定链接类型
type	包含内容的类型

如果要将当前文件夹内名为 style.css 的样式文件引入到当前文档，可用下面的语句。

```
<link rel="stylesheet" type="text/css" href="style.css" />
```

2.8.5 样式标记

样式标记成对使用，以<style>开始，以</style>结束。样式标记用于定义 HTML 文档的样式信息，可以精确设置 HTML 元素如何在浏览器中呈现。一般将样式信息定义在 head 部分，它最常用的属性是 type，取值为"text/css"。

【例 2.23】样式标记简单示例。

```
<!DOCTYPE html>
<html>
 <head>
  <title>样式标记简单示例</title>
  <style  type="text/css">
    h1 {color:red}
    p {color:blue}
  </style>
 </head>
<body>
 <h1>重新定义了样式的标题 1 </h1>
 <p>重新定义了样式的段落</p>
</body>
</html>
```

例 2.23 是样式标记的一个简单示例，该例的显示效果如图 2-23 所示。

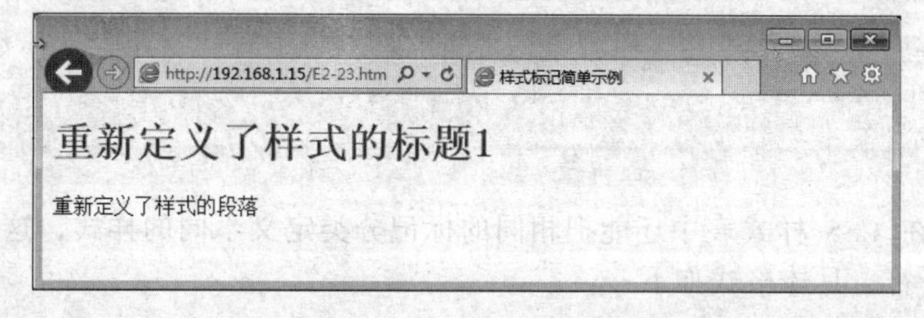

图 2-23　例 2.23 的显示效果

2.9 CSS 基础知识

CSS（Cascading Style Sheet，层叠样式表，简称样式表）用于控制网页的样式和布局。它是能够真正做到网页表现与内容分离的一种样式设计语言。现代的页面设计，一般使用 HTML 定义页面元素，使用 CSS 对网页中的元素的外观进行精确控制。CSS 支持几乎所有的字体字号样式，拥有对网页对象和模型样式编辑的能力，并能够进行初步交互设计，是目前基于文本展示最优秀的表现设计语言。CSS 能够根据不同使用者的理解能力，简化或者优化写法，针对各类人群，有较强的易读性。目前的最新版本为 CSS3。

有三种方法可以在站点网页中使用样式表：

（1）行内样式：应用内嵌样式到各个网页元素。

（2）页内样式：在网页上创建嵌入的样式表。

（3）外部样式：在网页中链接外部样式表。

行内样式是把 CSS 样式表写在 HTML 行内的方法，具体格式为：

```
<标记 style="属性:属性值;属性:属性值; …">
```

采用 style="" 的格式把样式写在 html 标记中的任意行内，属性与属性值之间用“:”分隔，属性与属性之间用“;”分隔。这种方式比较方便灵活，对于定义局部格式非常有用。在例 2.9 中使用行内样式重新定义了<h3>标记的样式：

```
<h3 style="height:26px;width:179px;color:#ffffff;background-color:
#0099cc"> 前言</h3>
```

页内样式是一种把 CSS 定义放到页面文档中的方法，其中 CSS 的定义格式如下：

```
<style type="text/css">
<!--
选择符 1{属性:属性值;属性:属性值; …}
选择符 2{属性:属性值;属性:属性值; …}
…
选择符 n{属性:属性值;属性:属性值; …}
-->
</style>
```

其中<style>中的“type="text/css"”说明<style>中的代码以 CSS 语法定义。属性与属性值之间用“:”分隔，属性与属性之间用“;”分隔。选择符可以使用 HTML 标记的名称。在例 2.23 中定义了使用页内样式重新定义了<h1>和<p>标记的样式：

```
<style type="text/css">
  h1 {color:red}
  p {color:blue}
</style>
```

另外，在 CSS 样式表中还能把相同的标记分类定义不同的样式，这里就用到类（class）选择符，具体格式如下：

```
<style type="text/css">
<!--
标记.类名称 1{属性:属性值;属性:属性值; …}
标记.类名称 2{属性:属性值;属性:属性值; …}
…
标记.类名称 n{属性:属性值;属性:属性值; …}
```

```
-->
</style>
```

类名称可以是英文单词或以英文字母开头和数字的组合，在文档中由 class 选择符直接引用即可，这里标记名可以省略，但标记名前的点不能省略，并且点和类名称之前不能有空格。

【例 2.24】样式表中类选择符的使用示例。

```
<!DOCTYPE html>
<html>
  <head>
  <title>样式表中类选择符的使用示例</title>
  <style type="text/css">
    .h1_red {color:red}
    .h1_blue {color:blue}
  </style>
 </head>
<body>
  <h1 class= "h1_red" >重新定义为红色样式的标题 1</h1>
  <h1 class= "h1_blue" >重新定义为蓝色样式的标题 1</h1>
</body>
</html>
```

例 2.24 是使用类选择符的一个简单示例，该例的显示效果如图 2-24 所示。

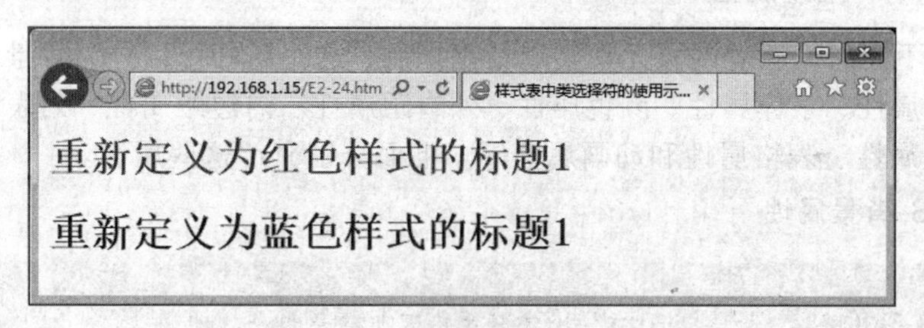

图 2-24　例 2.24 的显示效果

外部样式是把样式的定义代码单独保存为一个样式表文件（.css），然后在页面中使用<link>标记引用到当前文档中，具体引用格式如下：

```
<link rel= "stylesheet"  href= "style.css">
```

上面<link>标记定义了引用的样式表，该标记必须在<head>…</head>标记之间使用。其中 rel= "stylesheet"属性定义在网页中使用外部的样式表，href= "style.css"属性定义了需要链接的样式表文件的 URL。

【例 2.25】外部样式表的使用示例。

```
<!DOCTYPE html>
<html>
 <head>
  <title>外部样式表使用示例</title>
  <link rel= "stylesheet"  href= "style.css">
 </head>
```

```
 <body>
  <h1 class= "h1_red" >重新定义为红色样式的标题 1</h1>
  <h1 class= "h1_blue" >重新定义为蓝色样式的标题 1</h1>
 </body>
</html>
```

然后将以下两行代码保存到文件名为 style.css 的文件中：

```
.h1_red {color:red}
.h1_blue {color:blue}
```

为了更好地使用 CSS，必须先了解 CSS 的常用属性。

【例 2.25】是使用外部样式表的一个简单示例，该例的显示效果如图 2-25 所示。

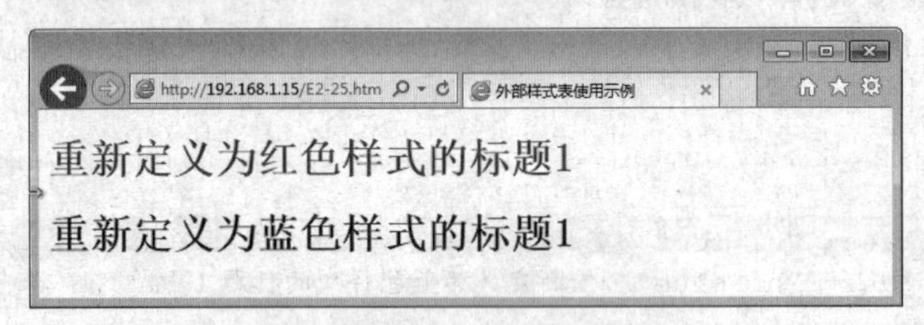

图 2-25　例 2.25 的显示效果

2.9.1　CSS 常用属性

CSS 用不同的属性对网页元素实现精确控制，这些属性可以分为背景属性、边框属性、文本属性、字体属性、颜色属性、外边距属性、内边距属性、列表属性、尺寸属性、定位属性、表格属性和动画属性等。下面分别介绍这些属性。

1. CSS 背景属性

属性	描述
background	在一个声明中设置所有的背景属性
background-attachment	设置背景图像是否固定或者随着页面的其余部分滚动
background-color	设置元素的背景颜色
background-image	设置元素的背景图像
background-position	设置背景图像的开始位置
background-repeat	设置是否及如何重复背景图像
background-size	设置背景图片的尺寸
background-origin	设置背景图片的定位区域
background-clip	设置背景的绘制区域

2. CSS 边框属性

属性	描述
border	在一个声明中设置所有的边框属性
border-bottom	在一个声明中设置所有的下边框属性
border-bottom-color	设置下边框的颜色
border-bottom-style	设置下边框的样式

border-bottom-width	设置下边框的宽度
border-color	设置四条边框的颜色
border-left	在一个声明中设置所有的左边框属性
border-left-color	设置左边框的颜色
border-left-style	设置左边框的样式
border-left-width	设置左边框的宽度
border-right	在一个声明中设置所有的右边框属性
border-right-color	设置右边框的颜色
border-right-style	设置右边框的样式
border-right-width	设置右边框的宽度
border-style	设置四条边框的样式
border-top	在一个声明中设置所有的上边框属性
border-top-color	设置上边框的颜色
border-top-style	设置上边框的样式
border-top-width	设置上边框的宽度
border-width	设置四条边框的宽度
border-radius	用于创建圆角边框
box-shadow	用于向边框添加阴影
border-image	用图片来创建边框
outline	在一个声明中设置所有的轮廓属性
outline-color	设置轮廓的颜色
outline-style	设置轮廓的样式
outline-width	设置轮廓的宽度

3. CSS 颜色属性

属性	描述
color	设置对象的文本颜色。无默认值
opacity	设置对象的不透明度

4. CSS 文本属性（Text）

属性	描述
letter-spacing	设置字符间距
line-height	设置行高
text-align	规定文本的水平对齐方式
text-decoration	规定添加到文本的装饰效果
text-indent	规定文本块首行的缩进
text-shadow	规定添加到文本的阴影效果
text-transform	控制文本的大小写
unicode-bidi	设置文本方向
white-space	规定如何处理元素中的空白
word-spacing	设置单词间距
word-wrap	设置文本强制换行
hanging-punctuation	规定标点字符是否位于线框之外
punctuation-trim	规定是否对标点字符进行修剪

text-align-last	设置如何对齐最后一行或紧挨着强制换行符之前的行
text-emphasis	向元素的文本应用重点标记以及重点标记的前景色
text-justify	规定当 text-align 设置为 "justify" 时所使用的对齐方法
text-outline	规定文本的轮廓
text-overflow	规定当文本溢出包含元素时发生的事情
text-wrap	规定文本的换行规则
word-break	规定非中日韩文本的换行规则

5. CSS 字体属性

属性	描述
font	在一个声明中设置所有字体属性
font-family	规定文本的字体系列
font-size	规定文本的字体尺寸
font-size-adjust	为元素规定 aspect 值
font-stretch	收缩或拉伸当前的字体系列
font-style	规定文本的字体样式
font-variant	规定文本的字体样式
font-weight	规定字体的粗细

6. CSS 外边距属性

属性	描述
margin	设置所有外边距属性
margin-bottom	设置元素的下外边距
margin-left	设置元素的左外边距
margin-right	设置元素的右外边距
margin-top	设置元素的上外边距

7. CSS 内边距属性

属性	描述
padding	在一个声明中设置所有内边距属性
padding-bottom	设置元素的下内边距
padding-left	设置元素的左内边距
padding-right	设置元素的右内边距
padding-top	设置元素的上内边距

8. CSS 列表属性

属性 描述	
list-style	在一个声明中设置所有的列表属性
list-style-image	将图像设置为列表项标记
list-style-position	设置列表项标记的放置位置
list-style-type	设置列表项标记的类型

9. 内容生成属性

属性	描述
content	与:before及:after伪元素配合使用，来插入生成内容
counter-increment	递增或递减一个或多个计数器
counter-reset	创建或重置一个或多个计数器
quotes	设置嵌套引用的引号类型

10. CSS 尺寸属性（Dimension）

属性	描述
height	设置元素高度
max-height	设置元素的最大高度
max-width	设置元素的最大宽度
min-height	设置元素的最小高度
min-width	设置元素的最小宽度
width	设置元素的宽度

11. CSS 定位属性（Positioning）

属性	描述
bottom	设置定位元素下外边距边界与其包含块下边界之间的偏移
clear	规定元素的哪一侧不允许其他浮动元素
clip	剪裁绝对定位元素
display	规定元素应该生成的框的类型
float	规定框是否应该浮动
left	设置定位元素左外边距边界与其包含块左边界之间的偏移
overflow	规定当内容溢出元素框时发生的事情
position	规定元素的定位类型
right	设置定位元素右外边距边界与其包含块右边界之间的偏移
top	设置定位元素的上外边距边界与其包含块上边界之间的偏移
vertical-align	设置元素的垂直对齐方式
visibility	规定元素是否可见
z-index	设置元素的堆叠顺序

12. CSS 打印属性（Print）

属性	描述
orphans	设置当元素内部发生分页时必须在页面底部保留的最少行数
page-break-after	设置元素后的分页行为
page-break-before	设置元素前的分页行为
page-break-inside	设置元素内部的分页行为
widows	设置当元素内部发生分页时必须在页面顶部保留的最少行数

13. CSS 表格属性（Table）

属性	描述
border-collapse	规定是否合并表格边框

border-spacing	规定相邻单元格边框之间的距离
caption-side	规定表格标题的位置
empty-cells	规定是否显示表格中的空单元格上的边框和背景
table-layout	设置用于表格的布局算法

14. Marquee 属性

属性	描述
marquee-direction	设置移动内容的方向
marquee-play-count	设置内容移动次数
marquee-speed	设置内容滚动速度
marquee-style	设置移动内容的样式

15. 多列属性

属性	描述
column-count	规定元素应该被分隔的列数
column-fill	规定如何填充列
column-gap	规定列之间的间隔
column-rule	设置所有 column-rule-* 属性的简写属性
column-rule-color	规定列之间规则的颜色
column-rule-style	规定列之间规则的样式
column-rule-width	规定列之间规则的宽度
column-span	规定元素应该横跨的列数
column-width	规定列的宽度
columns	设置 column-width 和 column-count 的简写属性

16. 书写模式属性

属性	描述
direction	设置文本的方向。默认值是 ltr
writing-mode	设置对象的内容块的书写方向

17. 变换属性

属性	描述
transform	设置对象的转换
transform-origin	设置对象以某个原点进行转换

18. 过渡属性（Transitions）

属性	描述
transition	设置对象变换时的过渡
transition-delay	设置对象延迟过渡的时间
transition-duration	设置对象过渡的持续时间
transition-property	设置对象中参与过渡的属性
transition-timing	设置对象中过渡的动画类型

19. 动画属性

属性	描述
animation	复合属性。设置对象所应用的动画特效
animation-name	设置对象所应用的动画名称
animation-duration	设置对象动画的持续时间
animation-timing-function	设置对象动画的过渡类型
animation-delay	设置对象动画延迟的时间
animation-iteration-count	设置对象动画的循环次数
animation-direction	设置对象动画在循环中是否反向运动
animation-play-state	设置对象动画的状态
animation-fill-mode	设置对象动画时间之外的状态

20. 鼠标属性

属性	描述
cursor	定义当鼠标移到对象时，鼠标所变化的形状

鼠标属性是来定义当鼠标移到对象时，鼠标所变化的形状。在 CSS 样式表中由 cursor 属性来定义的。鼠标属性 cursor 有很多属性值，以下是常用的属性值及其描述。

cursor 属性值	描述
auto	自动
crosshair	十字形
default	默认指针
hand	手形
move	移动
e-resize	箭头超右方
ne-resize	箭头超右上方
nw-resize	箭头超左上方
n-resize	箭头超上方
se-resize	箭头超右下方
sw-resize	箭头超左下方
s-resize	箭头超下方
w-resize	箭头超左方
text	“I”形

由于 CSS 的属性比较多，没有列出的部分，可以参考专门的手册。

样式的定义，就是将这些属性及其值组成属性和属性值对，并用分号分隔。除行内样式外，其他样式的定义均需将用分号分隔的多个属性和属性值对放在大括号内，形式如下：

```
p{
font-size:12px;
background:#900;
color:090;
}
```

这段代码定义了 p 标记的样式。这里 p 是选择符，下面分别介绍不同的选择符的定义和使用。

2.9.2 CSS 选择符

CSS 选择符是一个强大的工具，下面先看一个使用 CSS 选择符的例子。

【例 2.26】选择符的使用示例。

```
<!DOCTYPE html>
<html>
 <head>
  <title>选择符使用示例</title>
  <style type="text/css">
    .demoDiv{color:#FF0000;}
 </style>
</head>
<body>
  <div class= "demoDiv" >
    这个区域字体颜色为红色
  </div>
  <p class= "demoDiv" >这个段落字体颜色为红色</p>
 </body>
</html>
```

CSS 样式定义由两部分组成，形式如下：

```
[code]选择符{样式定义列表} [/code]
```

在{}之前的部分就是“选择符”。“选择符”指明了{}中的“样式”的作用对象，也就是“样式”作用于网页中的哪些元素。

1. 类选择符

类选择符根据类名来选择，以“.”来标志，例 2.26 使用 .demoDiv {color:#FF0000;} 定义了一个名为“demoDiv”的类选择符，在 HTML 页面中，可以定义元素的 class 属性为“demoDiv”来应用该样式，如：

```
<div class="demoDiv">
这个区域字体颜色为红色
</div>
```

同时，可以用该类再定义其他元素，如：

```
<p class= "demoDiv" >这个段落字体颜色为红色</p>
```

当用浏览器浏览该页面时，可以发现所有 class 为 demoDiv 的元素都应用了这个样式。包括了页面中的 div 元素和 p 元素。

例 2.26 中给两个元素定义了 class 属性，但如果页面中有很多个元素都应用这个类选择符定义的样式，就需要每一个元素定义值相同的 class 属性，这样会造成页面重复的代码太多，这种现象称为“多类症”。为了避免这种现象，在页面中可以改成如下的形式来定义：

```
<div class="demoDiv">
  <div>
    这个区域字体颜色为红色
    </div>
    <p>这个段落字体颜色为红色</p>
</div>
```

这样，只为一个元素定义了 class 属性，同时把样式应用到了所有的元素。

2. 标记选择符

一个完整的 HTML 页面由很多不同标记定义的元素组成，每个标记都有默认的样式，标记选择符就是重新定义标记采用的 CSS 样式。比如，可以在页面中对 p 标记样式重新定义：

```
<style type="text/css">
  p{
  font-size:12px;
  background:#900;
  color:#090;
  }
</style>
```

这样页面中所有 p 标记的背景都是#900(红色)，文字大小均是 12px，颜色为#090（绿色）。在后期维护中，如果想改变整个网站中 p 标记背景的颜色，只需要修改 background 属性。

3. ID 选择符

页面中的所有元素都可以定义 ID 属性，根据元素 ID 来定义该元素的样式，就要使用 ID 选择符。定义 ID 选择符以“#”号来标记，定义 id 为 demoDiv 的元素的样式如下：

```
<style type="text/css">
  #demoDiv{
  color:#FF0000;
  }
</style>]
```

然后在页面上定义一个元素 div，并把该元素的 ID 定义为 demoDiv，如：

```
<div id="demoDiv">
这个区域字体颜色为红色
</div>
<div>
这个区域没有重新定义颜色
</div>
```

在浏览器中，可以看到定义了 ID 的区域内的文字颜色变成了红色，而没有定义 ID 的区域内的文字颜色还是默认的黑色。

4. 后代选择符

后代选择符也称为包含选择符，用来选择特定元素或元素组的后代。后代选择符用两个常用选择符，中间加一个空格定义。其中前面的常用选择符选择父元素，后面的常用选择符选择子元素，样式最终会应用于子元素中。无论是父元素还是子元素，均可以是类选择符、标记选择符或 ID 选择符。如：

```
<style type="text/css">
  .f .c{color:#0000CC;}
</style>
```

在这个定义中，类 c 为类 f 的后代。在页面中，使用该选择符的方法如下：

```
<div class="f">
 类 f 定义的颜色
   <label class="c"> 类 f 下的类 c 的颜色，即后代选择符定义的颜色
     <b>如果没有为 b 标记重新定义颜色，继承类 f 下的类 c 的颜色</b>
</label>
</div>
<div>
    默认颜色
     <label class="c">默认颜色</label>
</div>
```

在浏览器中，可以看到前一个区域中 label 标记之间的文字均为蓝色，其他文字均为默认的黑色。这是因为只定义了所有 class 属性为 f 的元素下面的 class 属性为 c 的颜色为蓝色。

后代选择符是一种很有用的选择符，使用后代选择符可以更加精确地定义元素样式。

CSS 的选择符还有子选择符、伪类选择符、通用选择符、群组选择符、属性选择符、伪元素选择符、结构性伪类选择符和 UI 元素状态伪类选择符等。读者可以参考 CSS 的专门书籍，详细了解 CSS 的选择符。灵活使用选择符，可以极大地提高页面样式的定义，从而提高 Web 程序前端开发效率。

另外，使用 CSS 还能创建丰富的动画。创建动画的原理是将一套 CSS 样式逐渐变化为另一套样式。在动画过程中，可多次改变 CSS 样式。读者可以参考 CSS 动画方面的专门书籍，详细了解使用 CSS 制作动画的方法。

一些公司为了 Web 程序前端开发人员的方便，预先定义了一系列的 CSS 样式组成框架，我们只需引用这些样式即可写出漂亮的 HTML 页面。Bootstrap 是目前最受欢迎的前端框架，它基于 HTML、CSS 和 JavaScript，它简洁灵活，使得 Web 开发更加快捷。

【例 2.27】Bootstrap 使用示例。

```
<!DOCTYPE html>
<html>
<head>
   <title>Bootstrap 使用示例</title>
   <link href="http://libs.baidu.com/bootstrap/3.0.3/css/bootstrap.
                                      min.css" rel="stylesheet">
```

```
    <script src="http://libs.baidu.com/jquery/2.0.0/jquery.min.js">
                                                           </script>
    <script src="http://libs.baidu.com/bootstrap/3.0.3/js/bootstrap.
                                                   min.js"></script>
</head>
<body>
<div class="container">
    <div class="row">
        <div class="span6">
            <div class="tabbable" id="tabs-339166">
                <ul class="nav nav-tabs">
                    <li class="active">
                        <a href="#panel-a" data-toggle="tab">第一部分</a>
                    </li>
                    <li>
                        <a href="#panel-b" data-toggle="tab">第二部分</a>
                    </li>
                    <li>
                        <a href="#panel-c" data-toggle="tab">第三部分</a>
                    </li>
                </ul>
                <div class="tab-content">
                    <div class="tab-pane active" id="panel-a">
                            <table class="table">
                                <caption>基本的表格布局</caption>
                                <thead>
                                    <tr>
                                        <th>姓名</th>
                                        <th>城市</th>
                                    </tr>
                                </thead>
                                <tbody>
                                    <tr>
                                        <td>张三</td>
                                        <td>北京</td>
                                    </tr>
                                    <tr>
                                        <td>李四</td>
                                        <td>天津</td>
                                    </tr>
                                </tbody>
                            </table>
                            <!-- 标准的按钮 -->
                            <button type="button" class="btn btn-default">
                                                              默认</button>

                            <!-- 提供额外的视觉效果，标识一组按钮中的原始动作 -->
                            <button type="button" class="btn btn-primary">
                                                              原始</button>
```

```
                <!-- 表示一个成功的或积极的动作 -->
                <button type="button" class="btn btn-success">
                                                      成功 </button>
                <!-- 信息警告消息的上下文按钮 -->
                <button type="button" class="btn btn-info">
                                                      信息</button>
                <!-- 表示应谨慎采取的动作 -->
                <button type="button" class="btn btn-warning">
                                                      警告 </button>
                <!-- 表示一个危险的或潜在的负面动作 -->
                <button type="button" class="btn btn-danger">
                                                      危险</button>
                <!--看起来像一个链接，但同时保持按钮的行为 -->
                <button type="button" class="btn btn-link">
                                                      链接</button>
        </div>
        <div class="tab-pane" id="panel-b">
            <table class="table table-hover">
               <caption>悬停表格布局</caption>
               <thead>
                  <tr>
                     <th>姓名</th>
                     <th>城市</th>
                     <th>密码</th>
                  </tr>
               </thead>
               <tbody>
                  <tr>
                     <td>张三</td>
                     <td>北京</td>
                     <td>abc</td>
                  </tr>
                  <tr>
                     <td>李四</td>
                     <td>天津</td>
                     <td>123</td>
                  </tr>
                  <tr>
                     <td>王五</td>
                     <td>上海</td>
                     <td>xyz</td>
                  </tr>
               </tbody>
            </table>
            <ul class="pagination">
              <li><a href="#">&laquo;</a></li>
              <li class="active"><a href="#">1</a></li>
              <li class="disabled"><a href="#">2</a></li>
              <li><a href="#">3</a></li>
```

```
                        <li><a href="#">4</a></li>
                        <li><a href="#">5</a></li>
                        <li><a href="#">&raquo;</a></li>
                    </ul>
                </div>
                <div class="tab-pane" id="panel-c">
                      <table class="table table-striped">
                        <caption>条纹表格布局</caption>
                        <thead>
                          <tr>
                            <th>姓名</th>
                            <th>城市</th>
                            <th>密码</th>
                          </tr>
                        </thead>
                     <tbody>
                       <tr>
                         <td>张三</td>
                         <td>北京</td>
                         <td>abc</td>
                       </tr>
                       <tr>
                         <td>李四</td>
                         <td>天津</td>
                         <td>123</td>
                       </tr>
                       <tr>
                         <td>王五</td>
                         <td>上海</td>
                         <td>xyz</td>
                       </tr>
                     </tbody>
                      </table>
                      <ul class="pager">
                        <li class="previous "><a href="#">&larr;
                                                    上一页</a></li>
                        <li class="next"><a href="#">下一页
                                                    &rarr;</a></li>
                      </ul>
                </div>
            </div>
        </div>
    </div>
  </div>
</div>
</body>
</html>
```

在这个例子中，引入了 Bootstrap 框架，展示了 Bootstrap 框架中定义的部分样式。读者可以在今后的开发中使用各种框架，提高开发的效率。

本章小结

本章主要讲述了以下内容：

（1）HTML 文档的基本结构。

（2）HTML 的常用标记有。

（3）CSS 样式的定义及使用。

习　题

一、单项选择题

1. HTML 文档中，用图像作为超链接的标记是（　　）。

A. <a href="目标文件名" img src="图像文件名"</a>

B. <a href="图像文件名"></a>

C. <a href="目标文件名">图像文件名</a>

D. <a href="目标文件名"><img src="图像文件名"></a>

2. HTML 页面中，用（　　）标记可使不能解释执行的部分不至于出现运行错误（注释）。

A. '　'　　B. <!--　　-->　　C.　　D. {　.}

3. 创建超链接时，若要链接到上一级目录中的 UP.HTM 文件，应使用（　　）。

A. <A HREF="UP.HTM">显示文字</A>

B. <A HREF="/UP.HTM">显示文字</A>

C. <A HREF="../UP.HTM">显示文字</A>

D. <A HREF="./UP.HTM">显示文字</A>

4. 定义表格的行的标记为（　　）。

A. <table>　　B. <tr>　　C. <td>　　D. <th>

5. 若要将表单数据以 E-mail 的形式返回，必须利用<FORM>标记的（　　）属性设置 E-Mail 地址。

A. METHOD　　B. ACTION　　C. onClick　　D. TARGET

6. 若要将表单数据以字符串的方式附加在网址的后面返回服务器端，必须将<FORM>标记的 METHOD 属性设置为（　　）。

A. POST　　B. GOT　　C. GET　　D. QUERY

7. 若要设置表单中下拉式菜单的各个选项，使用（　　）标记。

A. <OPTION>　　B. <LI>　　C. <SELECT>　　D. <OL>

8. 若要限制用户在单行文本框中所能输入的最多字符数，可以使用<INPUT>标记的（　　）属性。

A. SIZE　　B. VALUE　　C. TABINDEX　　D. MAXLENGTH

9. 设置图像的替代文字，用标记<img>的（　　）属性。

A. SRC　　B. ALT　　C. ALIGN　　D. WIDTH

10. 使用嵌入式方法引用样式表使用的引用标记是（　　）。

A. <link>　　B. <style>　　C. <object>　　D. <head>

11. 下列（　　）表单元素适合作为单一的选择使用。

A. 单行文本框　B. 复选框　　C. 选择按钮　　D. 列表框

12. 下列说法正确的是（　　）。

A. 可以在IE使用“文件/打开”指令执行表单网页

B. 可以使用<FORM >标记的METHOD属性指定表单处理方式

C. 可以使用<INPUT>标记的TARGET属性指定表单处理程序的目标框架名称

D. 表单字段的名称限英文且唯一

13. 下面（　　）标记用于在网页上进行换行。

A. <td> </td>　　B.

C. <p> </p>　　D. <center>…</center>

14. 下面的HTML标记，用于定义表格的是（　　）。

A. <form>…</form>　　B. <td>…</td>

C. <table>…</table>　　D. <tr>…</tr>

15. 下面的HTML标记中，用作超级链接的是（　　）。

A. <form>…</form>　　B. <div>…</div>

C. <a href=…>…</a>　　D. <body>…</body>

16. 在FORM标记中，一个单选按钮组中的各个单选按钮标记中的NAME属性必须（　　）。

A. 不同　　B. 相同

C. 可以相同也可以不同　　D. 不用设置

17. 在HTML文档中，（　　）语句可以创建一个位于文档内部的锚标记ABC。

A. <NAME="ABC">　　B. <NAME="ABC"></NAME>

C. <A NAME="ABC"></A>　　D. <A NAME="ABC>

18. 在表单标记中，（　　）可提供用户一个可以复选的选项标记。

A. <INPUT TYPE=CHECKBOX>　　B. <INPUT TYPE=SUBMIT>

C. <INPUT TYPE=RESET>　　D. <INPUT TYPE=OPTION>

19. 下面关于标记的说法不正确的是（　　）。

A. HTML标记要填写在一对尖括号（<>）内。

B. 在书写HTML标记时，英文字母的大、小写或混合使用大小写都是允许的。

C. 标记内可以包含一些属性，属性名称出现在标记的后面，并且以分号进行分隔。

D. HTML对属性名称的排列顺序没有特别的要求。

20. 以下标记中，（　　）可用于在网页中插入图像。

A. <IMG>标记　　B.
标记

C. <H3>标记　　D. <SRC>标记

21. 对于标记<input type=*>标记，作用为定义表单提交按钮，那么*位置应为

（　　）。

A. POST　　B. SUBMIT　　C. RESET　　D. SEND

22. HTML 语言中的预排版标记是（　　）。

A. <BODY>　　B. <NOBR>　　C. <PRE>　　D. <P>

23. 用来链接至不同网页中书签的标记书写格式是（　　）。

A. <a name="object-name">text</a>

B. <a href="#object-name">text</a>

C. <a href="URL">text</a>

D. <a href="URL#object-name">text</a>

24. 在超链接中，如果指定（　　）框架名称，连接目标将在链接文本所在的框架页内出现，当前页面被刷新。

A. Blank　　B. Self　　C. Parent　　D. Top

25. 关于 HTML 文件说法错误的是（　　）。

A. HTML 文件是一个包含标记的文本文件

B. HTML 标记告诉浏览器如何显示这个页面

C. HTML 文件可以用一个简单的文本编辑器创建

D. HTML 文件必须以 .htm 为扩展名

26. 关于 HTML 文件说法正确的是（　　）。

A. HTML 标记都必须配对使用。

B. 在<title>和</title>标记之间的是头信息。

C. HTML 标记是大小写无关的。

D. 在<u>和</u>标记之间的文本会以加粗字体显示。

27. 在 HTML 中显示一个小于号（<），需要用到字符组合为（　　）。

A. >　　B. <　　C. 　　D. "

28. 在 HTML 文档中，创建一个连接到其他文件的链接，链接的资源（　　）。

A. 只能是 HTML 页面和图像　　B. 不可以是声音

C. 不可以是影片　　D. 可以是网络上的任何资源

29. <a>标记的 target 属性，可以定义从什么地方打开链接地址，下列（　　）是 target 属性的默认值。

A. _self　　B. _blank　　C. _parent　　D. _top

30. 下列（　　）设置能使单元格显示边框。

A. 在<td>中添加 border 属性

B. 在<table>中添加 border 属性

C. 在<tr>中添加 border 属性

D. 在<table>、<tr>或<td>中添加 border 属性

二、多项选择题

1. HTML 文档中，超链接到自身的标记是（　　）。

A. <a href="?"></a>　　B. <a href="?%"></a>

C. <a href="#"></a>　　D. <a href="#%"></a>

2. 下列（　　）标记可以放在<HEAD></HEAD>标记中。

A. <META>　　B. <SCRIPT>

C. <TITLE>　　D. <STYLE>

3. 下面（　　）标记可实现在网页上换行。

A. <td></td>　　B.

C. <p></p>　　D. <center>...</center>

三、填空题

1. 提交表单时，使用________方法，可以将提交的数据显示在浏览器的地址栏中。

2. 提交表单时，使用________方法，提交的数据不显示在浏览器的地址栏中。

3. 为了在新窗口打开一个超链接文件，可以用下面的超链接语句：

```
<a href="URL" target="________">显示文字</a>
```

JavaScript «‹

JavaScript 是一种基于原型的脚本语言，由浏览器解释执行。它最早用来为 HTML 页面增加互动功能，除了验证数据外，还可以完成动态定位、动画、让文档接收事件等功能。目前，编写 JavaScript 脚本已成为 Web 应用程序开发的一个非常重要的方面。本章学习 JavaScript 的基本语言规范。

3.1 JavaScript 语言基础

用 JavaScript 编写的脚本语句可以出现在 HTML 文档的任何地方，甚至可以将脚本放在<html>标记之前。在 HTML 文档中插入 JavaScript 编写的脚本语句可以使用下述三种方式之一。

方式一

将 JavaScript 编写的脚本放在<script>和</script>标记之间，形式如下：

```
<script type="text/javascript">
<!--
 (JavaScript 代码)
//-->
</script>
```

上述第二行和第四行的作用，是让不支持<script>标记的浏览器忽略 JavaScript 代码，一般可以省略。第四行前边的双反斜杠“//”是 JavaScript 的注释符。

方式二

把所有 JavaScript 代码写到另一个文件当中，此文件通常用“.js”作为扩展名，然后在 HTML 文档中使用<script src="javascript.js"></script>”把 JavaScript 脚本文件嵌入到文档中，其中 javascript.js 文件为 JavaScript 脚本文件。

方式三

直接在 HTML 文档的语句中使用 javascript:<JavaScript 语句>，如<a href="javascript:<JavaScript 语句>">…</a>。

3.1.1 第一个 JavaScript 程序

先来看一个例子。

【例 3.1】第一个 JavaScript 程序。

```
<!DOCTYPE html>
<html>
   <head>
   <title>第一个 JavaScript 程序</title>
   </head>
   <body >
    从 1 加到 100 的和为:
    <script type="text/javascript">
    <!--
          var s=0;
          for(i=1;i<=100;i++)
          {
             s+=i;
          }
          document.write(s);   //在浏览器中显示 s 的值
       //-->
       </script>
   </body>
</html>
```

例 3.1 是一个嵌入了 JavaScript 脚本的标准 HTML 格式的文档。它可以采用任何的文本编辑软件编写，并以.htm 或.html 为扩展名保存。可以在浏览器环境下直接运行。

在例 3.1 中，JavaScript 的每一语句都以分号“;”结束，语句块是用大括号“{}”括起来的一个或 n 个语句。

“//”后的语句不会被执行，它是 JavaScript 的注释语句。JavaScript 的注释语句分单行注释和多行注释。单行注释用双反斜杠“//”表示。当一行代码有“//”，“//”后面的部分将被忽略。多行注释是用“/*”和“*/”括起来的一行到多行文字。程序执行到“/*”处，将忽略以后的所有内容，直到出现“*/”为止。

例 3.1 的程序，使用了缩进的书写方法，这是好的编写习惯，当一些语句与上面的语句有从属关系时，使用缩进能使程序更易读，便于理解和修改。

3.1.2 JavaScript 的数据类型

JavaScript 是一个弱类型的脚本语言，它有五种基本数据类型，分别是数值(number)、字符串(string)、布尔型(Boolean)、空值(Null)和未定义(Undefined)。

1. 常量

常量也称常数，是程序中存储固定数据的标记符，数据的具体值在程序运行过程中不发生任何变化。

JavaScript 数值型数据不区分整型和浮点型，可以是十进制、八进制或十六进制等，下列数据均为数值常量。

```
365   -2.8   3.721e+3   -1.36E-2  071   0x3adf(0X3adf)
```

上述常量中，大小写字母 E(e)均表示 10 的次幂，以 0 开头表示八进制数，以 0X 开头表示十六进制数。

字符串常量可以是由英文单引号或英文双引号界定的 0 个或多个字符，如'A'、"学习 javascript"等，也可以是以“\”开头的转义字符，如\b（表示退格）、\n（表示换行）、\t（表示制表符）、\'（表示英文单引号）、\"（表示英文双引号）、\\（表示反斜线）。

布尔型常量只有两个，分别是 true 和 false。另外，当数值数据用于真假判断时，非 0 为真，0 为假。

空值为 null，它是一个特殊的值。当变量未定义，或者定义之后没有对其进行任何赋值操作，它的值就是“null”。试图返回一个不存在的对象时也会出现 null 值。

2．变量

在 JavaScript 脚本中声明变量使用 var 关键字。下列语句是声明变量的示例。

```
var stuName;
var age, sex;
var myAge=18,mySex="男";
```

上述例句中，stuName、age、sex、myAge 和 mySex 均为变量名，JavaScript 中变量名区分大小写，sex 和 Sex 为不同的变量。JavaScript 规定变量名首字符必须是字母、下画线（_）或美元符（$），后续的字符可以是字母、数字、下画线或美元符；变量名称不能是保留字。

命名变量时，最好避免用单个字母“a”、“b”、“c”做变量名，宜用能清楚表达该变量在程序中的作用的词语。这样，不仅增加程序的易读性，也便于以后的修改。变量名一般用小写，如果变量由多个单词组成，第一个单词用小写，其他单词的第一个字母用大写。例如 myVariable 和 myAnotherVariable。这样与 JavaScript 的一些保留字一致。不符合命名规则的变量为非法变量，下面列出的是非法的变量名。

```
3A、x-5、for
```

变量在引用前，必须先赋值。为变量赋值使用下述格式：

```
age=18;
```

也可以在声明变量的同时为变量赋值。如前述声明变量的语句。

3.1.3 JavaScript 的运算符

JavaScript 的运算符有算术运算符、关系运算符、位运算符、逻辑运算符和复合运算符。每种运算符有不同的优先级，其中括号作为一种特殊的运算符，其优先级最高。

1．算术运算符

算术运算符对数值型数据进行运算，下面按优先级从高到低，列出算术运算符及其运算规则。

```
-x        返回 x 的相反数
x++       x 值加 1，但仍返回原来的 x 值
x--       x 值减 1，但仍返回原来的 x 值
++x       x 值加 1，返回加 1 后的 x 值
--x       x 值减 1，返回加 1 后的 x 值
x*y       返回 x 乘以 y 的值
```

```
x/y      返回 x 除以 y 的值
x%y      返回 x 与 y 的模（x 除以 y 的余数）
x+y      返回 x 加 y 的值
x-y      返回 x 减 y 的值
```

2．关系运算符

关系运算符完成对同类型数据的比较运算，结果为布尔型数据。

```
x<y      当 x 小于 y 时返回 true，否则返回 false
x<=y     当 x 小于或等于 y 时返回 true，否则返回 false
x>y      当 x 大于 y 时返回 true，否则返回 false
x>=y     当 x 大于或等于 y 时返回 true，否则返回 false
x==y     当 x 等于 y 时返回 true，否则返回 false
x!=y     当 x 不等于 y 时返回 true，否则返回 false
```

3．位运算符

位运算符是把两个操作数（即 x 和 y）化成二进制数，对每个数按位执行操作，然后返回运算后的新二进制数。

```
x&y      位与（当两个数位同时为 1 时，返回的数据的当前数位为 1，其他情况都为 0）
x^y      位异或（当两个数位中有且只有一个为 0 时，返回 0，否则返回 1）
x|y      位或（两个数位中只要有一个为 1，则返回 1；当两个数位都为零时才返回零）
```

4．逻辑运算符

逻辑运算符完成两个布尔型数据的运算，其结果仍是布尔型数据。

```
!x      逻辑非（当 x 为 true 时返回 false，当 x 为 false 时返回 true）
x&&y    逻辑与（当 x 和 y 同时为 true 时返回 true，否则返回 false）
x||y    逻辑或(当 x 和 y 任意一个为 true 时返回 true,两者均为 false 时返回 false)
```

5．复合运算符

```
c?x:y   条件运算（当条件 c 为 true 时返回 x 的值，否则返回 y 的值）
x=y     赋值运算（把 y 的值赋给 x，返回所赋的值）
x*=y    x 与 y 相乘，所得结果赋给 x，并返回 x 赋值后的值
x/=y    x 与 y 相除，所得结果赋给 x，并返回 x 赋值后的值
x%=y    x 与 y 求余，所得结果赋给 x，并返回 x 赋值后的值
x+=y    x 与 y 相加，所得结果赋给 x，并返回 x 赋值后的值
x-=y    x 与 y 相减，所得结果赋给 x，并返回 x 赋值后的值
```

另外，JavaScript 还提供了用于字符串连接的运算符+和+=，这两个运算符用于连接两个字符串，用法与用于算术运算时相同。

3.2 JavaScript 程序流程控制

用 JavaScript 语句编写的脚本程序，默认按顺序执行。但有时希望只在满足某种条件时才执行这些语句，或希望重复执行一些语句时，就需要对程序的执行流程进行控制。

3.2.1 分支结构

分支结构也称条件结构，即当满足某种条件时，才执行一组语句。分支结构分为单分支结构、双分支结构和多分支结构。

1. 单分支结构

单分支结构使用 if 语句，具体的格式为：

```
if(<条件>)
{
  <语句块>
}
```

只有当 if 语句中的条件为 true 时，语句块才会被执行。

【例 3.2】单分支结构示例。

```
<!DOCTYPE html>
<html>
  <head>
    <title>单分支结构示例</title>
   </head>
   <body >
    <script type="text/javascript">
      <!--
      var score;
      score = prompt("请输入你的 Web 程序设计成绩: ");
      if(score>=60)
      {
  alert("你的 Web 程序设计成绩及格了！ ");
    }
    //-->
    </script>
   </body>
</html>
```

例 3.2 运行时，提示输入数据，只有当输入的数据大于或等于 60 时，即 score>=60 为 true 时，if 后面大括号中的语句块才会执行，显示“你的 Web 程序设计成绩及格了！”。

2. 双分支结构

双分支结构使用 if…else 语句，具体的格式为：

```
if(<条件>)
{
  <语句块 1>
}
else
{
  <语句块 2>
}
```

只有当 if 语句中的条件为 true 时，语句块 1 才会被执行；否则执行语句块 2。即在一次流程中，只执行语句块 1 和语句块 2 中的一个。

【例 3.3】双分支结构示例。

```
<!DOCTYPE html>
<html>
    <head>
        <title>双分支结构示例</title>
    </head>
    <body >
        <script type="text/javascript">
        <!--
        var score;
        score=prompt("请输入你的 Web 程序设计成绩：");
        if (score>=60)
        {
          alert("你的 Web 程序设计成绩及格了！");
        }
        else
        {
          alert("你的 Web 程序设计成绩没及格！");
        }
        //-->
        </script>
    </body>
</html>
```

例 3.3 运行时，提示输入数据，如果输入的数据大于或等于 60 时，即 score>=60 为 true 时，if 后面大括号中的语句块才会执行，显示“你的 Web 程序设计成绩及格了！”；否则执行 else 后面大括号中的语句块，显示“你的 Web 程序设计成绩没及格！”。

3. 多分支结构

JavaScript 提供了两种多分支结构的语句，当分支不是很多时，可使用 if…else if…else 语句，具体的格式为：

```
if(<条件 1>)
{
  <语句块 1>
}
else if(<条件 2>)
{
  <语句块 2>
}
else if(<条件 3>)
{
  <语句块 3>
}
```

```
……
else
{
  <语句块 n+1>
}
```

如果条件 1 为 true 时，执行语句块 1，不执行其他的语句块；如果条件 1 为 false 时，判断条件 2，如果条件 2 为 true 时，执行语句块 2，不执行其他的语句块；如果条件 2 为 false 时，判断条件 3，依次类推。如果所有条件均为 false，执行 else 后面的语句块 n+1。在多分支结构中，只执行其中的一个分支。

【例 3.4】多分支结构示例。

```
<!DOCTYPE html>
<html>
    <head>
        <title>多分支结构示例一</title>
    </head>
    <body >
        <script type="text/javascript">
        <!--
        var score;
        score = prompt("请输入你的 Web 程序设计成绩: ");
        if (score>=90)
        {
          alert("你的 Web 程序设计成绩为优秀! ");
        }
        else if (score>=80)
        {
          alert("你的 Web 程序设计成绩为良好! ");
        }
        else if (score>=70)
        {
          alert("你的 Web 程序设计成绩为可以! ");
        }
        else if (score>=60)
        {
          alert("你的 Web 程序设计成绩为及格! ");
        }
        else
        {
          alert("你的 Web 程序设计成绩不及格! ");
        }
        //-->
        </script>
    </body>
</html>
```

例 3.4 运行时，提示输入数据，如果输入 85，则显示“你的 Web 程序设计成绩为良好！”。尽管 85 也大于 70 和 60，即 score>=70 和 score>=60 均为 true，但只执行 score>=80 后的语句块。在编写多分支结构程序时，要注意此问题。

虽然使用 if…else if…else 语句能解决多分支的问题，但若使用太多的 if 语句，会使程序的易读性变差。JavaScript 提供的 switch 语句可以很好地解决这一问题。switch 语句的具体格式为：

```
switch(表达式)
{
case 值 1:
  {
    <语句块 1>
     [break;]
    }
case 值 2:
  {
    <语句块 2>
     [break;]
    }
…
[default:
  {
    <语句块 n+1>
    }
]
}
```

首先计算 switch 后表达式的值，然后用计算出的值依次与值 1、值 2、……比较，当找到一个和表达式的值相等时，就执行该 case 后的语句，直到遇到 break 语句或 switch 段落结束（“}”）。如果没有一个值与表达式的值匹配，那么就执行 default: 后边的语句；如果没有 default 块，switch 语句结束。

例 3.4 可用 switch 语句改写为例 3.5。

【例 3.5】多分支结构示例。

```
<!DOCTYPE html>
<html>
    <head>
        <title>多分支结构示例二</title>
    </head>
    <body >
      <script type="text/javascript">
        <!--
        var score;
        score=prompt("请输入你的 Web 程序设计成绩: ");
        switch(parseInt(score/10))
        {
    case 10:
```

```
    case 9:
           {
      alert("你的Web程序设计成绩为优秀！");
      break;
      }
    case 8:
      {
      alert("你的Web程序设计成绩为良好！");
      break;
     }
    case 7:
{
      alert("你的Web程序设计成绩为可以！");
      break;
      }
    case 6:
           {
      alert("你的Web程序设计成绩为及格！");
      break;
      }
    default:
      {
      alert("你的Web程序设计成绩不及格！");
      }
        }
        //-->
        </script>
    </body>
</html>
```

程序中 parseInt( )方法的作用是取整。使用 switch 语句应当注意以下几点：

（1）所有 case 值的类型必须与表达式值的类型相同。

（2）必须用{}将所有 case 分支括起来。

（3）case 值后要有英文半角冒号“:”。

（4）case 后面语句块最后一条语句应为 break;语句；如果不使用 break;语句，程序将继续执行下一个 case 中的语句块。

（5）default 分支是可选分支，程序中可以不定义 default 及相应分支中的语句块。若没有定义 default 分支，可能不执行任何分支。

3.2.2 循环结构

当需要重复执行一些语句时，可以使用循环结构。JavaScript 提供了三种用于构造循环结构的语句，分别是 for 语句、while 语句和 do…while 语句。

1. for 语句

当已知循环次数时，使用 for 语句构造循环结构更简单，由 for 语句构造的循环称为“for 循环”。

for 循环的格式为：

```
for(表达式 1;表达式 2;表达式 3)
{
<循环体>
}
```

循环体是可能多次执行的代码。表达式 1 是循环计数变量的初始化部分，它只在循环开始时执行一次；表达式 2 是循环的条件，其值为 true 时继续循环，其值为 false 时终止循环；表达式 3 在每一次循环之后执行，它一般用于增加或减少计数变量的值。例 3.1 是 for 循环的一个示例。其中 i=1 是循环计数变量的初始化部分；i<=100 是循环的条件，i 的值小于等于 100 时，i<=100 值为 true，重复执行 s+=i;语句；i++在每次循环之后执行一次，即每循环一次 i 的值增加 1，这样循环体会被执行 100 次，这时 i 的值为 101，i<=100 值为 false，循环终止。

适当的使用 for 循环，能使 HTML 文档中大量有规律重复的部分简化，也就是用 for 循环重复写一些 HTML 代码，达到提高网页下载速度的目的。

【例 3.6】使用 for 循环生成九九表示例。

```
<!DOCTYPE html>
<html>
    <head>
        <title>使用 for 循环生成九九表</title>
    </head>
    <body>
        九九表
        <script type="text/javascript">
        <!--
          document.write("<table>");
        for(i=1;i<=9;i++)
        {
              document.write("<tr>");
              for(j=1;j<=i;j++)
              {
                document.write("<td>");
                document.write(i+"X"+j+"="+i*j);
                document.write("</td>");
                }
                document.write("</tr>");
              }
                document.write("</table>");
              //-->
        </script>
    </body>
</html>
```

2. while 语句

JavaScript 提供了 while 语句，可以构造 while 循环，具体格式为：

```
while(<表达式>)
{
  <循环体>
}
```

while 循环比 for 循环简单，当 while 语句的循环条件表达式值为 true 时执行循环体，然后再次判断循环条件表达式的值，直到循环条件表达式值为 false 时结束循环。

用 while 语句改写例 3.1 的 for 循环，如例 3.7。

【例 3.7】while 循环示例。

```
<!DOCTYPE html>
<html>
    <head>
        <title> while 循环示例</title>
    </head>
    <body >
        从 1 加到 100 的和为:
        <script type="text/javascript">
        <!--
           var s=0;
           var i=1;
        while(i<=100)
        {
              s+=i;
              i++;
          }
          document.write(s);
        //-->
        </script>
    </body>
</html>
```

3．do…while 语句

do…while 语句是 JavaScript 提供的另一个构造循环的语句，基本格式为：

```
do{
  <循环体>
  }while(表达式);
```

do…while 循环首先执行一次循环体，然后再判断 while 表达式的值，如果该值为 true，再次执行循环体，否则结束循环。例 3.7 用 do…while 语句改写后如例 3.8。

【例 3.8】do…while 循环示例。

```
<!DOCTYPE html>
<html>
    <head>
        <title> do…while 循环示例</title>
    </head>
    <body >
        从 1 加到 100 的和为:
```

```
        <script type="text/javascript">
        <!--
            var s=0;
            var i=1;
            do{
                s+=i;
                i++;
            } while(i<=100);
            document.write(s);
        //-->
        </script>
    </body>
</html>
```

无论由哪一种循环语句构造的循环，当满足一定条件想立刻结束本次循环或终止循环时，可以使用 continue 语句或 break 语句。

continue 语句的作用是结束本次循环（循环体中 continue 语句后的语句不被执行），再次计算循环表达式的值，如果循环表达式的值为 true，开始新的循环。

break 语句的作用是终止循环（循环体中 break 语句后的语句不被执行）。无论循环表达式的值是否为 true，均开始执行循环语句后的语句。例 3.9 的代码说明了这两个语句的用法。

【例 3.9】continue 语句和 break 语句示例。

```
<!DOCTYPE html>
<html>
    <head>
        <title> continue语句和break语句示例</title>
    </head>
    <body >
        <script type="text/javascript">
        <!--
        for (i=1; i<10; i++)
        {
        if (i==3 || i==6|| i==9) continue;
        if (i==7) break;
        document.write(i);    //在浏览器中显示 i 的值
        }
      //-->
      </script>
    </body>
</html>
```

该示例的输出结果为：

```
1245
```

该示例中，i 的值为 3 或 6 或 9 时，执行 continue 语句，因此输出中不会包含 3、6、9；i 的值为 7 时，执行 break 语句，输出中不会包含 7 及以上的数字。

3.2.3 自定义函数

为了降低程序中代码的重复程度，提高代码的复用度，使程序结构清晰，提高可读性，便于维护，在程序设计时，一般将程序分为若干个相对独立的模块，每个模块有一个唯一的名称，完成一定的功能，这样的模块被称为一个函数。定义函数的基本格式为：

```
function 函数名(形参列表)
{
 <函数体>;
 [return [返回值];]
}
```

函数定义通常放在 HTML 文档头部，这样就可以确保先定义后使用。在 JavaScript 中，函数名与变量名的命名规则基本相同，但函数名称后面必须有小括号；形参列表为参数名称声明，数量不限，各个参数之间是使用逗号隔开；定义函数时，即使函数体中只有一条语句，也不能省略大括号；当函数需要返回值时，使用 return 将返回值返回给调用该函数的程序。例 3.10 定义了一个用来求 1～n 的和的函数。

【例 3.10】自定义函数示例。

```
<!DOCTYPE html>
<html>
    <head>
        <title>自定义函数示例</title>
        <script type="text/javascript">
        <!--
           function sum(m)
           {
            var s=0;
            for(i=1;i<=m;i++)
            {
              s+=i;
                }
            return s;
            }
        //-->
        </script>
    </head>
    <body >
        函数调用示例：<br>
        <script type="text/javascript">
        <!--
            document.write("从 1 加到 50 的和为："+sum(50));
            document.write("<br>");
            document.write("从 1 加到 100 的和为："+sum(100))
            //-->
```

```
        </script>
    </body>
</html>
```

在 JavaScript 程序中调用自定义函数时，如果函数有参数，参数的数据类型一定要与函数定义时形参的数据类型相同。例 3.10 中定义函数 sum 时，尽管没有声明形参 m 的数据类型，但在函数体内是按照数值型数据参与运算，所以调用该函数时，实际参数必须是数值型数据。另外，函数有返回值时，在调用程序中，必须按相应的返回值类型使用返回值。

3.3 JavaScript 对象

JavaScript 提供了一系列的内置对象，如 Array、Boolean、Date、Math、Number、String、RegExp 和 Global 对象等，另外，JavaScript 允许自定义对象。JavaScript 中的对象是带有属性和方法的特殊数据类型。属性是与对象相关的值；方法是能够在对象上执行的动作。

访问对象属性的格式为：

```
objectName.propertyName
```

使用对象方法的格式为：

```
objectName.methodName()
```

3.3.1 Array 对象

Array 对象称为数组对象，它用一个变量名存储一系列的值。使用关键词 new 来创建 Array 对象。使用下面的任一语句，均可创建一个名为 myCars 的数组对象：

```
var myCars=new Array();                    //创建可以添加任意多值的数组对象
var myCars=new Array(3);                   //创建可以添加三个值的数组对象
var myCars=new Array("Saab","Volvo","BMW") //创建添加了三个值的数组对象
```

如果在创建数组对象时没有向数组赋值，可用下面的语句为数组赋值：

```
mycars[0]="Saab"
mycars[1]="Volvo"
mycars[2]="BMW"
```

Array 对象除具有一般属性和方法外，还有以下属性和方法：

属性	描述
Length	返回数组中元素的数目

方法	描述
concat()	连接两个或更多的数组，并返回结果
join()	把数组的所有元素组成一个由指定分隔符分隔的字符串
pop()	删除并返回数组的最后一个元素
push()	向数组的末尾添加一个或更多元素，并返回新的长度
reverse()	颠倒数组中元素的顺序

```
shift()                删除并返回数组的第一个元素
slice()                从某个已有的数组返回选定的元素
sort()                 对数组的元素进行排序
splice()               删除元素，并向数组添加新元素
toString()             把数组转换为字符串，并返回结果
toLocaleString()       把数组转换为本地数组，并返回结果
unshift()              向数组的开头添加一个或更多元素，并返回新的长度
```

3.3.2 Boolean 对象

Boolean 对象是一个将布尔值打包的布尔对象。Boolean 对象用于将非逻辑值转换为逻辑值（true 或 false）。使用关键词 new 来定义 Boolean 对象。下面的代码定义了一个名为 myBoolean 的 Boolean 对象：

```
var myBoolean=new Boolean();
```

如果逻辑对象无初始值或者其值为 0、null、""、false、undefined 或者 NaN，那么对象的值为 false。否则，其值为 true（即使当自变量为字符串 "false" 时）。

下面的任意一行语句均会创建初始值为 false 的 Boolean 对象：

```
var myBoolean=new Boolean();
var myBoolean=new Boolean(0);
var myBoolean=new Boolean(null);
var myBoolean=new Boolean("");
var myBoolean=new Boolean(false);
var myBoolean=new Boolean(NaN);
```

下面的任意一行语句均会创建初始值为 true 的 Boolean 对象：

```
var myBoolean=new Boolean(true);
var myBoolean=new Boolean("true");
var myBoolean=new Boolean("false");
var myBoolean=new Boolean("abc");
```

Boolean 对象提供了将布尔值转换成字符串的 toString()方法。当调用 toString()方法将布尔值转换成字符串时（通常是由 JavaScript 隐式地调用），JavaScript 会内在地将这个布尔值转换成一个临时的 Boolean 对象，然后调用这个对象的 toString()方法。

3.3.3 Date 对象

Date 对象用于处理日期和时间。Date 对象能够表示的日期范围约等于 1970 年 1 月 1 日前后各 285 616 年。使用关键词 new 来定义 Date 对象，定义 Date 对象的语法格式有三种。

第一种格式：定义一个名为 myDate 的 Date 对象并把当前日期和时间作为其初始值。

```
var myDate=new Date();
```

第二种格式：定义一个名为 myDate 的 Date 对象并把括号内日期值作为其初始值。

```
var myDate=new Date(dateVal);
```

例如，var myDate=new Date("02-10-2015");，myDate 对象的初始值为 2015 年 2 月 10 日。

第三种格式：定义一个名为 myDate 的 Date 对象并把括号内指定的参数作为初始值。

```
var myDate=new Date(year, month, date[, hours[, minutes[, seconds[,
    ms]]]]);
```

其中参数的含义为：

```
year      必选项。完整的年份，比如，2015（而不是15）
month     必选项。表示的月份，是从0到11之间的整数（1月至12月）
date      必选项。表示日期，是从1到31之间的整数
hours     可选项。如果提供了minutes则必须给出。表示小时，是从0到23的整数
minutes   可选项。如果提供了seconds则必须给出。表示分钟，是从 0 到 59 的整数
seconds   可选项。如果提供了milliseconds则必须给出。表示秒，是从0到59的整数
ms        可选项。表示毫秒，从0到999的整数
```

例如，var myDate=new Date(2015,1,10,7,58,28,678);，myDate 对象的初始值为 2015 年 2 月 10 日 7 时 58 分 28 秒 678 毫秒。

需要注意的是月份，1 表示 2 月。

Date 对象提供了一系列方法，这些方法描述如下：

```
方法                    描述
getDate()               从Date对象返回一个月中的某一天(1～31)
getDay()                从Date对象返回一周中的某一天(0～6)
getMonth()              从 Date 对象返回月份(0～11)
getFullYear()           从 Date 对象以四位数字返回年份
getHours()              返回 Date 对象的小时(0～23)
getMinutes()            返回 Date 对象的分钟(0～59)
getSeconds()            返回 Date 对象的秒数(0～59)
getMilliseconds()       返回 Date 对象的毫秒(0～999)
getTime()               返回1970年1月1日至今的毫秒数
getTimezoneOffset()     返回本地时间与格林威治标准时间 (GMT) 的分钟差
getUTCDate()            根据世界时间从Date对象返回月中的一天(1～31)
getUTCDay()             根据世界时间从 Date 对象返回周中的一天(0～6)
getUTCMonth()           根据世界时间从 Date 对象返回月份(0～11)
getUTCFullYear()        根据世界时间从 Date 对象返回四位数的年份
getUTCHours()           根据世界时间返回 Date 对象的小时(0～23)
getUTCMinutes()         根据世界时间返回 Date 对象的分钟(0～59)
getUTCSeconds()         根据世界时间返回 Date 对象的秒钟(0～59)
getUTCMilliseconds()    根据世界时间返回 Date 对象的毫秒(0～999)
parse()                 返回1970年1月1日午夜到指定日期（字符串）的毫秒数
setDate()               设置Date对象中月的某一天(1～31)
setMonth()              设置Date对象中月份(0～11)
setFullYear()           设置Date对象中的年份（四位数字）
setHours()              设置Date对象中的小时(0～23)
setMinutes()            设置Date对象中的分钟(0～59)
```

```
setSeconds()              设置 Date 对象中的秒钟(0～59)
setMilliseconds()         设置 Date 对象中的毫秒(0～999)
setTime()                 以毫秒设置 Date 对象
setUTCDate()              根据世界时间设置 Date 对象中月份的一天(1～31)
setUTCMonth()             根据世界时间设置 Date 对象中的月份(0～11)
setUTCFullYear()          根据世界时间设置 Date 对象中的年份四位数字)
setUTCHours()             根据世界时间设置 Date 对象中的小时(0～23)
setUTCMinutes()           根据世界时间设置 Date 对象中的分钟(0～59)
setUTCSeconds()           根据世界时间设置 Date 对象中的秒钟(0～59)
setUTCMilliseconds()      根据世界时间设置 Date 对象中的毫秒(0～999)
toString()                把 Date 对象转换为字符串
toTimeString()            把 Date 对象的时间部分转换为字符串
toDateString()            把 Date 对象的日期部分转换为字符串
toUTCString()             根据世界时间把 Date 对象转换为字符串
toLocaleString()          根据本地时间格式把 Date 对象转换为字符串
toLocaleTimeString()      根据本地时间格式把 Date 对象的时间部分转换为字符串
toLocaleDateString()      根据本地时间格式把 Date 对象的日期部分转换为字符串
UTC()                     根据世界时间返回 1970 年 1 月 1 日到指定日期的毫秒数
```

3.3.4 Math 对象

Math 对象用于完成数学运算任务。它无需创建就能使用，使用时直接调用其属性和方法即可，例如：

```
var pi_value=Math.PI;
var sqrt_value=Math.sqrt(4);
```

其中 PI 是 Math 对象的属性，sqrt()是 Math 对象的方法。下面列出 Math 对象的属性和方法：

```
属性           描述
E              返回算术常量 e，即自然对数的底数（约等于 2.718）
LN2            返回 2 的自然对数（约等于 0.693）
LN10           返回 10 的自然对数（约等于 2.302）
LOG2E          返回以 2 为底的 e 的对数（约等于 1.414）
LOG10E         返回以 10 为底的 e 的对数（约等于 0.434）
PI             返回圆周率（约等于 3.14159）
SQRT1_2        返回返回 2 的平方根的倒数（约等于 0.707）
SQRT2          返回 2 的平方根（约等于 1.414）
```

```
方法           描述
abs(x)         返回数 x 的绝对值
acos(x)        返回数 x 的反余弦值
asin(x)        返回数 x 的反正弦值
atan(x)        以介于-PI/2 与 PI/2 弧度之间的数值来返回 x 的反正切值
atan2(y,x)     返回从 x 轴到点(x,y)的角度（介于-PI/2 与 PI/2 弧度之间）
ceil(x)        对数 x 进行上舍入
```

```
cos(x)          返回数 x 的余弦
exp(x)          返回 e 的指数
floor(x)        对数 x 进行下舍入
log(x)          返回数 x 的自然对数（底为 e）
max(x,y)        返回 x 和 y 中的最大值
min(x,y)        返回 x 和 y 中的最小值
pow(x,y)        返回 x 的 y 次幂
random()        返回 0～1 之间的随机数
round(x)        把数 x 四舍五入为最接近的整数
sin(x)          返回数 x 的正弦
sqrt(x)         返回数 x 的平方根
tan(x)          返回数 x 的正切
```

3.3.5 Number 对象

Number 对象是原始数值的包装对象。在必要时，JavaScript 会自动地在原始数据和对象之间转换。下面的任意一个语句均能创建名为 myNum 的 Number 对象：

```
var myNum=new Number(value);
var myNum=Number(value);
```

其中 value 是要创建的 Number 对象 myNum 的数值。

下面列出 Number 对象的属性和方法：

属性	描述
MAX_VALUE	可表示的最大的数
MIN_VALUE	可表示的最小的数
NaN	非数字值
NEGATIVE_INFINITY	负无穷大，溢出时返回该值
POSITIVE_INFINITY	正无穷大，溢出时返回该值

方法	描述
toString()	把数字转换为字符串，使用指定的基数
toLocaleString()	把数字转换为字符串，使用本地数字格式顺序
toFixed()	把数字转换为字符串，结果的小数点后有指定位数的数字
toExponential()	把对象的值转换为指数计数法
toPrecision()	把数字格式化为指定的长度

3.3.6 String 对象

String 对象用于处理字符串。创建 String 对象的语法是：

```
var myString= new String(s);
```

参数 s 是要存储在 String 对象中原始字符串的值。例如：

```
var myString=new String("JavaScript");
```

该语句创建一个名为 myString 的 String 对象，这时该对象的 length 属性值为 10，说明该 String 对象中原始字符串的长度为 10 个字符，可以使用该对象的方法对字符串进行一系列的操作。

方法	描述
anchor()	创建 HTML 锚
big()	用大号字体显示字符串
blink()	显示闪动字符串
bold()	使用粗体显示字符串
charAt()	返回在指定位置的字符
charCodeAt()	返回在指定的位置的字符的 Unicode 编码
concat()	连接字符串
fixed()	以打字机文本显示字符串
fontcolor()	使用指定的颜色来显示字符串
fontsize()	使用指定的尺寸来显示字符串
fromCharCode()	从字符编码创建一个字符串
indexOf()	检索字符串
italics()	使用斜体显示字符串
lastIndexOf()	从后向前搜索字符串
link()	将字符串显示为超链接
localeCompare()	用本地特定的顺序来比较两个字符串
match()	找到一个或多个正则表达式的匹配
replace()	用一个子串替换一些字符或一个与正则表达式匹配的子串
search()	检索与正则表达式相匹配的值
slice()	提取字符串的片断，并在新的字符串中返回被提取的部分
small()	使用小字号来显示字符串
split()	把字符串分割为字符串数组
strike()	使用删除线来显示字符串
sub()	把字符串显示为下标
substr()	从起始索引号提取字符串中指定数目的字符
substring()	提取字符串中两个指定的索引号之间的字符
sup()	把字符串显示为上标
toLocaleLowerCase()	把字符串转换为小写
toLocaleUpperCase()	把字符串转换为大写
toLowerCase()	把字符串转换为小写
toUpperCase()	把字符串转换为大写
toString()	返回字符串

【例 3.11】字符串替换示例。

```
<!DOCTYPE html>
<html>
    <head>
        <title>字符串替换</title>
    </head>
    <body >
    <script type="text/javascript">
      <!--
        var str="Visit Microsoft!" ;
        document.write(str.replace(/Microsoft/, "W3School"));
      //-->
```

```
    </script>
</body>
</html>
```

该例的运行结果是在浏览器中显示“Visit W3School!”。该例中，字符串“Visit Microsoft!”中的“Microsoft”被替换成“W3School”。当 str 字符串中含有多个“Microsoft”时，只有第一个“Microsoft”被替换，如果想使用 replace 方法替换字符串中所有的“Microsoft”时，应写成 str.replace(/Microsoft/g, "W3School")，实现全局替换。

3.3.7 RegExp 对象

RegExp 对象表示正则表达式，它是对字符串进行模式匹配的强大工具。正则表达式由一些普通字符和一些元字符组成。普通字符包括大小写的字母和数字，而元字符则具有特殊的含义。在最简单的情况下，一个正则表达式看上去就是一个普通的字符串。例如，正则表达式"testing"中没有包含任何元字符，它可以匹配"testing"和"123testing"等字符串。

创建 RegExp 对象的语法是：

```
var myRE=new RegExp(pattern[,attributes]);
```

参数 pattern 是一个字符串，指定正则表达式的模式，参数 attributes 是一个可选的字符串，包含属性“g”“i”和“m”，分别用于指定全局匹配、区分大小写的匹配和多行匹配。如果 pattern 是正则表达式，而不是字符串，不支持 m 属性。

正则表达式字符串 pattern 可由普通字符、元字符及一量词构成。正确理解元字符对于用好正则表达式极其重要。下面列出了所有的元字符及对它们的描述：

元字符	描述
\	将下一个字符标记为一个特殊字符、或一个原义字符、或一个向后引用、或一个八进制转义符。例如，“\\n”匹配\n，“\n”匹配换行符，序列“\\”匹配“\”，而“\(”则匹配“(”
^	匹配输入字符串的开始位置。如果设置了 RegExp 对象的 Multiline 属性，^也匹配“\n”或“\r”之后的位置
$	匹配输入字符串的结束位置。如果设置了 RegExp 对象的 Multiline 属性，$也匹配“\n”或“\r”之前的位置
*	匹配前面的子表达式零次或多次(大于等于 0 次)。例如，zo*能匹配“z”，“zo”以及“zoo”。*等价于{0,}
+	匹配前面的子表达式一次或多次(大于等于 1 次)。例如，“zo+”能匹配“zo”以及“zoo”，但不能匹配“z”。+等价于{1,}
?	匹配前面的子表达式零次或一次。例如，“do(es)?”可以匹配“does”或“does”中的“do”。?等价于{0,1}
{n}	n 是一个非负整数。匹配确定的 n 次。例如，“o{2}”不能匹配“Bob”中的“o”，能匹配“food”中的两个 o
{n,}	n 是一个非负整数。至少匹配 n 次。例如，“o{2,}”不能匹配“Bob”中的“o”，但能匹配“fooooood”中的所有 o。“o{1,}”等价于“o+”，“o{0,}”则等价于“o*”
{n,m}	m 和 n 均为非负整数，其中 n<=m。最少匹配 n 次且最多匹配 m 次。例如，“o{1,3}”将匹配“fooooood”中的前三个 o。“o{0,1}”等价于“o?”。请注意在逗号和两个数之间不能有空格

<table>
<tr><td>?</td><td>当该字符紧跟在任何一个其他限制符（*,+,?,{n},{n,},{n,m}）后面时，匹配模式是非贪婪的。非贪婪模式尽可能少的匹配所搜索的字符串，而默认的贪婪模式则尽可能多的匹配所搜索的字符串。例如，对于字符串“oooo”，“o+?”将匹配单个“o”，而“o+”将匹配所有“o”</td></tr>
<tr><td>.</td><td>匹配除“\r\n”之外的任何单个字符。要匹配包括“\r\n”在内的任何字符，请使用像“[\s\S]”的模式</td></tr>
<tr><td>(exp)</td><td>匹配 exp 并获取这一匹配。所获取的匹配可以从产生的 Matches 集合得到，在 JScript 中则使用$0…$9 属性。要匹配圆括号字符，请使用“\(”或“\)”</td></tr>
<tr><td>(?:exp)</td><td>匹配 exp 但不获取匹配结果，也就是说这是一个非获取匹配，不进行存储供以后使用。这在使用或字符“(|)”来组合一个模式的各个部分时很有用。例如“industr(?:y|ies)”就是一个比“industry|industries”更简略的表达式</td></tr>
<tr><td>(?=exp)</td><td>正向肯定预查，在任何匹配 exp 的字符串开始处匹配查找字符串。这是一个非获取匹配，也就是说，该匹配不需要获取供以后使用。例如，“Windows(?=95|98|NT|2000)”能匹配“Windows2000”中的“Windows”，但不能匹配“Windows3.1”中的“Windows”。预查不消耗字符，也就是说，在一个匹配发生后，在最后一次匹配之后立即开始下一次匹配的搜索，而不是从包含预查的字符之后开始</td></tr>
<tr><td>(?!exp)</td><td>正向否定预查，在任何不匹配 exp 的字符串开始处匹配查找字符串。这是一个非获取匹配，也就是说，该匹配不需要获取供以后使用。例如“Windows(?!95|98|NT|2000)”能匹配“Windows3.1”中的“Windows”，但不能匹配“Windows2000”中的“Windows”</td></tr>
<tr><td>(?<=exp)</td><td>反向肯定预查，与正向肯定预查类似，只是方向相反。例如，“(?<=95|98|NT|2000)Windows”能匹配“2000Windows”中的“Windows”，但不能匹配“3.1Windows”中的“Windows”</td></tr>
<tr><td>(?<!exp)</td><td>反向否定预查，与正向否定预查类似，只是方向相反。例如“(?<!95|98|NT|2000)Windows”能匹配“3.1Windows”中的“Windows”，但不能匹配“2000Windows”中的“Windows”</td></tr>
<tr><td>x|y</td><td>匹配 x 或 y。例如，“z|food”能匹配“z”或“food”。“(z|f)ood”则匹配“zood”或“food”</td></tr>
<tr><td>[xyz]</td><td>字符集合。匹配所包含的任意一个字符。例如，“[abc]”可以匹配“plain”中的“a”</td></tr>
<tr><td>[^xyz]</td><td>负值字符集合。匹配未包含的任意字符。例如，“[^abc]”可以匹配“plain”中的“plin”</td></tr>
<tr><td>[a-z]</td><td>字符范围。匹配指定范围内的任意字符。例如，“[a-z]”可以匹配“a”到“z”范围内的任意小写字母字符。注意：只有连字符在字符组内部时，并且出现在两个字符之间时，才能表示字符的范围；如果出现在字符组的开头，则只能表示连字符本身</td></tr>
<tr><td>[^a-z]</td><td>负值字符范围。匹配任何不在指定范围内的任意字符。例如，“[^a-z]”可以匹配任何不在“a”到“z”范围内的任意字符</td></tr>
<tr><td>\b</td><td>匹配一个单词边界，也就是指单词和空格间的位置。例如，“er\b”可以匹配“never”中的“er”，但不能匹配“verb”中的“er”</td></tr>
<tr><td>\B</td><td>匹配非单词边界。“er\B”能匹配“verb”中的“er”，但不能匹配“never”中的“er”</td></tr>
<tr><td>\cx</td><td>匹配由 x 指明的控制字符。例如，\cM 匹配一个 Control-M 或回车符。x 的值必须为 A-Z 或 a-z 之一。否则，将 c 视为一个原义的“c”字符</td></tr>
<tr><td>\d</td><td>匹配一个数字字符。等价于[0-9]</td></tr>
<tr><td>\D</td><td>匹配一个非数字字符。等价于[^0-9]</td></tr>
<tr><td>\f</td><td>匹配一个换页符。等价于\x0c 和\cL</td></tr>
</table>

<table>
<tr><td>\n</td><td>匹配一个换行符。等价于\x0a和\cJ</td></tr>
<tr><td>\r</td><td>匹配一个回车符。等价于\x0d和\cM</td></tr>
<tr><td>\s</td><td>匹配任何空白字符，包括空格、制表符、换页符等等。等价于[\f\n\r\t\v]</td></tr>
<tr><td>\S</td><td>匹配任何非空白字符。等价于[^\f\n\r\t\v]</td></tr>
<tr><td>\t</td><td>匹配一个制表符。等价于\x09和\cI</td></tr>
<tr><td>\v</td><td>匹配一个垂直制表符。等价于\x0b和\cK</td></tr>
<tr><td>\w</td><td>匹配包括下画线的任何单词字符。等价于“[A-Za-z0-9_]”</td></tr>
<tr><td>\W</td><td>匹配任何非单词字符。等价于“[^A-Za-z0-9_]”</td></tr>
<tr><td>\xn</td><td>匹配n，其中n为十六进制转义值。十六进制转义值必须为确定的两个数字长。例如，“\x41”匹配“A”。“\x041”则等价于“\x04&1”。正则表达式中可以使用ASCII编码</td></tr>
<tr><td>\num</td><td>匹配num，其中num是一个正整数。对所获取的匹配的引用。例如，“(.)\1”匹配两个连续的相同字符</td></tr>
<tr><td>\n</td><td>标识一个八进制转义值或一个向后引用。如果\n之前至少n个获取的子表达式，则n为向后引用。否则，如果n为八进制数字（0-7），则n为一个八进制转义值</td></tr>
<tr><td>\nm</td><td>标识一个八进制转义值或一个向后引用。如果\nm之前至少有nm个获得子表达式，则nm为向后引用。如果\nm之前至少有n个获取，则n为一个后跟文字m的向后引用。如果前面的条件都不满足，若n和m均为八进制数字(0-7)，则\nm将匹配八进制转义值nm</td></tr>
<tr><td>\nml</td><td>如果n为八进制数字（0~7），且m和l均为八进制数字（0~7），则匹配八进制转义值nml</td></tr>
<tr><td>\un</td><td>匹配 n，其中 n 是一个用四个十六进制数字表示的 Unicode 字符。例如，\u00A9匹配版权符号（©）</td></tr>
<tr><td>\(\)</td><td>将\(和\)之间的表达式定义为“组”（group），并且将匹配这个表达式的字符保存到一个临时区域（一个正则表达式中最多可以保存9个），它们可以用\1到\9的符号来引用</td></tr>
<tr><td>|</td><td>将两个匹配条件进行逻辑“或”（Or）运算。例如正则表达式(him|her) 匹配"it belongs to him"和"it belongs to her"，但是不能匹配"it belongs to hem."</td></tr>
<tr><td>+</td><td>匹配1或多个正好在它之前的那个字符。例如正则表达式9+匹配9、99、999等</td></tr>
<tr><td>{i} {i,j}</td><td>匹配指定数目的字符，这些字符在它之前的表达式定义。例如正则表达式A[0-9]{3} 能够匹配字符"A"后面跟着正好三个数字字符的串，例如A123、A348等，但是不匹配A1234。而正则表达式[0-9]{4,6}匹配连续的任意4个、5个或者6个数字</td></tr>
<tr><td>\0</td><td>匹配NUL 字符</td></tr>
</table>

RegExp对象有以下的属性和方法

属性	描述
Global	RegExp对象是否具有标志 g
ignoreCase	RegExp对象是否具有标志 i
multiline	RegExp 对象是否具有标志 m
lastIndex	一个整数，标示开始下一次匹配的字符位置

方法	描述
compile()	编译正则表达式
exec()	检索字符串中指定的值。返回找到的值，并确定其位置
test	检索字符串中指定的值。返回 true 或 false

支持正则表达式的 String 对象的方法有search、match、replace和split。

【例 3.12】利用 RegExp 对象实现字符串替换。

```
<!DOCTYPE html>
<html>
    <head>
      <title>利用 RegExp 对象实现字符串替换</title>
    </head>
    <body >
   <script type="text/javascript">
   <!--
   var str="a$b$cd$a$abcdcba$a$a$b$cd";
   var objRegExp=new RegExp("[$][a|b][$]","g");
   document.write(str.replace(objRegExp, "w"));
   //-->
   </script>
  </body>
</html>
```

在该例中，为了将字符串 str 中的“a”或“b”替换成“w”，首先创建一个 RegExp 对象 objRegExp，接着使用 String 对象的 replace 方法完成替换。

3.3.8 Global 对象

Global 对象是指 JavaScript 的全局对象，全局对象是预定义的对象。它不是特指某一个对象，而是指所有内建的 JavaScript 对象，所以它没有名称。通过使用全局对象，可以访问所有其他预定义的对象、函数和属性。

属性	描述
Infinity	代表正的无穷大的数值
Java	代表 java.* 包层级的一个 JavaPackage
NaN	指示某个值是不是数字值
Packages	JavaPackage 根对象
undefined	指示未定义的值

方法	描述
decodeURI()	解码某个编码的 URI
decodeURIComponent()	解码一个编码的 URI 组件
encodeURI()	把字符串编码为 URI
encodeURIComponent()	把字符串编码为 URI 组件
escape()	对字符串进行编码
eval()	计算 JavaScript 字符串，并把它作为脚本代码来执行
getClass()	返回一个 JavaObject 的 JavaClass
isFinite()	检查某个值是否为有穷大的数
isNaN()	检查某个值是否是数字
Number()	把对象的值转换为数字
parseFloat()	解析一个字符串并返回一个浮点数
parseInt()	解析一个字符串并返回一个整数
String()	把对象的值转换为字符串
unescape()	对由 escape() 编码的字符串进行解码
typeof()	返回数据的类型

本节介绍了 JavaScript 提供的内置对象，使用这些对象并结合下一章介绍的文档对象模型，可以实现 Web 程序的前端交互。

本章小结

本章主要讲述了以下内容：

（1）JavaScript 的数据类型、表达式和运算符。

（2）JavaScript 程序流程控制。

（3）JavaScript 对象。

习　题

一、单项选择题

1. 下面（　　）语句不能构成程序的循环结构。

A. if　　B. for　　C. while　　D. do...while

2. （　　）符合变量命名的规范。

A. var　　B. 3abc　　C. _dis　　D. a12_bc

3. 分析下面的 JavaScript 代码段，输出的结果是（　　）。

```
var mystring="I am a student";
a=mystring.charAt(9);
document.write(a);
```

A. I am a st　　B. u　　C. udent　　D. t

4. 分析下面的 Javascript 代码，假如系统时间为 2015 年 2 月 10 日 08:50:50，那么网页上的输出为（　　）。

```
var today=new Date();
document.write("现在时间:"+today.getHours()+":"+today.getMinutes());
```

A. 现在时间是：2015-02-10-08:50　　B. 现在时间是：08:50

C. 现在时间是：00:00　　D. 现在时间是：+08+:+50

5. 分析下面的 JavaScript 代码，经过运算后 m 的值为（　　）。

```
x=11;
y="number";
m=x+y;
```

A. 11number　　B. number　　C. 11　　D. 程序报错

6. 分析下面的 JavaScript 代码段，输出的结果是（　　）。

```
emp=new Array(5);
emp[1]=1;
emp[2]=2;
document.write(emp.length);
```

A. 2　　B. 3　　C. 4　　D. 5

二、多项选择题

1. 以下关于 JavaScript 的描述正确的是（　　）。

   A. JavaScript 是一种面向对象的脚本语言，经常用于在网页中创建客户端脚本

   B. JavaScript 可以增强站点的动态性和交互性，包括提供用户交互，动态更改内容，验证数据的有效性

   C. JavaScript 和 HTML 一样使用<!—和-->标记来进行代码注释

   D. 可以将 JavaScript 代码放在<!—和-->标记中以防止不支持 JavaScript 的浏览器将脚本代码显示在文档中

   E. 网页中 JavaScript 脚本都要放在 Script 元素标记中

2. 下面不属于 JavaScript 基本数据类型的是（　　）。

   A. Array　　B. Boolean　　C. string　　D. Date

3. 在 JavaScript 中，定义两个变量如下：

```
Var1=5;
var2=8;
```

下列给出的逻辑语句中，（　　）的结果是 true。

   A. (var1==5)&&(var1!=var2)　　B. (var1==5)&&(var1<>var2)

   C. (var1==8) || ! (var1!=var2)　　D. !(var1==5) || (var1<=var2)

三、程序题

（1）编写一个函数，在页面上输出 1～1000 之间所有能同时被 3、5、7 整除的整数，并要求每行显示 5 个这样的数。

（2）利用全局变量和函数，设计模拟幸运数字机游戏。设幸运数字为 5，每次由计算机随机生成三个 1～9 之间的随机数，当这三个随机数中有一个数字为 5 时，就算赢了一次。

第4章 浏览器端程序设计

浏览器是 Web 程序的客户端，是和用户交互的界面。本章在学习 JavaScript 基本语言规范的基础上，介绍客户端的对象，并使用 JavaScript 为 HTML 页面增加互动功能，实现数据验证和绘制图像等。

4.1 浏览器对象模型

浏览器对象模型（Browser Object Model，BOM）是用于描述这种对象与对象之间层次关系的模型，该对象模型提供了独立于页面内容的、可以与浏览器窗口进行互动的对象结构。BOM 由多个对象组成，对象与对象之间有层次关系。BOM 的各对象之间的层次关系如图 4-1 所示。

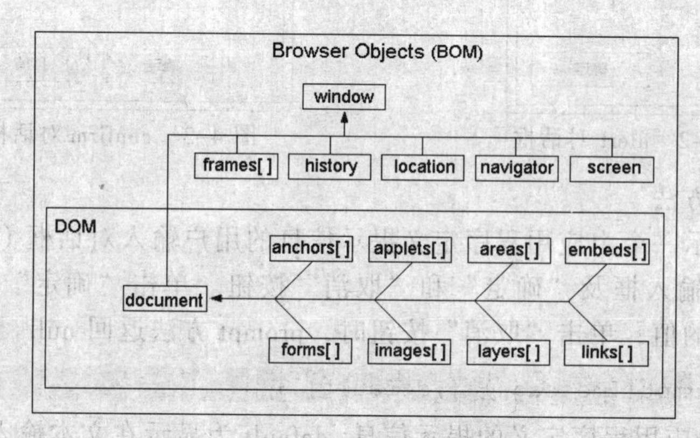

图 4-1　BOM 各对象之间的层次关系

4.1.1 window 对象

window 对象是 BOM 的顶层（核心）对象，所有对象都通过它延伸出来。从图 4-1 可以看出，document 对象、frames 对象、history 对象、location 对象、navigator 对象和 screen 对象都是 window 对象的子对象。window 对象提供了一系列的方法和属性，方法有 moveBy、moveTo、resizeBy、resizeTo、scrollTo、scrollBy、focus、blur、open、close、alert、confirm、prompt、setTimeout、clearTimeout、setInterval 和 clearInterval 等，属性有 opener、defaultStatus、status 等。

window 对象在表示当前窗口时，可以用 self 关键字表示，如 window.close()可写成

self.close()。

1. window 对象的方法

window 对象的方法分为对话框方法，窗口控制方法及焦点方法等。

1）对话框方法

window 对象提供了三个对话框方法，alert、confirm 和 prompt。

（1）alert 方法

该方法将显示图 4-2 所示的由应用程序定义信息的对话框。使用格式如下：

```
window.alert([message])
```

其中 message 为由应用程序定义的提示信息，如 window.alert("alert 对话框");。

（2）confirm 方法

该方法将显示图 4-3 所示的由应用程序定义提示信息的确认对话框，其中包括“确定”和“取消”按钮。单击“确定”按钮时，confirm 方法返回 true；单击“取消”按钮时，confirm 方法返回 false。使用格式如下：

```
window.confirm([message])
```

其中 message 为由应用程序定义的提示信息，如 window.confirm("confirm 对话框");。

图 4-2　alert 对话框

图 4-3　confirm 对话框

（3）prompt 方法

该方法将显示一个由应用程序定义提示信息的用户输入对话框（见图 4-4），其中包含一个文本输入框及“确定”和“取消”按钮。单击“确定”按钮时，prompt 方法返回文本框的值；单击“取消”按钮时，prompt 方法返回 null。使用格式如下：

```
window.prompt([message] [,default] )
```

message 为由应用程序定义的提示信息，default 为显示在文本输入框中的默认值。如 window.prompt("prompt 对话框","");。

图 4-4　prompt 对话框

2）窗口控制方法

（1）open 方法

该方法打开一个新的浏览器窗口或查找一个已命名的窗口。使用格式如下：

```
window.open(["url"][,"windowName"][,"windowProperty"][,replace])
```

其中使用的各个参数描述如下：

① url：一个可选的字符串，声明了要在新窗口中显示的文档的 URL。如果省略了这个参数，或者它的值是空字符串，那么新窗口就不会显示任何文档。

② windowName：一个可选的字符串，该字符串声明了新窗口的名称。这个名称可以用作 <a> 和 <form> 的 target 属性的值。如果该参数指定了一个已经存在的窗口，那么 open()方法就不再创建一个新窗口，而只是返回对指定窗口的引用。在这种情况下，windowProperty 将被忽略。

③ windowProperty：一个可选的字符串，该字符串是一个由逗号分隔的特征列表，用于声明新窗口要显示的标准浏览器的特征。如果省略该参数，新窗口将具有所有标准特征。窗口特征的详细说明如下：

- channelmode=yes|no|1|0　是否使用剧院模式显示窗口。默认为 no。
- directories=yes|no|1|0　是否添加目录按钮。默认为 yes。
- fullscreen=yes|no|1|0　是否使用全屏模式显示浏览器。默认是 no。处于全屏模式的窗口必须同时处于剧院模式。
- height=pixels　窗口文档显示区的高度。以像素计。
- width=pixels　窗口的文档显示区的宽度。以像素计。
- left=pixels　窗口的 x 坐标。以像素计。
- top=pixels　窗口的 y 坐标。以像素计。
- location=yes|no|1|0　是否显示地址栏。默认是 yes。
- menubar=yes|no|1|0　是否显示菜单栏。默认是 yes。
- resizable=yes|no|1|0　是否可调节窗口大小。默认是 yes。
- scrollbars=yes|no|1|0　是否显示滚动条。默认是 yes。
- status=yes|no|1|0　是否添加状态栏。默认是 yes。
- titlebar=yes|no|1|0　是否显示标题栏。默认是 yes。
- toolbar=yes|no|1|0　是否显示浏览器的工具栏。默认是 yes。

④ replace：一个可选的布尔值。规定了装载到窗口的 url 是在窗口的浏览历史中创建一个新条目，还是替换浏览历史中的当前条目。它的值为 true 时，URL 替换浏览历史中的当前条目；值为 false 时，URL 在浏览历史中创建新的条目。

当调用该方法时，应把 open() 调用的返回值存储在一个变量中，然后使用那个变量来引用新窗口。例如：

```
window.open("about:blank");  //open()最简单使用，打开一个空窗口
mywindow=window.open("new.htm","newWindow","width=100,height=100,
    status=yes,menubar=no,toolbar=no,resizable=no,location=yes");
```

上述语句打开一个宽 100 像素、高 100 像素、有状态栏、无菜单栏、无工具栏、不可改变大小、有地址栏且显示 new.htm 文档内容的窗口，并且将该窗口对象存储到对象变量 mywindow 中。

（2）close 方法

该方法将关闭一个浏览器窗口。使用格式如下：

```
window.close()
```

窗口可以通过调用 self.close() 或只调用 close() 来关闭其自身。例如：

```
self.close();                //同 window.close(); 关闭自身窗口
mywindow.close();            //关闭上述语句打开的变量名为 mywindow 的窗口
```

（3）moveBy 和 moveTo 方法

moveBy 方法相对窗口的当前坐标把它移动指定的像素。例如：

```
window.moveBy(600,400);   //将窗口自身向下移动 400 像素，向右移动 600 像素
mywindow.moveBy(600,400);//将窗口对象变量名为 mywindow 的窗口向下移动 400
                                                    像素，向右移动 600 像素
```

moveTo 方法把窗口的左上角移动到一个指定的坐标。

例如：

```
window.moveTo(600,400);        //将窗口自身移动到坐标为（600，400）的位置
mywindow.moveTo(600,400);      //将窗口对象变量名为 mywindow 的窗口移动到坐
                                                    标为（600，400）的位置
```

注意：屏幕左上角的坐标为（0，0）。

（4）resizeTo 和 resizeBy 方法

resizeBy 方法按照指定的像素调整窗口的大小。

resizeTo 方法把窗口的大小调整到指定的宽度和高度。

（5）scrollBy 和 scrollBy 方法

scrollBy 方法按照指定的像素值来滚动内容。

scrollTo 方法把内容滚动到指定的坐标。

3）窗口焦点方法

（1）blur 方法

blur 方法把键盘焦点从顶层窗口移开。

（2）focus 方法

focus 方法把键盘焦点给予一个窗口。

4）计时器方法

（1）setTimeout 方法

setTimeout 方法设置一个计时器，该计时器在指定的毫秒数后调用一次函数或计算表达式。使用格式如下：

```
window.setTimeout (表达式或函数,延时时间)
```

例如：

```
window.setTimeoutl("alert('ok')",1000);  //1000 毫秒后显示 alert 对话框
```

（2）setInterval 方法

setInterval 方法定义一个计时器，该计时器按照指定的周期（以毫秒计）来调用函数或计算表达式。使用格式如下：

```
window. setInterval (表达式或函数,周期时间)
```

例如：

```
window. setInterval("alert('ok')",1000);  //每隔1000毫秒后显示一次
                                                    alert对话框
```

（3）clearInterval方法

如果在调用 setInterval 方法设置计时器时将返回值赋给一个计时器变量，clearInterval方法能够取消由setInterval方法设置的计时器。使用格式如下：

```
window.clearInterval(计时器变量)
```

例如：

```
tid=window. setInterval("alert('ok')",1000);
                                    //设置计时器并将返回值赋给变量tid
window.clearInterval(tid);          //取消由变量tid代表的计时器
```

5）print方法

print方法打印当前窗口的内容。

使用格式如下：

```
window.print()
```

2. window对象的属性

window对象有一系列的属性，这些属性设置或返回浏览器窗口的一些状态特征：

属性	描述
closed	返回窗口是否已被关闭
defaultStatus	设置或返回窗口状态栏中的默认文本
document	对document 对象的只读引用。返回一个 document 对象
history	对history对象的只读引用。返回一个history对象
innerheight	返回窗口的文档显示区的高度
innerwidth	返回窗口的文档显示区的宽度
length	返回窗口中的框架数量
location	用于窗口的 location 对象。返回或新增一个 location 对象
name	设置或返回窗口的名称
navigator	navigator 对象的只读引用。返回一个navigator 对象
opener	返回或设置对创建此窗口的窗口引用
outerheight	返回窗口的外部高度
outerwidth	返回窗口的外部宽度
pageXOffset	设置或返回当前页面相对于窗口显示区左上角的 X 位置
pageYOffset	设置或返回当前页面相对于窗口显示区左上角的 Y 位置
parent	返回父窗口
screen	对screen对象的只读引用。返回一个 screen 对象
self	返回对当前窗口的引用。等价于window属性
status	设置窗口状态栏的文本
top	返回最顶层的先辈窗口

这些属性中，opener 属性非常有用，它可返回对创建该窗口的 Window 对象的引用，创建的窗口可以引用创建它的窗口所定义的属性和函数。认真体会以下的代码

段，可以加深对该属性的理解。

```
<script type="text/javascript">
myWindow=window.open('','MyName','width=200,height=100')
myWindow.document.write("This is 'myWindow'")
myWindow.focus()
myWindow.opener.document.write("This is the parent window")
</script>
```

4.1.2 navigator 对象

navigator 对象包含了正在使用的浏览器的信息，可以使用这些信息进行平台专用的配置。

1. navigator 对象的属性

navigator 对象有一系列的属性，这些属性返回当前浏览器的一些特征：

属性	描述
appCodeName	返回浏览器的代码名
appMinorVersion	返回浏览器的次级版本
appName	返回浏览器的名称
appVersion	返回浏览器的平台和版本信息
browserLanguage	返回当前浏览器的语言
cookieEnabled	返回指明浏览器中是否启用 cookie 的布尔值
cpuClass	返回浏览器系统的 CPU 等级。
online	返回指明系统是否处于脱机模式的布尔值
platform	返回运行浏览器的操作系统平台
systemLanguage	返回 OS 使用的默认语言
userAgent	返回由客户机发送服务器的 user-agent 头部的值
userLanguage	返回 OS 的自然语言设置

2. navigator 对象的方法

navigator 对象包含了以下方法：

方法	描述
javaEnabled	规定浏览器是否启用 Java
taintEnabled	规定浏览器是否启用数据污点 (data tainting)

4.1.3 screen 对象

每个 window 对象的 screen 属性都返回一个 screen 对象。screen 对象中存放着有关显示浏览器屏幕的信息。可以利用 JavaScript 程序使用这些信息来优化输出，以达到用户的显示要求。例如，可以根据有关屏幕尺寸的信息将浏览器窗口定位在屏幕中间，也可以根据屏幕的尺寸选择使用不同大小的图像。

screen 对象的属性可以设置或返回包含有关客户端显示屏幕的信息：

属性	描述
availHeight	返回显示屏幕的高度(除 Windows 任务栏之外)

```
availWidth              返回显示屏幕的宽度(除 Windows 任务栏之外)
bufferDepth             设置或返回调色板的比特深度
colorDepth              返回目标设备或缓冲器上的调色板的比特深度
deviceXDPI              返回显示屏幕的每英寸水平点数
deviceYDPI              返回显示屏幕的每英寸垂直点数
fontSmoothingEnabled    返回用户是否在显示控制面板中启用了字体平滑
height                  返回显示屏幕的高度
width                   返回显示器屏幕的宽度
logicalXDPI             返回显示屏幕每英寸的水平方向的常规点数
logicalYDPI             返回显示屏幕每英寸的垂直方向的常规点数
pixelDepth              返回显示屏幕的颜色分辨率（比特每像素）
updateInterval          设置或返回屏幕的刷新率
```

【例 4.1】screen 对象属性示例。

```
<!DOCTYPE html>
<html>
<body>
<script type="text/javascript">
   document.write("可用宽度: " + screen.availWidth+"<br>");
   document.write("可用高度: " + screen.availHeight);
</script>
</body>
</html>
```

例 4.1 的代码，可以显示当前显示器屏幕的可用宽度和可用高度。

4.1.4 history 对象

history 对象最初的设计是用来存储用户（在浏览器窗口中）访问过的 URL，但出于隐私方面的原因，history 对象不再允许使用脚本访问已经访问过的实际 URL。目前能够使用的功能只有 back()、forward()和 go()方法及 length 属性。

1. history 对象的方法

```
方法        描述
back        在当前浏览器窗口中加载前一个 URL，相当于单击“返回”按钮执行的操作
forward     在当前浏览器窗口中加载下一个 URL，相当于单击“前进”按钮执行的操作
go          在当前浏览器窗口中加载前第几个或后第几个 URL 页面，相当于多次单击“返
            回”或“前进”按钮的操作
```

2. history 对象的属性

history 对象目前只支持一个 length 属性，该属性返回用户（在浏览器窗口中）访问过的 URL 数量。

【例 4.2】history 对象方法示例。

该示例是两个 HTML 文档，首先浏览 E04-02-1.htm 文档，通过超链接浏览 E04-02-2.htm 文档；然后可通过单击页面上的按钮反复浏览两个文档。

E04-02-1.HTM 文档内容：

```
<!DOCTYPE html>
<html>
<head>
<title>第一个文档</title>
<script type="text/javascript">
function goForward()
  {
  window.history.forward()
  }
</script>
</head>
<body>
<a href="E04-02-2.htm">下一下文档</a>
<input type="button" value="Forward" onclick="goForward()">
</body>
</html>
```

E04-02-2.htm 文档内容：

```
<!DOCTYPE html>
<html>
<head>
<title>第二个文档</title>
<script type="text/javascript">
function goBack()
  {
  window.history.back()
  }
</script>
</head>
<body>
<input type="button" value="Back" onclick="goBack()">
</body>
</html>
```

4.1.5 location 对象

location 对象描述某一个 window 对象所打开的 URL，可通过 window.location 属性来访问。把某一个 URL 赋值给 location 对象可将浏览器重定向到该 URL 的页面。location 对象的每个属性都描述了 URL 的不同特性。

1. location 对象属性

属性	描述
hash	设置或返回从井号（#）开始的 URL（锚）
host	设置或返回主机名和当前 URL 的端口号
hostname	设置或返回当前 URL 的主机名

```
href            设置或返回完整的 URL。
pathname        设置或返回当前 URL 的路径部分
port            设置或返回当前 URL 的端口号
protocol        设置或返回当前 URL 的协议
search          设置或返回从问号 (?) 开始的 URL(查询部分)
```

如果重新设置 location 对象的 hash 属性，浏览器会转移到当前文档中的一个指定的位置；如果重新设置 search 属性，浏览器会重新装载附加了新的查询字符串的 URL。

2. location 对象方法

```
方法            描述
assign          加载新的文档
reload          重新加载当前文档
replace         用新的文档替换当前文档
```

location 对象的 reload 方法可以重新装载当前文档，replace 可以装载一个新文档而无须为它创建一个新的历史记录，也就是说，在浏览器的历史列表中，新文档将替换当前文档。例 4.3 的例子将使用 assign 来加载一个新的文档。

【例 4.3】location 对象方法示例。

```
<!DOCTYPE html>
<html>
<head>
<script type="text/javascript">
    function newDoc()
    {
     window.location.assign("http://www.baidu.com");
    }
</script>
</head>
<body>
<input type="button" value="加载新文档" onclick="newDoc()" />
</body>
</html>
```

4.2 文档对象模型

文档对象模型（Document Object Model，DOM）是以面向对象方式描述的文档模型。它定义了表示和修改文档所需的对象、对象的方法和属性，提供了访问浏览器窗口内容，如文档、图片等各种 HTML 元素以及这些元素包含的文本的操作方法。我们可以把 DOM 认为是页面上数据和结构的一个树形表示，DOM 的各对象之间存在层次关系。DOM 以对象管理组织（OMG）的规约为基础，是一种独立于平台和语言的接口，它允许程序和脚本动态地访问和更新文档的内容、结构和样式。使用 DOM，用户页面可以动态地变化，如可以动态地显示或隐藏一个元素，改变它们的属性，增加一个元素等，使得页面的交互性大大增强。

在 1998 年，W3C 发布了第一级的 DOM 规范。这个规范允许访问和操作 HTML 页面中的每一个单独的元素。二级 DOM 通过对象接口增加了对鼠标和用户界面事件、范围、遍历（重复执行 DOM 文档）和层叠样式表（CSS）的支持。三级 DOM 通过引入统一方式载入和保存文档和文档验证方法对 DOM 进行进一步扩展。

DOM 将 HTML 文档表达为树结构。HTML 文档中的每个成分都是一个结点。整个文档是一个文档结点，每个 HTML 元素是一个元素结点，包含在 HTML 元素中的文本是文本结点，每一个 HTML 属性是一个属性结点，结点彼此都有等级关系，整个 HTML 文档就是一个由结点构成的集合。HTML 文档中的所有结点组成了一个文档树（或结点树）。HTML 文档中的每个元素、属性、文本等都代表树中的一个结点。树起始于文档结点，并由此继续伸出枝条，直到处于这棵树最低级别的所有文本结点为止。

除文档结点之外的每个结点都有父结点。大部分元素结点都有子结点。结点也可以拥有后代，后代指某个结点的所有子结点，或者这些子结点的子结点，以此类推。所有的文本结点都是 <html>结点的后代，而第一个文本结点是 <head> 结点的后代。结点也可以拥有先辈，先辈是某个结点的父结点，或者父结点的父结点，以此类推。所有的文本结点都可把 <html> 结点作为先辈结点。观察下面简单的 HTML 文档：

```
<!DOCTYPE html>
<html>
    <head>
        <title>文档标题</title>
    </head>
    <body >
        <p>登录</p>
        <form name="myform" action="#" method="post">
            <input type="text" name="userid" placeholder="用户 ID" >
            <input type="submit" name="ok" value="提交">
        </form>
    </body>
</html>
```

该文档具有图 4-5 所示的树形结构。

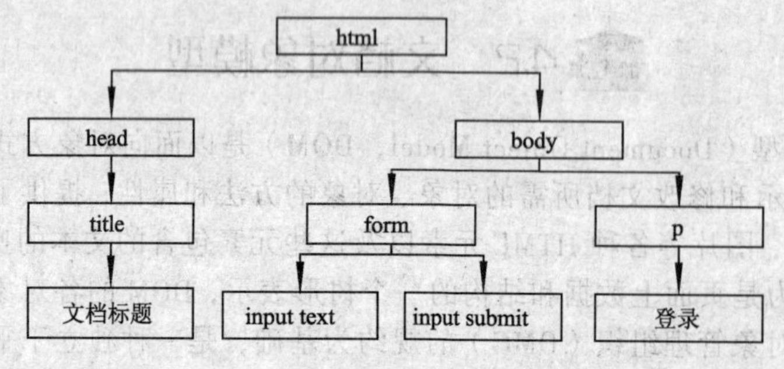

图 4-5　HTML 文档树形结构

当浏览器载入这个 HTML 文档时，它以树的形式对这个文档进行描述，其中各个

HTML 元素都是一个对象结点。该文档中，<head> 结点和<body >结点都是<html>的子结点，它们又分别是<title>结点、<form>结点和<p>结点的父结点。通过 DOM 提供的方法，可以访问 HTML 文档中的任何一个结点。

4.2.1 document 对象

每个载入浏览器的 HTML 文档都是一个 document 对象。也就是说，document 对象就是当前浏览器中的 HTML 文档。document 对象有着自己的集合、属性和方法。我们使用这些集合、属性和方法可以用脚本对 HTML 页面中的所有元素进行访问。

1. document 对象的集合

document 对象提供了一系列的集合，这些集合中的元素都是 document 的子对象。

集合	描述
all	提供对文档中所有 HTML 元素的访问
anchors	返回对文档中所有 anchor 对象的引用
forms	返回对文档中所有 form 对象的引用
images	返回对文档中所有 image 对象的引用
Links	返回对文档中所有 link 对象的引用

2. document 对象的属性

document 对象提供了一系列的属性，这些属性返回当前文档的属性。

属性	描述
body	提供对<body>元素的直接访问
cookie	设置或返回与当前文档有关的所有 cookie
lastModified	返回文档被最后修改的日期和时间
referrer	返回载入当前文档的 URL
title	返回当前文档的标题
URL	返回当前文档的 URL

3. document 对象方法

document 对象提供了一系列的方法，这些方法用于对当前文档进行操作。

方法	描述
createElement	创建一个 Element 对象
createTextNode	创建一个 TextNode 对象
close	关闭用 open 方法打开的输出流，并显示选定的数据
getElementById	返回对拥有指定 id 的第一个对象的引用
getElementsByName	返回带有指定名称的对象集合
getElementsByTagName	返回带有指定标签名的对象集合
open	打开一个流，以收集来自 write 方法的输出
write	向文档写 HTML 表达式或 JavaScript 代码

4. document 对象使用示例

下面以几个具体的例子，说明 document 对象的使用方法。

【例 4.4】document 对象示例一。

```
<!DOCTYPE html>
<html>
```

```
<head><title>document 对象示例一</title>
<script type="text/javascript">
function changeText ()
  {
  var divText= document.getElementById("firstDiv");
  //返回 id 为 firstDiv 对象的引用
  divText.innerHTML="点击按钮改变后的文字！"; //改变 divText 对象的文本内容
  }
function changeColor ()
  {
  var divText= document.getElementById("secondDiv");
  //返回 id 为 secondDiv 对象的引用
  divText.style.color="red"; //改变 divText 对象的 style 子对象的 color 属性
  }
</script>
</head>
<body>
<p>document 对象使用方法示例一</p>
<div id="firstDiv">点击改变文字按钮后，这里的文字被改变！</div>
<div id="secondDiv">点击改变颜色按钮后，这里文字的颜色被改变！</div>
<input type="button" value="改变文字" onclick="changeText()" />
<input type="button" value="改变颜色" onclick="changeColor()" />
</body>
</html>
```

该示例演示了通过结点 ID 访问结点对象的方法。

【例 4.5】document 对象示例二。

```
<!DOCTYPE html>
<html>
<head><title>document 对象示例二</title>
<script type="text/javascript">
function change()
  {
  var oDiv= document.getElementById("mainDiv");
                              //返回 id 为 mainDiv 对象的引用
  var oP=oDiv.getElementsByTagName("p");
                              //返回 mainDiv 结点后代中所有 p 结点的集合
  for(var i=0;i<oP.length;i++) //遍历 p 结点集合中的所有对象
     {
      if(i==1)oP[i].style.color="red";
      else oP[i].style.color="blue";
      }
  }
</script>
</head>
<body>
<p>document 对象使用方法示例二</p>
<div id="mainDiv">
```

```
<p>第一段文字</p>
<p>第二段文字</p>
<p>第三段文字</p>
</div>
<input type="button" value="改变" onclick="change()" />
</body>
</html>
```

该示例演示了访问结点对象集合的方法。

【例 4.6】document 对象示例三。

```
<!DOCTYPE html>
<html>
<head><title>document 对象示例三</title>
<script type="text/javascript">
function openDoc()
  {
 document.open("text/html","replace");
 document.write(Math.random());
 document.write("<p>现在看到的是第二个页面</p>");
 document.write("<input type='button' value='返回第一个页面' onclick=
                                                'history.back()'>")
 document.close();
 document.open("text/html","");
 document.write(Math.random());
 document.write("<p>现在看到的是第三个页面</p>");
 document.write("<input type='button' value='返回第二个页面' onclick=
                                                'history.back()'>")
 document.close();
 document.open("text/html","");
 document.write(Math.random());
 document.write("<p>现在看到的是第四个页面</p>");
 document.write("<input type='button' value='返回第三个页面' onclick=
                                                'history.back()'>")
 document.close();
  }
</script>
</head>
<body>
<p>document 对象使用方法示例三</p>
<p>现在看到的是第一个页面</p>
<input type="button" value="生成新页面" onclick="openDoc()" />
</body>
</html>
```

该示例演示了 document 对象的 open、write 和 close 方法。思考示例运行后，首先看到第几个页面？能否返回第一个页面？为什么？

【例 4.7】document 对象示例四。

```
<!DOCTYPE html>
<html>
<head><title>document 对象示例四</title>
<script type="text/javascript">
function displayElement()
 {
   var x=document.all.length;
   var s="";
   for(var i=0;i<x;i++)
   {
    s=s+document.all[i]+"<br>";     //返回 all 集合中的元素
   }
   document.write(s);
 }
</script>
</head>
<body>
   <form name="f1">
       <input type="button" value="显示文档中的所有元素" onclick="
                                                  displayElement()" />
   </form>
   </body>
</html>
```

例 4.7 运行后，单击“按钮”按钮，显示图 4-6 所示的效果。

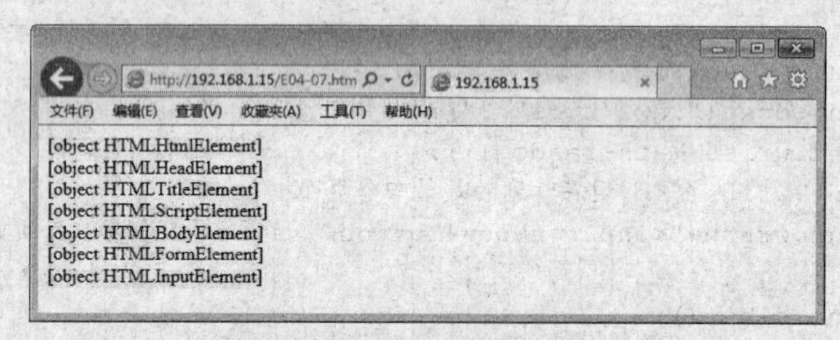

图 4-6　例 4.7 运行效果图

从图 4-6 可以看出，HTML 文档的每一个元素都是 element 对象。

4.2.2　element 对象

在 DOM 中，element 对象代表 HTML 元素。element 对象可以拥有类型为元素结点、文本结点、注释结点的子结点。元素也可以拥有属性，属性是属性结点。

element 对象有一个 nodelist 集合，该集合包含 element 对象表示结点的子结点列表，比如 HTML 元素的子结点集合。

1. element 对象的属性

element 对象的属性适用于所有 HTML 元素。

属性	描述
accessKey	设置或返回元素的快捷键
attributes	返回元素属性的 NamedNodeMap
childNodes	返回元素子结点的 nodelist
className	设置或返回元素的 class 属性
clientHeight	返回元素的可见高度
clientWidth	返回元素的可见宽度
contentEditable	设置或返回元素内容是否可编辑
dir	设置或返回元素的文本方向
firstChild	返回元素的首个子结点
id	设置或返回元素的 id
innerHTML	设置或返回元素的内容
lang	设置或返回元素的语言代码
lastChild	返回元素的最后一个子元素
namespaceURI	返回元素的 namespace URI
nextSibling	返回位于相同结点树层级的下一个结点
nodeName	返回元素的名称
nodeType	返回元素的结点类型
nodeValue	设置或返回元素值
offsetHeight	返回元素的高度
offsetWidth	返回元素的宽度
offsetLeft	返回元素的水平偏移位置
offsetParent	返回元素的偏移容器
offsetTop	返回元素的垂直偏移位置
ownerDocument	返回元素的根元素（文档对象）
parentNode	返回元素的父结点
previousSibling	返回位于相同结点树层级的前一个元素
scrollHeight	返回元素的整体高度
scrollLeft	返回元素左边缘与视图之间的距离
scrollTop	返回元素上边缘与视图之间的距离
scrollWidth	返回元素的整体宽度
style	设置或返回元素的 style 属性
tabIndex	设置或返回元素的 tab 键控制次序
tagName	返回元素的标签名
textContent	设置或返回结点及其后代的文本内容
title	设置或返回元素的 title 属性
length	返回 nodelist 中的结点数

2. element 对象的方法

element 对象的方法适用于所有 HTML 元素。

方法	描述
appendChild	为某个结点对象添加一个子结点
cloneNode	克隆结点元素
compareDocumentPosition	比较两个元素的文档位置
getAttribute	返回元素结点的指定属性值
getAttributeNode	返回指定的属性结点
getElementsByTagName	返回拥有指定标签名的所有子元素的集合
getFeature	返回实现了指定特性的 API 的某个对象

```
getUserData                返回关联元素上键的对象
hasAttribute               如果元素拥有指定属性，则返回 true，否则返回 false
hasAttributes              如果元素拥有属性，则返回 true，否则返回 false
hasChildNodes              如果元素拥有子结点，则返回 true，否则 false
insertBefore               在指定的已有的子结点之前插入新结点
isDefaultNamespace         指定的 namespaceURI 是默认，则返回 true，否则返
                           回 false
isEqualNode                检查两个元素是否相等
isSameNode                 检查两个元素是否是相同的结点
isSupported                如果元素支持指定特性，则返回 true
normalize                  合并元素中相邻的文本结点，并移除空的文本结点
removeAttribute            从元素中移除指定属性
removeAttributeNode        移除指定的属性结点，并返回被移除的结点
removeChild                从元素中移除子结点
replaceChild               替换元素中的子结点
setAttribute               把指定属性设置或更改为指定值
setAttributeNode           设置或更改指定属性结点
setUserData                把对象关联到元素上的键
toString                   把元素转换为字符串
item                       返回 nodelist 中位于指定下标的结点
```

使用 element 对象的属性和方法可以方便地访问 HTML 文档中的任何元素。常用 element 对象的 parentNode、firstChild 及 lastChild 属性在 HTML 文档中进行“旅行”。对于下面 HTML 片段，第一个<td>是<tr>元素的首个子元素（firstChild），而最后一个<td>是<tr>元素的最后一个子元素（lastChild），<tr>是每个<td>元素的父结点（parentNode）。

```
<table>
  <tr>
    <td>第一个单元格</td>
    <td>第二个单元格</td>
    <td>第三个单元格</td>
  </tr>
</table>
```

nodeName 属性返回 HTML 元素的名称，如果将例 4.7 中 document.all[i]修改为 document.all[i].nodeName 后，将显示例 4.7 的 HTML 文档中的各个元素名称，运行后的效果如图 4-7 所示。

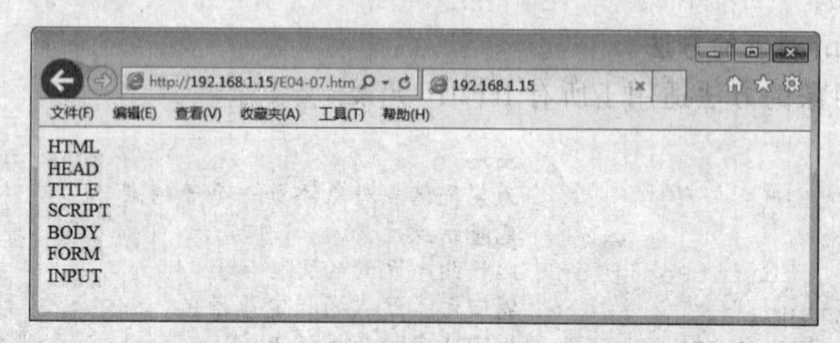

图 4-7　例 4.7 修改后的运行效果图

使用 document 对象的 createElement 方法和 element 对象的 appendChild 方法，可以在 HTML 文档中动态增加元素。例 4.8 演示了在一个 HTML 文档中 id 为"testdiv"的<div>结点增加了一个<p>结点，并且为新增的<p>结点添加的文本。

【例 4.8】element 对象示例。

```
<!DOCTYPE html>
<html>
<head><title> element 对象示例</title>
<script type="text/javascript">
  function displayElement()
    {
    var para=document.createElement("p");
                                    //创建一个 p 元素对象并返回该对象的引用
    var testdiv=document.getElementById("testdiv");
                                    //返回 id 为 testdiv 对象的引用
    testdiv.appendChild(para);      //把创建的 p 对象作为子结点添加到 div 结点
    var txt=document.createTextNode("增加的文本结点内容！");
                                    //创建一个文本结点
    para.appendChild(txt);          //把创建的文本结点作为子结点添加到 p 结点
  }
</script>
</head>
<body>
  <div id="testdiv">
    点击“增加结点”按钮后，此行下面将增加一个段落和文本结点。
  </div>
  <input type="button" value="增加结点" onclick="displayElement()" />
</body>
</html>
```

例 4.8 在浏览器中的运行效果如图 4-8 所示，当单击“增加结点”按钮后，出现图 4-9 所示的效果。

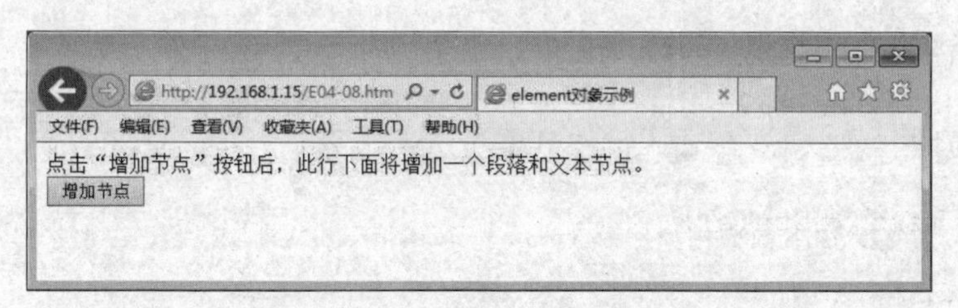

图 4-8 例 4.8 运行效果图一

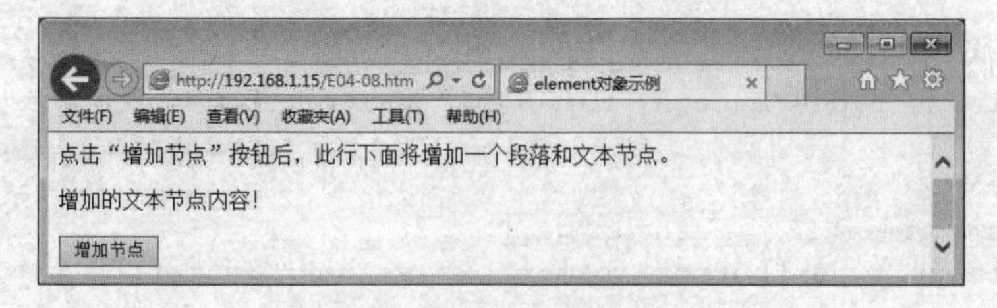

图 4-9 例 4.8 运行效果图二

4.2.3 form 及其元素对象

form 及其元素对象是特殊的 element 对象。它代表一个 HTML 表单，常出现在 HTML 文档中，所以本节单独介绍 form 及其元素对象。在 HTML 文档中<form> 标记每出现一次，就创建一个 form 对象。一个 HTML 文档中，可以包含多个 form 对象，这些 form 对象构成一个集合 forms。

（1）form 对象集合

form 对象集合 forms 由一个 HTML 文档中所有 form 元素构成，可以通过下标引用 forms 集合中的 form。forms[0]代表 HTML 文档中第一个 form，forms[1]代表 HTML 文档中第二个 form，依次类推。例 4.9 演示了遍历 HTML 文档中 forms 集合中所有 form 对象并访问其属性的方法。

【例 4.9】遍历 forms 集合中 form 对象并访问其属性的示例。

```
<!DOCTYPE html>
<html>
<head>
<script type="text/javascript">
function displayName()
 {
   var x=document.forms.length;
   var s="";
   for(var i=0;i<x;i++)
   {
    s=s+document.forms[i].name+"<br>";
    }
   document.write(s);
 }
function displayMethod()
 {
   var x=document.forms.length;
   var s="";
   for(var i=0;i<x;i++)
   {
    s=s+document.forms[i].method+"<br>";
    }
   document.write(s);
 }
</script>
</head>
<body>
   <form name="f1"  method="post">
     <input type="button" name="b1" value="显示 form 对象名" onclick=
                                                   "displayName()" />
   </form>
   <form name="f2"  method="get">
     <input type="button" name="b2" value="显示 method 属性" onclick=
                                                 "displayMethod()" />
   </form>
```

```
</body>
</html>
```

一般 HTML 文档中，每个<form>中均包含若干表单元素，这些元素构成了 form 结点的 elements 集合，它是一个包含表单中所有元素的数组，集合中的每一个元素就是一个表单元素。第 2 章 2.7 节对表单元素及表单的属性做了详细的介绍，下面通过一个例子，介绍使用 JavaScript 脚本，访问表单中元素及其元素值的方法。

【例 4.10】使用 JavaScript 脚本访问表单元素。

```
<!DOCTYPE html>
<html>
<head>
<title>表单元素访问示例</title>
<script type="text/javascript">
var a=0;            //存放被加数或被减数
var b=0;            //存放加数或减数
var c=0;            //存放加或减的运算结果
function generate()
{
var t;
a=Math.floor(Math.random()*100);      //随机生成一个 100 以内的整数
b=Math.floor(Math.random()*100);      //随机生成一个 100 以内的整数
op=Math.floor(Math.random()*2);
if(a<b)                               //如果 a<b 交换两个变量的值
{
t=a;
a=b;
b=t;
}
var obja=document.getElementById("txta");    //返回 id 为 txta 对象的引用
obja.innerHTML=a;                            //改变 obja 对象的文本内容
var objb=document.getElementById("txtb");    //返回 id 为 txtb 对象的引用
objb.innerHTML=b;                            //改变 objb 对象的文本内容
var objop=document.getElementById("op");     //返回 id 为 op 对象的引用
if(op==0)
  {
   objop.innerHTML=" + ";
   c=a+b;                                    //把运算结果赋给变量 c
  }
else
  {
   objop.innerHTML=" - ";
   c=a-b                                     //把运算结果赋给变量 c
  }
var objM=document.getElementById("M");       //返回 id 为 M 对象的引用
objM.innerHTML="填入答案后点击“判断正误”按钮！";//改变 objM 对象的文本内容
objM.style.color="black";          //改变 objM 对象的文本内容的颜色
myform.txtc.value="";
```

```
myform.txtc.placeholder="请在此处填写答案！";
}
function judge()
{
    var d=myform.txtc.value;  //把表单中名称为 txtc 的文本框的值赋给变量 d
    var objM=document.getElementById("M");   //返回 id 为 M 对象的引用
    if(d==c)                         //如果文本框中输入的数据与运算结果相等
    {
    objM.style.color="red";    //改变 objM 对象的文本内容的颜色
    objM.innerHTML="正确！";    //改变 objM 对象的文本内容
    }
    else
    {
    objM.style.color="blue";  //改变 objM 对象的文本内容的颜色
    objM.innerHTML="错误！";    //改变 objM 对象的文本内容
  }
}
</script>
</head>
<body>
<p>加减法运算</p>
<form id="myform">
    <span id="txta"> 0 </span>
    <span id="op"  name="op"> + </span>
    <span id="txtb"> 0 </span>
    <lable> = </label>
    <input type="text" id="txtc"  name="txtc" placeholder="请在此处填
                                                            写答案！">
    <span id="M">点击“生成试题”按钮生成试题！</span><p>
    <input type="button" name="gen" value="生成试题" onclick="generate();">
    <input type="button" name="jud" value="判断正误" onclick="judge();
                                                              "></p>
</form>
</body>
</html>
```

通过浏览器访问例 4.10 的页面文件，单击“生成试题”按钮并在文本框中输入答案，再单击“判断正误”按钮后效果如图 4-10 所示。

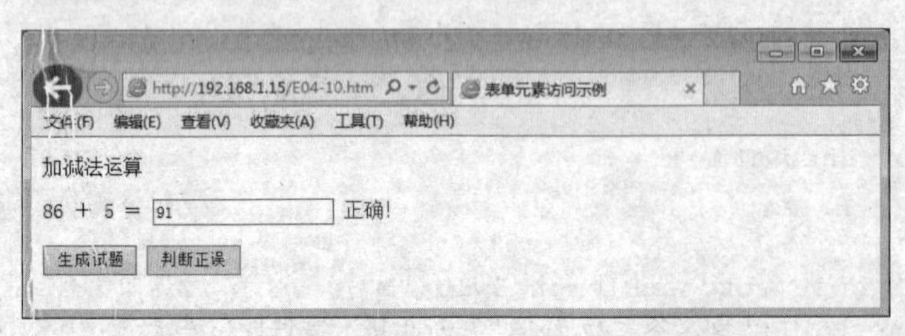

图 4-10　例 4.10 的运行效果图

（2）form 对象的方法

form 对象提供了 reset 和 submit 两个方法，reset 方法把表单的所有输入元素重置为它们的默认值，submit 方法将把表单提交给表单 action 属性指定的服务端脚本文件。

【例 4.11】form 对象的方法示例。

该示例包含一个注册页面 E04-11.htm 和一个处理客户端提交数据的服务端脚本文件 E04-11.asp。

E04-11.htm 的代码如下：

```
<!DOCTYPE html>
<html>
<head>
<title> form对象的方法示例</title>
<script type="text/javascript">
function submitCheck()
{
if(registerform.userID.value=="")
{
alert("用户 ID 不能为空！");
registerform.userID.focus();
return;
}
if(registerform. userPassword.value=="")
{
alert("密码不能为空！");
registerform.userPassword.focus();
return;
}
if(registerform.rePassword.value==""||registerform.rePassword.value
                              != registerform. userPassword.value )
{
alert("两次输入的密码不一致！");
registerform.rePassword.focus();
return;
}
registerform.submit();            //提交表单中各元素的值给 E04-11.asp
}

function resetDefault()
{
 registerform.reset();            //重置表单中各元素的值为初始值
}
</script>
</head>
<body>
欢迎注册，请输入用户名和密码
  <form name="registerform" method="post" action=" E04-11.asp">
  用户 ID: <input type="text" name="userID" size="10"><br>
  密  码: <input type="password" name="userPassword" size="10"><br>
  重复密码: <input type="password" name="rePassword" size="10"><br>
```

```
    <input type="button"  name="ok" value="提交" onclick="submit Check()">
    <input type="button"  name="cancel" value="重置"  onclick="resetDefault()">
    </form>
  </body>
  </html>
```

E04-11.asp 的代码如下：

```
<%
'接收客户端提交的表单，取得用户名和密码，并删除用户名和密码中的首尾空格
userName=Trim(Request.Form("userID"))
password=Trim(Request.Form("userPassword"))
Response.write "用户名: " & userName & "<br>"
Response.write "密码: " & password & "<br>"
%>
```

通过浏览器访问例 4.11 的页面文件 E04-11.htm，不输入用户 ID 直接单击“提交”按钮出现图 4-11 所示的效果，提示“用户 ID 不能为空！”。当按要求输入数据后，表单的数据提交给服务端的脚本文件 E04-11.asp，从面显示用户名和密码。

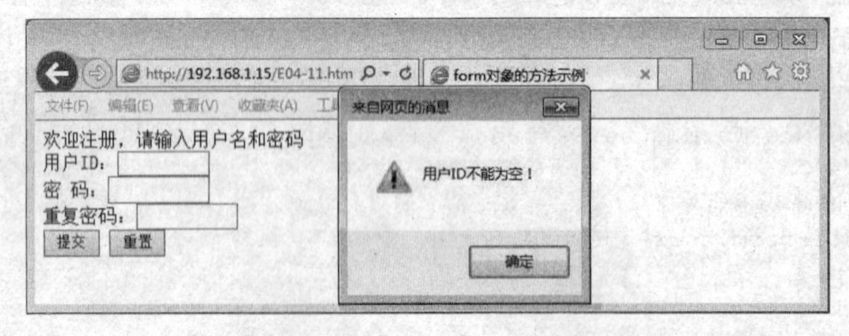

图 4-11　例 4.11 的运行效果图

4.2.4　event 对象

event 对象代表事件的状态，比如事件在其中发生的元素、键盘按键的状态、鼠标的位置、鼠标按钮的状态等。事件通常与函数结合使用，事件发生时函数被执行。

HTML 的特性之一是能使 HTML 事件触发浏览器中的行为，例如当用户单击某个 HTML 元素时启动一段 JavaScript 代码。下面的属性列表中的属性，可以插入 HTML 标签以定义事件的行为：

```
属性              事件发生的时间
onabort           图像的加载被中断
onblur            元素失去焦点
onchange          域的内容被改变
onclick           当用户单击某个对象时调用的事件句柄
ondblclick        当用户双击某个对象时调用的事件句柄
onerror           在加载文档或图像时发生错误
onfocus           元素获得焦点
onkeydown         某个键盘按键被按下
onkeypress        某个键盘按键被按下并释放
```

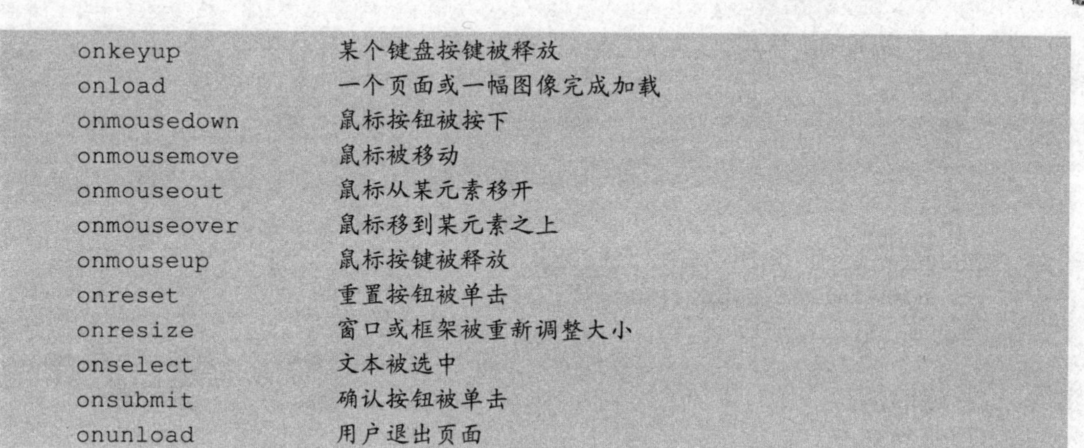

```
onkeyup          某个键盘按键被释放
onload           一个页面或一幅图像完成加载
onmousedown      鼠标按钮被按下
onmousemove      鼠标被移动
onmouseout       鼠标从某元素移开
onmouseover      鼠标移到某元素之上
onmouseup        鼠标按键被释放
onreset          重置按钮被单击
onresize         窗口或框架被重新调整大小
onselect         文本被选中
onsubmit         确认按钮被单击
onunload         用户退出页面
```

上面的这些属性指定事件发生时执行的 JavaScript 代码，如例 4.11 form 对象的方法示例中“<input type="button" name="ok" value="提交" onclick= "submitCheck()">”语句包含的“onclick="submitCheck()"”指定当单击“提交”按钮时执行 submitCheck() 函数。

【例 4.12】event 对象示例。

```
<!DOCTYPE html>
<html>
<head>
<title> event 对象示例</title>
<script type="text/javascript">
function setState()
{
window.status="event 对象示例，状态栏被改变！";
document.all.ok.disabled=true;
document.all.txtNum.focus();
}
function setEnable()
{
 if(txtValue=document.all.txtNum.value=="")
   {
    document.all.ok.disabled=true;
   }
 else
   {
    document.all.ok.disabled=false;
   }
}
function checkNum()
{
 var txtValue=document.all.txtNum.value;
 if(txtValue % 2==0)
  {
```

```
      alert("偶数! ");
      }
    else
      {
      alert("奇数! ");
      }
     document.all.ok.disabled=true;
     document.all.txtNum.value="";
     document.all.txtNum.focus();
    }
    </script>
    </head>
    <body onload="setState();" onMouseOver="window.status='MouseMove';
                                                          return true;">
    输入一个自然数
    <input type="text" name="txtNum" size="10"  onchange ="setEnable()">
    <input type="button"  name="ok" value="验证奇偶数" onclick="checkNum()">
    </body>
    </html>
```

通过浏览器访问例 4.12 的页面文件 E04-12.htm，页面加载后“验证奇偶数”按钮为不可用状态，但在文本框中输入数字后可单击“验证奇偶数”按钮并出现图 4-12 所示的效果。

图 4-12　例 4.12 的运行效果图

4.2.5　canvas 对象

canvas 对象表示一个 HTML 画布元素，即可以控制其每一像素的矩形区域，是 HTML 新增的元素，也是一个特殊的 element 对象。canvas 没有自己的行为，但是定义了一个 API 支持脚本化客户端绘图操作。canvas 对象有两个属性：height 和 width，用户可以直接在该对象上指定宽度和高度。height 属性指定画布的高度，值为一个整数像素值或者是窗口高度的百分比，默认值是 300；width 属性指定画布的宽度，值为一个整数像素值或者是窗口宽度的百分比，默认值是 300。下面的标记语句创建了一个名称为 myCanvas 的 canvas 元素：

```
<canvas id="myCanvas" width="200" height="100"></canvas>
```

canvas 对象只提供了一个 getContext 方法用于返回一个用于在画布上绘图的环境。canvas 对象本身没有绘图能力，只提供可绘图的区域，所有的绘制工作完全由

JavaScript 代码完成。下面的代码段绘制了一个红色矩形：

```
<script type="text/javascript">
var c=document.getElementById("myCanvas"); //使用 id 来寻找 canvas 元素
var cxt=c.getContext("2d");        //创建 context 对象
cxt.fillStyle="#FF0000";           //定义填充色为红色
cxt.fillRect(0,0,150,75);          //绘制一个矩形
</script>
```

下面的代码段绘制了两条直线：

```
<script type="text/javascript">
var c=document.getElementById("myCanvas");
var cxt=c.getContext("2d");
cxt.moveTo(10,10);
cxt.lineTo(150,50);
cxt.lineTo(10,50);
cxt.stroke();
</script>
```

下面的代码段绘制了一个红色圆：

```
<script type="text/javascript">
var c=document.getElementById("myCanvas");
var cxt=c.getContext("2d");
cxt.fillStyle="#FF0000";
cxt.beginPath();
cxt.arc(70,18,15,0,Math.PI*2,true);
cxt.closePath();
cxt.fill();
</script>
```

下面的代码段使用指定的颜色绘制渐变背景：

```
<script type="text/javascript">
var c=document.getElementById("myCanvas");
var cxt=c.getContext("2d");
var grd=cxt.createLinearGradient(0,0,175,50);
grd.addColorStop(0,"#FF0000");
grd.addColorStop(1,"#00FF00");
cxt.fillStyle=grd;
cxt.fillRect(0,0,175,50);
</script>
```

下面的代码段把一幅图像放置到画布上：

```
<script type="text/javascript">
var c=document.getElementById("myCanvas");
var cxt=c.getContext("2d");
var img=new Image()
img.src="flower.png"
cxt.drawImage(img,0,0);
</script>
```

在 canvas 对象上创建的 context 对象提供了绘制点、线、矩形和圆等的方法。编写 script 代码，可以绘制更复杂的图形，有兴趣的读者可参阅相关书籍。例 4.13 给出了一个使用 canvas 对象绘图的简单例子。

【例 4.13】canvas 对象绘图示例。

```
<!DOCTYPE html>
<html>
<head><title> canvas对象绘图示例</title>
<script type="text/javascript">
function display(id)
{
    var canvas=document.getElementById(id);
    if (canvas==null)
        return false;
    var context=canvas.getContext("2d");
    context.fillStyle="#EEEEFF";
    context.fillRect(0, 0, 300, 300);
    var n=0;
    var dx=150;
    var dy=150;
    var s=100;
    context.beginPath();
    context.fillStyle='rgb(100,255,100)';
    context.strokeStyle='rgb(0,0,100)';
    var x=Math.sin(0);
    var y=Math.cos(0);
    var dig=Math.PI / 15 * 11;
    for (var i=0; i < 30; i++) {
        var x=Math.sin(i * dig);
        var y=Math.cos(i * dig);
        context.lineTo(dx + x * s, dy + y * s);
    }
    context.closePath();
    context.fill();
    context.stroke();
}
</script>
</head>
<body>
<div id="testdiv">
<canvas id="myCanvas" width="300" height="300"></canvas>
</div>
<input type="button" value="绘图" onclick="display('myCanvas')" />
</body>
</html>
```

通过浏览器访问例 4.13 的页面文件 E04-13.htm 并单击“绘图”按钮后出现图 4-13 所示的效果。

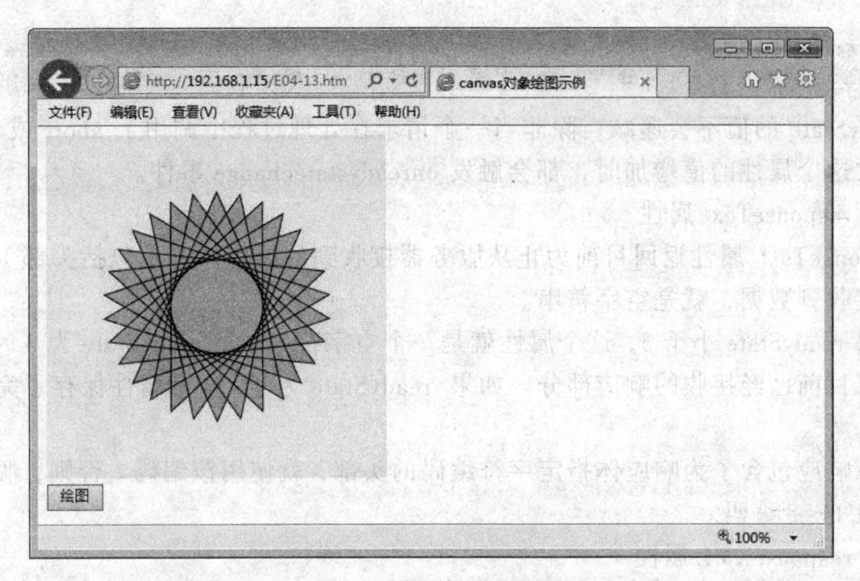

图 4-13 例 4.13 的运行效果图

4.2.6 XMLHttpRequest 对象

XMLHttpRequest 是一种浏览器对象，它提供了对 HTTP 协议的完全访问，包括做出 POST 和 HEAD 请求以及普通的 GET 请求的能力。XMLHttpRequest 可以同步或异步方式返回 Web 服务器的响应，并且能以文本或者一个 DOM 文档的形式返回内容。

XMLHttpRequest 对象常用于在后台与服务器交换数据，可以在不重新加载页面的情况下部分更新网页，可以在页面已加载后从服务器请求数据，可以在页面已加载后从服务器接收数据，也可以在后台向服务器发送数据。XMLHttpRequest 对象实现了 AJAX 的 Web 应用程序架构的一项关键功能。

目前大多数浏览器都支持 XMLHttpRequest 对象。如果当前浏览器支持 XMLHttpRequest 对象，则 window.XMLHttpRequest 的值为 true，否则为 false。

在浏览器中使用 XMLHttpRequest 对象，必须首先创建 XMLHttpRequest 对象。用下面的 JavaScript 语句可以创建 XMLHttpRequest 对象。

```
var xmlHttpReq = new XMLHttpRequest();
```

创建 XMLHttpRequest 对象后，可以使用 XMLHttpRequest 对象提供的属性和方法。

1. XMLHttpRequest 对象的属性

（1）readyState 属性

readyState 属性返回 HTTP 请求的状态，当一个 XMLHttpRequest 初次创建时，这个属性的值从 0 开始，直到接收到完整的 HTTP 响应，这个值增加到 4。readyState 属性的五个取值表达的状态和含义如下：

值	状态	描述
0	Uninitialized	初始化状态。XMLHttpRequest 对象已创建或已被 abort() 方法重置
1	Open	open 方法已调用，但是 send 方法未调用。请求还没有被发送
2	Sent	Send 方法已调用，HTTP 请求已发送到 Web 服务器。未接收到响应

```
    3 Receiving         所有响应头部都已经接收到。响应体开始接收但未完成
    4 Loaded            HTTP 响应已经完全接收
```

readyState 的值不会递减，除非当一个请求在处理过程中调用了 abort 或 open 方法。每次这个属性的值增加时，都会触发 onreadystatechange 事件。

（2）responseText 属性

responseText 属性返回目前为止从服务器接收到的响应体（不包括头部），如果还没有接收到数据，就是空字符串。

如果 readyState 小于 3，这个属性就是一个空字符串。当 readyState 为 3 时，这个属性返回目前已经接收的响应部分。如果 readyState 为 4，这个属性保存了完整的响应体。

如果响应包含了为响应体指定字符编码的头部，就使用该编码。否则，假定使用 Unicode UTF-8 编码。

（3）responseXML 属性

responseXML 属性把对请求的响应解析为 XML 并作为 Document 对象返回。

（4）responseBody 属性

responseBody 属性以 unsigned byte 数组形式返回请求的响应。

（5）responseStream 属性

responseStream 属性以 Ado Stream 对象的形式返回请求的响应。

（6）status 属性

status 属性返回由服务器返回的 HTTP 状态代码，如 200 表示成功，而 404 表示"没有发现"错误。当 readyState 小于 3 时读取这一属性会导致一个异常。

（7）statusText 属性

statusText 属性返回由服务器返回的 HTTP 状态文本。当 status 属性为 200 时，statusText 属性是"OK"；当 status 属性为 404 时，statusText 属性是"Not Found"。当 readyState 小于 3 时读取这一属性会导致一个异常。

（8）onreadyStateChange 属性

onreadyStateChange 属性用于设置 XMLHttpRequest 对象的事件句柄函数。当每次 readyState 属性改变时调用 onreadyStateChange 属性指定的事件句柄函数。当 readyState 为 3 时，它也可能调用多次。

2. XMLHttpRequest 对象的方法

（1）abort 方法

abort 方法取消当前响应，关闭连接并且结束任何未决的网络活动。该方法把 XMLHttpRequest 对象 readyState 属性重置为 0。

（2）getAllResponseHeaders 方法

getAllResponseHeaders 方法把 HTTP 响应头部作为未解析的字符串返回。如果 readyState 小于 3，这个方法返回 null；否则返回服务器发送的所有 HTTP 响应的头部。头部作为单个的字符串返回，一行一个头部，每行用换行符 "\r\n" 隔开。

（3）getResponseHeader 方法

getResponseHeader 方法返回指定的 HTTP 响应头部的值。它的参数是要返回的 HTTP 响应头部的名称。如果没有接收到这个头部或者 readyState 小于 3，则为空字符串；如果接收到多个有指定名称的头部，这个头部的值被连接起来并返回，使用逗号和空格分隔开各个头部的值。

（4）open 方法

open 方法初始化 HTTP 请求参数，如 URL 和 HTTP 方法，但并不发送请求。语法格式为：

```
XMLHttpRequest.open(method, url, async, username, password)
```

method 参数是用于请求的 HTTP 方法，取值可以是 GET、POST 或 HEAD。url 参数是请求的主体，大多数浏览器实施同源安全策略，要求这个 URL 与包含脚本的文本具有相同的主机名和端口。async 参数指示请求使用应该异步地执行。如果 async 参数是 false，请求是同步的，后续对 send 方法的调用将阻塞，直到响应完全接收；如果 async 参数是 true 或省略，请求是异步的，且通常需要一个 onreadystatechange 事件句柄。username 和 password 参数是可选项，为 url 所需的授权提供认证资格。如果指定这两个选项，它们会覆盖 url 自己指定的任何资格。

open 方法初始化请求参数为 send 方法，该方法把 readyState 属性设置为 1，删除之前指定的所有请求头部以及之前接收的所有响应头部，并且把 responseText、responseXML、status 以及 statusText 参数设置为它们的默认值。当 readyState 属性为 0 时（XMLHttpRequest 对象刚创建或者 abort 方法调用后）以及当 readyState 属性为 4 时（已经接收响应时），调用这个方法才是安全的。当 open 方法调用时，不会打开到 Web 服务器的网络连接。

（5）send 方法

send 方法发送 HTTP 请求，使用传递给 open 方法的参数，以及传递给该方法的可选请求体。语法格式为：

```
XMLHttpRequest.send(body)
```

如果通过调用 open 方法指定的 HTTP 方法是 POST，body 参数指定一个字符串或者 Document 对象请求体。如果请求体是可选项，body 参数就为 null。对于任何其他方法，body 参数不可用，应该为 null（有些实现不允许省略该参数）。

请求发布后，send 方法把 readyState 属性设置为 2，并触发 onreadyStateChange 事件句柄。如果之前调用的 open 方法参数 async 为 false，这个方法会阻塞并不会返回，直到 readyState 为 4 并且服务器的响应被完全接收。如果 async 参数为 true 或者省略参数，send 立即返回并且服务器响应将在一个后台线程中处理。

3．XMLHttpRequest 对象使用示例

使用 XMLHttpRequest 对象向服务端发送请求，可以实现部分刷新页面。

【例 4.14】XMLHttpRequest 对象使用示例。

该示例由 E04-14.htm 和 E04-14.asp 两个文件组成，两个文件均须以 utf-8 格式保存，否则会出现乱码。

E04-14.htm 文件内容如下：

```
<!DOCTYPE html>
<html>
<head>
<meta http-equiv="Content-Type" content="text/html; charset=utf-8" />
<title>XMLHttpRequest 对象使用示例</title>
<body>
输入一个自然数
<input type="text" name="txtNum" size="10">
<input type="button" name="ok" value="验证奇偶数" onclick="checkNum
                                                        (txtNum.value)">
<div id="mydiv">未知</div>
<script type="text/javascript">
function checkNum(n){
var xmlhttp=null;
if (window.XMLHttpRequest)
{
  xmlHttpReq =new XMLHttpRequest();
}
if(xmlHttpReq !=null)
{
  xmlHttpReq.open("POST", "E04-14.asp?num="+n, false);
  xmlHttpReq.send(null);
  document.all.mydiv.innerHTML=xmlHttpReq.responseText;
  //或使用下面的两行语句
  //var odiv=document.getElementById("mydiv");
  //odiv.innerHTML=xmlHttpReq.responseText;
 }
}
</script>
</body>
</html>
```

E04-14.asp 文件内容如下：

```
<%
'此例是一个简单的从客户端接收数据并返回数据给客户端的示例
response.charset = "utf-8"   '统一编码，防止中文乱码
mynum=request("num")    '接收客户端传来的数据
if mynum mod 2=0 then
   Response.write "偶数"   '返回数据给客户端
else
   Response.write "奇数"
end if
%>
```

通过浏览器访问例 4.14 的页面文件 E04-14.htm 并单击“验证奇偶数”按钮后出

现图 4-14 所示的效果。

图 4-14 【例 4.14】运行效果图

例 4.14 中实现了客户端和服务端的数据交互并完成了页面的部分刷新。

4.3 流行的前端框架技术简介

为了方便程序设计人员前端开发，许多公司开发了用于前端开发的类库和框架，如 jQuery、EasyUI 和 Bootstrap 等，掌握这些框架的用法并用于前端开发可以极大地提高开发的效率。

1. jQuery

jQuery 是一个快速、简洁、轻量、免费开源的 javaScript 库，作为一个优秀的 Javascript 框架，它兼容 CSS3 和各种浏览器，能方便用户处理 HTML 文档对象及事件，并且为网站提供 AJAX 交互。jQuery 提供全面详细的说明文档，还有许多成熟的插件可供选择。模块化的使用方式使开发者可以很轻松地开发出功能强大的静态或动态网页。

同一版本的 jQuery 有两种文件 ，一种用于开发环境（jquery.js），一种用于发行环境（jquery.min.js）。开发人员可以从 jQuery 官网（http://jquery.com）下载其任一种说明文档。国内已有 jQuery 爱好者把原版的说明文档翻译成为中文，读者可以从许多网站获得。更为详细的 jQuery 使用方法，读者可参阅相关的说明文档，下面仅通过一个简单的例子，说明 jQuery 的使用方法。

【例 4.15】jQuery 使用示例。

```
<!DOCTYPE html>
<html>
<head><title> jQuery使用示例</title>
<script src="jquery.min.js"></script>
</head>
<body>
<p>如果点击此处，就看不到这段文字了。</p>
<p>再点击，这段也看不见了。</p>
<p>最后点击这儿，就都看不到了。</p>
<script type="text/javascript">
$(document).ready(function(){
  $("p").click(function(){
    $(this).hide();
  });
```

```
});
</script>
</body>
</html>
```

通过浏览器访问例 4.15 的页面文件 E04-15.htm 并单击第一段文字后出现图 4-15 所示的效果。

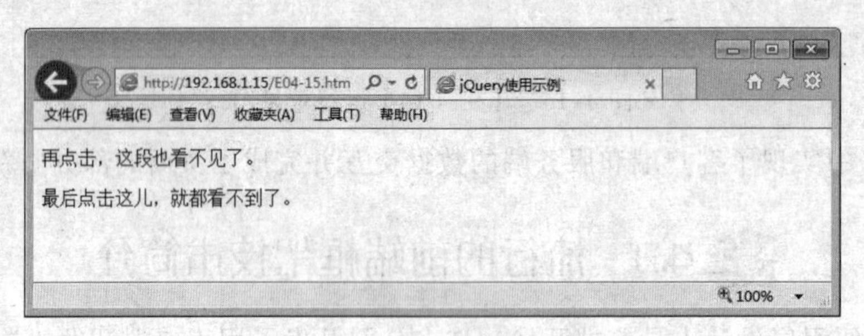

图 4-15　例 4.15 的运行效果图

在例 4.15 中，通过<script>标记的 src 属性引入了 jQuery 库，然后调用 jQuery 的 hide() 函数，完成隐藏当前 HTML 元素的操作。对于开发环境，可以先把 jQuery 库存放到本地，然后从本地引入；对于发行环境，可以从多个为 jQuery 提供 CDN 服务的公共服务器中选择引用。把 jQuery 存储在 CDN 公共库上可加快网站载入速度。国外为 jQuery 提供 CDN 服务的公共服务器有 Google、Microsoft 等多家公司，国内有新浪云计算（SAE）、百度云（BAE）等。下面介绍几个相对比较稳定的 CDN。

Google CDN：<script type="text/javascript" src="http://ajax.googleapis.com/ajax/libs/jquery /2.1.0/jquery.min.js"> </script>

Microsoft CDN：<script type="text/javascript" src="http://ajax.aspnetcdn.com/ajax/jQuery/ jquery-2.1.0.min.js"></script>

百度 CDN：<script type="text/javascript" src="http://libs.baidu.com/jquery/2.0.3/jquery.min.js"> </script>

2. EasyUI

EasyUI 是一个完美支持 HTML 5.0 的完整框架，是一种基于 jQuery 的用户界面插件集合。虽然 EasyUI 的功能没有 extjs 强大，但它支持各种 themes 可满足程序开发人员对于页面不同风格的喜好。EasyUI 支持 javascript 方式（如$('#p').panel({...})）和 html 标记方式（如 class="easyui-panel"）两种渲染方式，程序开发人员只需要通过编写一些简单的 HTML 标记，就可以定义用户界面。EasyUI 提供的组件集合包括以下几类：

（1）基础类

类型	说明
Parser	解析器
Easyloader	加载器
Draggable	可拖动
Droppable	可放置
Resizable	可调整尺寸
Pagination	分页

Searchbox	搜索框
Progressbar	进度条
Tooltip	提示框

（2）布局类

类型	说明
Panel	面板
Tabs	标签页/选项卡
Accordion	折叠面板
Layout	布局

（3）菜单和按钮类

类型	说明
Menu	菜单
Linkbutton	链接按钮
Menubutton	菜单按钮
Splitbutton	分割按钮

（4）表单类

类型	说明
Form	表单
Validatebox	验证框
Combo	组合
Combobox	组合框
Combotree	组合树
Combogrid	组合网格
Numberbox	数字框
Datebox	日期框
Datetimebox	日期时间框
Calendar	日历
Spinner	微调器
Numberspinner	数值微调器
Timespinner	时间微调器
Slider	滑块

（5）窗口类

类型	说明
Window	窗口
Dialog	对话框
Messager	消息框

（6）数据网格和树类

类型	说明
Datagrid	数据网格
Propertygrid	属性网格
Tree	树
Treegrid	树形网格

下面通过一个简单的示例，说明 EasyUI 的使用方法。

【例 4.16】EasyUI 使用示例。

```
<!DOCTYPE html>
<html>
<head><title>EasyUI 使用示例</title>
   <meta charset="UTF-8">
   <script type="text/javascript" src="easyui/jquery.min.js"></script>
<script type="text/javascript" src="easyui/jquery.easyui.min.js"></script>
<link rel="stylesheet" type="text/css" href="easyui/themes/default/
                                                        easyui. css">
<link rel="stylesheet" type="text/css" href="easyui/themes/icon.css">
   <link rel="stylesheet" type="text/css" href="demo.css">
</head>
<body class="easyui-layout">
   <div data-options="region:'north',border:false" style="height:60px;
        background:#B3DFDA; padding:10px">此处放置标题和网站 LOGO</div>
       <div data-options="region:'west',split:true" title="导航菜单" style=
                                                        "width:150px;">
           <div class="easyui-accordion" data-options="fit:true,border:false">
               <div title="基础类" data-options="selected:true" style=
                                                   "padding: 10px;">
                    <li>解析器(Parser)</li>
                    <li>加载器(Easyloader)</li>
                    <li>可拖动(Draggable)</li>
                    <li>可放置(Droppable)</li>
                    <li>可调整尺寸(Resizable)</li>
                    <li>分页(Pagination)</li>
                    <li>搜索框(Searchbox)</li>
                    <li>进度条(Progressbar)</li>
                    <li>提示框(Tooltip)</li>
              </div>
              <div title="布局类" style="padding:10px;">
                    <li>面板(Panel)</li>
                    <li>标签页/选项卡(Tabs)</li>
                    <li>折叠面板(Accordion)</li>
                    <li>布局(Layout)</li>
               </div>
               <div title="菜单和按钮类" style="padding:10px">
                    <li>菜单(Menu)</li>
                    <li>链接按钮(Linkbutton)</li>
                    <li>菜单按钮(Menubutton)</li>
                    <li>分割按钮(Splitbutton)</li>
               </div>
              <div title="表单类" style="padding:10px;">
                    <li>表单(Form)</li>
                    <li>验证框(Validatebox)</li>
                    <li>组合(Combo)</li>
                    <li>组合框(Combobox)</li>
                    <li>组合树(Combotree)</li>
                    <li>组合网格(Combogrid)</li>
```

```
                <li>数字框(Numberbox)</li>
                <li>日期框(Datebox)</li>
                <li>日期时间框(Datetimebox)</li>
                <li>日历(Calendar)</li>
                <li>微调器(Spinner)</li>
                <li>数值微调器(Numberspinner)</li>
                <li>时间微调器(Timespinner)</li>
                <li>滑块(Slider)</li>
            </div>
            <div title="窗口类" style="padding:10px">
                <li>窗口(Window)</li>
                <li>对话框(Dialog)</li>
                <li>消息框(Messager)</li>
            </div>
            <div title="数据网格和树类" style="padding:10px">
                <li>数据网格(Datagrid)</li>
                <li>属性网格(Propertygrid)</li>
                <li>树(Tree)</li>
                <li>树形网格(Treegrid)</li>
            </div>
        </div>
    </div>
<div data-options="region:'east',split:true,collapsed:true,title:
        '提示'" style="width:100px; padding:10px;">提示内容</div>
<div data-options="region:'south',border:false" style="height:50px;
        background:#A9FACD; padding:10px;">页脚，放置版权信息</div>
<div data-options="region:'center',title:'主界面'">
    <div class="easyui-tabs" data-options="fit:true,border:false,
                                                        plain:true">
        <div title="首页" data-options="href:'_content.html'"
                                    style= "padding:10px"> </div>
    <div title="数据网格示例"  style="padding:10px">
        <table class="easyui-datagrid" title="数据网格和工具栏"
                            style=  "width:700px;height:320px"
                data-options="
                    rownumbers:true,
                    singleSelect:true,
                    url:'datagrid_data.xml',
                    method:'get',
                    toolbar:'#tb',
                    footer:'#ft'
                    ">
            <thead>
            <tr>
            <th data-options="field:'itemid',width:80">编号</th>
            <th data-options="field:'productid',width:100">产品</th>
            <th data-options="field:'listprice',width:80,align:
                                                  'right'">定价</th>
```

```
            <th data-options="field:'unitcost',width:80,align:'right'"
                                                              >单位成本</th>
            <th data-options="field:'attr1',width:240">属性</th>
            <th data-options="field:'status',width:60,align:'center'"
                                                               >状态</th>
            </tr>
            </thead>
        </table>
        <div id="tb" style="padding:2px 5px;">
        开始日期: <input class="easyui-datebox" required data-options=
            "validType:'md[\'5/25/2015\']'" style="width:110px">
        <script>
                $.extend($.fn.validatebox.defaults.rules, {
                    md: {
                    validator: function(value, param){
                        var d1 = $.fn.datebox.defaults.parser(param
                                                                  [0]);
                    var d2 = $.fn.datebox.defaults.parser(value);
                        return d2<=d1;
                        },
                message: 'The date must be less than or equals to {0}.'
                    }
                })
            </script>
            结束日期: <input class="easyui-datebox" style="width:
                                                            110px">
            开发语言:<select class="easyui-combobox" panelHeight="auto"
                                                  style="width:100px">
                <option value="java">Java</option>
                <option value="c">C</option>
                <option value="basic">Basic</option>
                <option value="perl">Perl</option>
                <option value="python">Python</option>
            </select>
            <a href="#" class="easyui-linkbutton" iconCls="icon-search"
                                                              >搜索</a>
      </div>
      <div id="ft" style="padding:2px 5px;">
       <a href="#" class="easyui-linkbutton" iconCls="icon-add"
                                                  plain="true"></a>
       <a href="#" class="easyui-linkbutton" iconCls="icon-edit"
                                                  plain="true"></a>
       <a href="#" class="easyui-linkbutton" iconCls="icon-save"
                                                  plain="true"></a>
       <a href="#" class="easyui-linkbutton" iconCls="icon-cut"
                                                  plain="true"></a>
```

```
        <a href="#" class="easyui-linkbutton" iconCls="icon-remove"
                                             plain="true"></a>
            </div>
          </div>
           </div>
      </div>
      </body>
   </html>
```

通过浏览器访问例 4.16 的页面文件 E04-16.htm 并选择第二个面板后出现图 4-16 所示的效果。

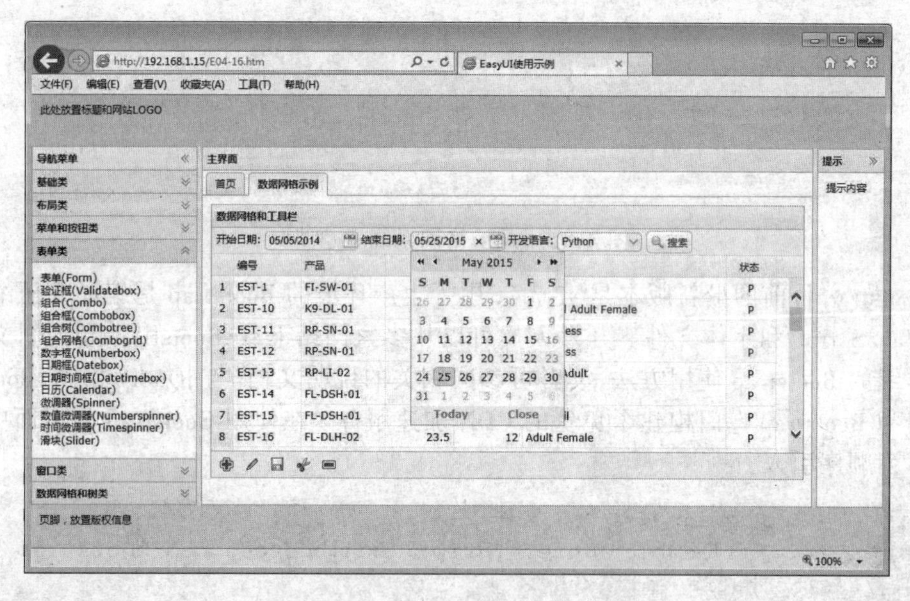

图 4-16　例 4.16 的运行效果图

该示例用以下代码首先引用了 jQuery 的类库文件 jquery.min.js，接着引用了 EasyUI 的 js 文件和 CSS 文件，所以正确浏览该文档的前提是本地服务器上有这些文件。

```
    <script type="text/javascript" src="easyui/jquery.min.js"></script>
    <script                                   type="text/javascript"
src="easyui/jquery.easyui.min.js"></script>
    <link                rel="stylesheet"                type="text/css"
href="easyui/themes/default/easyui. css">
    <link rel="stylesheet" type="text/css" href="easyui/themes/icon.css">
      <link rel="stylesheet" type="text/css" href="demo.css">
```

在文档中，用 html 标记方式对界面效果做了渲染。

3. Bootstrap

Bootstrap 是 Twitter 推出的一个用于前端开发的开源工具包，由 Twitter 的设计师 Mark Otto 和 Jacob Thornton 在 jQuery 的基础上合作开发，是一个更为个性化和人性化的 CSS/HTML 框架。Bootstrap 由动态 CSS 语言 Less 写成，提供了优雅的 HTML 和 CSS

规范，一经推出后颇受欢迎，一直是 GitHub 上的热门开源项目。

Bootstrap 包含了丰富的 Web 组件，包括下拉菜单、按钮组、按钮下拉菜单、导航、导航条、面包屑、分页、排版、缩略图、警告对话框、进度条和媒体对象等，还包含多个 jQuery 插件。程序设计人员使用这些组件和插件，可以快速搭建一个漂亮、功能完备的网站。

Bootstrap 引入了一个响应式格网布局系统，格网系统提供了一个宽度为 12 列的格网，对于不同的浏览设备，格网最小的单元宽度不同。Bootstrap 的格网系统可以使网页更好地适应多种终端设备（平板电脑，智能手机等）。图 4-17 为 Bootstrap 的默认格网系统示意图。

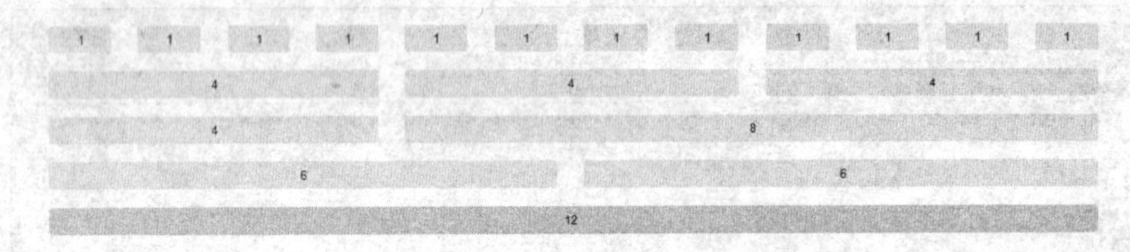

图 4-17　默认格网系统示意图

Bootstrap 目前的最新版本是 v3.3.4，用于生产环境的 Bootstrap 是编译并压缩后的 CSS、JavaScript 和字体文件。开发人员可以从多家网站下载 Bootstrap 和说明文档，更为详细的 Bootstrap 使用方法，读者可参阅相关的说明文档。与 jQuery 相同，Bootstrap 中文网为 Bootstrap 专门构建了免费的 CDN 加速服务。在使用 Bootstrap 的页面中，可以按下列顺序引入：

```
<!-- 新 Bootstrap 核心 CSS 文件 -->
<link rel="stylesheet" href="http://cdn.bootcss.com/bootstrap/3.3.4
  /css/bootstrap.min.css">
<!-- 可选的 Bootstrap 主题文件（一般不用引入） -->
<link rel="stylesheet" href="http://cdn.bootcss.com/bootstrap/3.3.4/css/
  bootstrap-theme.min.css">
<!-- jQuery 文件。务必在 bootstrap.min.js 之前引入 -->
<script src="http://cdn.bootcss.com/jquery/1.11.2/jquery.min.js">
  </script>
<!-- 最新的 Bootstrap 核心 JavaScript 文件 -->
<script src="http://cdn.bootcss.com/bootstrap/3.3.4/js/bootstrap.
  min.js"></script>
```

为了本地开发的方便，也可将 Bootstrap 下载到本地，在没有连网的情况下使用。例 4.17 演示了在本地使用 Bootstrap 的方法。

【例 4.17】使用 Bootstrap 的示例。

```
<!DOCTYPE html>
<html>
<head>
    <title>Bootstrap 示例</title>
    <meta charset="utf-8">
    <meta http-equiv="X-UA-Compatible" content="IE=edge">
```

```
    <meta name="viewport" content="width=device-width, initial-
                                                        scale=1.0">
    <!-- 上述 3 个 meta 标签必须放在最前面，任何其他内容都必须跟随其后！ -->
    <link rel="stylesheet" href="bootstrap-3.3.4/css/bootstrap.min.
                                                              css">
    <script src="jquery/jquery-2.0.0.min.js"></script>
    <script src="bootstrap-3.3.4/js/bootstrap.min.js"></script>
</head>
<body>
<div class="container-fluid">
  <div class="row">
     <div class="col-md-2">此处空 2 个网格</div>
     <div class="col-md-8" style="background-color: #dedef8;
         box-shadow: inset 1px -1px 1px #444, inset -1px 1px 1px #444;">
         <h1 class="text-center">此部分占 8 个网格</h1>
             <form class="form-horizontal" role="form">
               <div class="form-group">
                  <label for="firstname" class="col-sm-2 control-label">
                                                           用户：</label>
                  <div class="col-sm-10">
                     <input type="text" class="form-control" id="firstname"
                  placeholder="请输入用户名">
                  </div>
               </div>
               <div class="form-group">
                  <label for="lastname" class="col-sm-2 control-label">
                                                           密码：</label>
                  <div class="col-sm-10">
                     <input type="password" class="form-control" id="lastname"
                    placeholder="请输入密码">
                  </div>
               </div>
               <div class="form-group">
                  <div class="col-sm-offset-2 col-sm-10">
                     <div class="checkbox">
                        <label><input type="checkbox"> 请记住我</label>
                     </div>
                  </div>
                   </div>
               <div class="form-group">
                  <div class="col-sm-offset-2 col-sm-10">
                    <button type="button" class="btn btn-primary">
                      <span class="glyphicon glyphicon-user"></span> 登 录
                   </button>
                  </div>
               </div>
             </form>
      </div>
      <div class="col-md-2">此处空 2 个网格</div>
  </div>
```

```
    </div>
    </body>
    </html>
```

通过浏览器访问例 4.17 的页面文件 E04-17.htm 出现图 4-18 所示的效果。

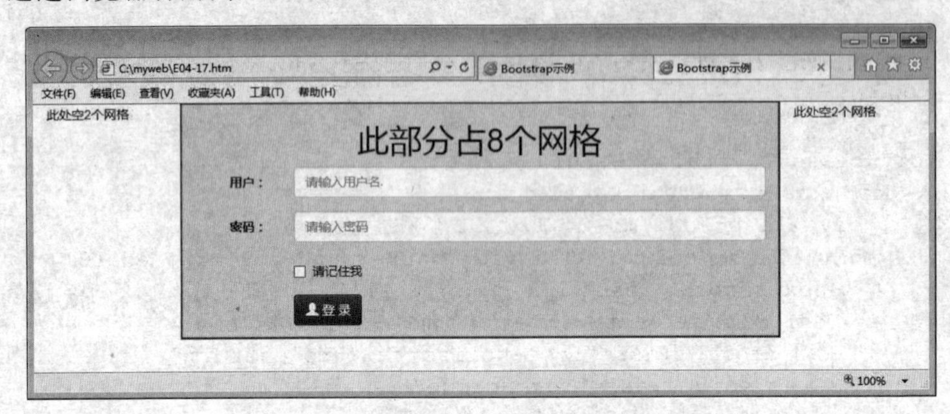

图 4-18 例 4.17 的运行效果图

从例 4.17 可以看出，使用 Bootstrap 时也必须引入 jQuery 的类库文件。

本章小结

本章主要讲述了以下内容：

（1）浏览器对象模型。介绍了浏览器对象的结构、属性和方法。

（2）文档对象模型。介绍了文档对象的属性、方法及各元素对象。

（3）目前流行的前端框架。简单介绍了 jQuery、EasyUI 和 Bootstrap 三种流行的前端开发框架，并给出了使用示例。

习 题

一、单项选择题

1. 以下（ ）不是 window 对象的方法。

A. confirm　B. focus　C. setTimeout　D. write

2. 以下 window 对象的方法中，可显示输入对话框的是（ ）。

A. confirm　B. alert　C. prompt　D. open

3. 以下 window 对象的属性中，可将当前浏览器窗口引导到一个新 URL 的是（ ）。

A. history　B. location　C. document　D. opener

4. 以下 screen 对象的属性中，可返回当前屏幕可用高度的是（ ）。

A. logicalYDPI　B. deviceYDPI　C. height　D. availHeight

5. 以下 document 对象的方法中，返回对某对象引用的是（ ）。

A. createElement　B. getElementById

C. getElementsByName　　D. getElementsByTagName

二、多项选择题

1. 可以实现提交 HTML 文档中 myform 表单的方法有（　　）。

A. myform.submit();　　B. 表单中包含<input type="submit" >

C. <form id=" myform" onsubmit="#">　　D. <a href="myform">提交</a>

2. 下列（　　）标记可以放在<head></head>标记中。

A. <meta>　　B. <script>　　C. <title>　　D. <style>

3. 在给一个页面文本输入框中输入内容时，以下（　　）事件对象属性指定的代码被执行。

A. onkeydown　　B. onkeypress　　C. onkeyup　　D. onchange

三、填空题

1. 在 canvas 对象上绘制图形时，须首先创建________对象。

2. XMLHttpRequest 对象的________属性可返回 HTTP 请求的状态。

3. 能够从服务器接收 HTTP 响应的 XMLHttpRequest 对象的属性有________、________、________、________。

四、代码阅读及补充

1. 阅读以下代码，写出每行代码的含义。

```
function fnCreateTable(){
  var oBody=document.documentElement.lastChild;
var oTable=document.getElementsByTagName("table")[0];
 if(oTable) {
 oBody.removeChild(oTable);
   }
 oTable=document.createElement("table");
var oTbody=document.createElement("tbody");
var oAttr=document.createAttribute("align");
oTable.attributes.setNamedItem(oAttr);
oAttr=document.createAttribute("border");
oTable.attributes.setNamedItem(oAttr);
oTable.setAttribute("align", "center");
oTable.setAttribute("border", "1");
var iRowNum=document.form1.lstRowNum.value;
var iColNum=document.form1.lstColNum.value;
var oRow, oCell, oText;
for(var i=1; i<=iRowNum; i++){
   oRow=document.createElement("tr");
   for(var j=1; j<=iColNum; j++){
    oCell=document.createElement("td");
    oText=document.createTextNode("第"+i+"/"+i+"列");
    oCell.appendChild(oText);
    oRow.appendChild(oCell);
  }
oTbody.appendChild(oRow);
 }
```

```
 oTable.appendChild(oTbody);
oBody.appendChild(oTable);    }
```

2. 将以下代码按照要求的功能补充完整(将以//开头的注释语句改写为 JavaScript 语句)。

```
<!DOCTYPE html>
<html>
 <head> <title>node 实例</title>
<meta http-equiv="Content-Type" content="text/html; charset=gb2312">
<script language="javascript" type="text/javascript">
<!--   移除第 1 个<p>结点。
function removePNode() {
//移除第 1 个<p>结点。
else {alert("不存在要删除的结点! "); }
   }
function addPNode() {
//在<body>后增加 1 个文本内容为"HELLO"的<p>结点
//并设置其字体颜色为红色。
document.body.insertBefore(oPnode,oPNode);
}
function replacePNode() {
//创建一个文本内容为"hello"的<p>结点替换最后一个<p>结点。
document.body.replaceChild(oPnode,oPNode);
 }
function clonePNode() {
//复制内容为"HELLO"的<p>结点，移除该复制结点的字体颜色，并放在<body>后。

var oPNode=document.body.childNodes[0];
document.body.insertBefore(cpnode,oPNode);
 }
 -->
 </script>
</head>
<body>
 <p>Hello World!</p>
 <input type="button" value="增加结点" onclick="addPNode()">
 <input type="button" value="删除结点" onclick="removePNode()">
 <input type="button" value="替换结点" onclick="replacePNode()">
 <input type="button" value="复制结点" onclick="clonePNode()">
 </body>
</html>
```

第5章 VBScript

VBScript是微软公司开发的一种运行在Windows系统中的脚本语言，简称VBS。它和JavaScript类似，可以嵌入到HTML文档中，用于开发客户端或服务器端的Web应用程序。因为浏览器支持的限制，VBScript主要用于编写ASP程序的服务器端代码和Windows系统的HTA。

VBScript脚本语言的特点是语法简单、易学易用，其形式与Visual Basic基本一致。已经学习过Visual Basic的读者，可以跳过本章，直接学习下一章的内容。

5.1 VBScript语言基础

VBScript是微软公司开发的一种面向对象（Object）的脚本语言，广泛应用于基于IIS服务器平台的Web应用程序的开发和Windows系统的HTA（HTML Application）的编写。用VBScript编写的脚本语句可以出现在HTML或ASP文档的任何地方，甚至可以将脚本放在<html>标记之前。使用VBScript编写脚本语句可以分下述两种情况：

（1）在客户端使用VBScript脚本。这种情况是将VBScript编写脚本放在<script>和</script>标记之间，形式如下：

```
<script type="text/VBScript">
    VBScript代码
</script>
```

由于只有IE浏览器能够解释客户端的VBScript脚本，所以很少在客户端使用。

（2）在服务端使用VBScript脚本。当编写基于IIS服务器平台的Web应用程序时，将VBScript编写脚本放在<%和%>标记之间，并且用<%@ Language="VBScript" %>来声明运行在服务器端，形式如下：

```
<%@ Language="VBScript" %>
<%
   VBScript代码
%>
```

默认情况下，可以省略<%@ Language="VBScript" %>语句。

5.1.1 VBScript 程序

【例 5.1】第一个 VBScript 程序。

```
<!DOCTYPE html>
<html>
    <head>
        <title>第一个 VBScript 程序</title>
    </head>
    <body >
        <%
          Response.write("第一个 VBScript 程序！ ")    ' 在浏览器中显示
          %>
    </body>
</html>
```

本例是一个嵌入了 VBScript 服务端脚本的标准 HTML 格式的文档。它可以采用任何的文本编辑软件编写，并以.asp 为扩展名保存到按照第 1 章 1.3.4 节 Web 应用程序部署环境配置的 Web 站点主目录中，便可以在 IE 浏览器中看到如图 5-1 所示的运行结果。

图 5-1 例 5.1 的运行结果

在例 5.1 中，VBScript 脚本的注释标记为“ ' ”，是英文的单引号。请注意，注释在脚本中并不执行，只是起到提示作用。

5.1.2 VBScript 数据类型

VBScript 只有一种数据类型，称为 Variant。Variant 是一种特殊的数据类型，根据使用的方式不同，可以包含不同类别的信息，通常称为子类型。例如，当 Variant 用于数字上下文时作为数值类型的数据来处理，当用于字符串上下文时作为字符串型的数据来处理。表 5-1 列出了 Variant 常用的子类型。

表 5-1 Variant 常用的子类型

子 类 型	描 述
Empty	未初始化的 Variant。对于数值变量，值为 0；对于字符串变量，值为零长度字符串 ("")
Null	不包含任何有效数据的 Variant
Boolean	包含 True 或 False
Byte	包含 0 到 255 之间的整数

续表

子类型	描述
Integer	包含 -32 768 到 32 767 之间的整数。
Long	包含 -2 147 483 648 到 2 147 483 647 之间的整数。
Single	包含单精度浮点数，负数范围从 -3.402823E38 到 -1.401298E-45，正数范围从 1.401298E-45 到 3.402823E38
Double	包含双精度浮点数，负数范围从 -1.79769313486232E308 到 -4.94065645841247E-324，正数范围从 4.94065645841247E-324 到 1.79769313486232E308
Date (Time)	包含表示日期的数字，日期范围从公元 100 年 1 月 1 日到公元 9999 年 12 月 31 日
String	包含变长字符串，最大长度可为 20 亿个字符
Object	包含对象
Error	包含错误号

在使用 Variant 类型的子类型时，可以使用转换函数来转换数据的子类型，也可使用 VarType 函数返回数据的 Variant 子类型。

5.1.3 VBScript 常量和变量

1. 常量

VBScript 的常量分为普通常量和符号常量。

（1）普通常量

字符串常量：通过英文双引号引起的一串字符，如"web 程序设计"。

数值常量：纯数字，如 1、200.5 等。

日期时间常量：通过#括起来的日期和时间，如#2015-5-16 10:36:00#。

（2）符号常量

符号常量在使用前需要声明。声明符号常量的目的在于可以在程序的任何部分使用该常量来代表特定的数值，从而更方便程序设计。常量一经声明就可以在程序中直接使用。

```
Const <常量名>=<常数表达式>
```

例如：

```
Const PI=3.1415926
Const Birth=#1985-7-17#
```

2. 变量

使用变量并不需要了解变量在计算机内存中的地址，只要通过变量名引用变量就可以查看或更改变量的值。在 VBScript 中只有一个基本数据类型 Variant，因此所有变量的数据类型都是 Variant。

（1）变量的命名规则

① 变量名只能包含字母、数字、下画线。

② 第一个字符必须是字母。

③ 长度不能超过 255 字符。

④ 在被声明的作用域内必须唯一。

⑤ 不能与 VBScript 的关键字相同。

（2）变量的声明

在 VBScript 中，可以显式声明或隐式声明变量。显式声明变量时，使用 Dim、Public 或 Private 关键字来进行声明。

显式声明变量的一般格式为：

```
Dim 变量 1, 变量 2, 变量 3, …,变量 n
```

声明多个变量时，使用逗号分隔变量。

变量声明的另一种方式是在 VBScript 程序中直接使用变量。但是，这不是一个好习惯，程序在脚本运行时会出现意外的结果。因此，最好使用 Option Explicit 语句强制显式声明所有变量，使得不显式声明的变量不能使用。

（3）变量的作用域与生存期

变量的作用域由声明它的位置决定。如果在过程中声明变量，则只有该过程中的代码可以访问或更改变量值，此时变量具有局部作用域并被称为过程级变量。如果在过程之外声明变量，则该变量可以被脚本中所有过程识别，称为脚本级变量，具有脚本级的作用域。

变量存在的时间称为存活期。脚本级变量的存活期从被声明的一刻起，直到脚本运行结束。对于过程级变量，其存活期仅是该过程运行的时间，该过程结束后，变量随之消失。对于脚本级变量，其存活期是所有过程运行的时间，所有过程结束后，变量消失。

（4）变量赋值

```
变量名=值
```

例如：

```
UserPass="test"
UserBirth=#2013-5-16#
```

3. 数组

VBScript 数组是一个具有相同名称和数据类型的变量的集合。在集合中的每个变量都称为数组的一个元素。编程时可以使用数组元素的下标来引用相应的数组元素的值。

（1）数组的类型

① 静态数组指的是数组一经声明，元素个数就固定不变，不可更改。

② 动态数组指的是数组经过声明后，元素的个数可以随时改变。

（2）静态数组声明

具体格式为：

```
Dim 数组名(元素最大下标值)
```

例如：

```
Dim A(4)
```

在 VBScript 中，数组的下标默认从 0 开始，所以上述数组 A 中的元素个数为 5，它们分别是 A(0)，A(1)，A(2)，A(3)，A(4)。

二维数组声明的具体格式为：

```
Dim B(行下标,列下标)
```

例如：Dim B(3,4)，这是一个 4 行 5 列的二维数组。

在 VBScript 中，最多可以支持 60 维的数组。

（3）动态数组声明

动态数组的声明需要使用 Dim 和 Redim 语句。具体格式如下：

```
Dim 数组名()
Redim [Preserve] 数组名(元素最大下标值)
```

说明：

① 首先使用 Dim 声明一个没有维数的数组。

② Redim 语句可以多次重复使用，但前面数组中的值会被全部清空。

③ 可以使用 Preserve 关键字保留前一次声明时数组中的值。

④ 在重新设定大小后，如果减少了元素数量，则会丢失部分元素的值。

5.1.4 表达式和运算符

VBScript 有一套完整的运算符，包括算术运算符、比较运算符、逻辑运算符和连接运算符。运算符是 VBScript 对数据进行操作时，所使用的一系列操作符号的总称。在 VBScript 中将由变量、常量和函数与运算符组成的标识符的集合称为表达式。通常将构成表达式的变量和常量称为操作数。

1. 算术运算符

算术运算符主要用于完成对数值类型数据的数学计算。

```
x^y          返回 x 的 y 次方的值
-x           x 取负运算
x*y          返回 x 乘以 y 的值
x/y          返回 x 除以 y 的值
x\y          返回 x 整除 y 的值
x Mod y      返回 x 与 y 的模（x 除以 y 的余数）
x+y          返回 x 加 y 的值
x-y          返回 x 减 y 的值
```

2. 比较运算符

比较运算符的操作数必须是相同的数据子类型，运算结果为布尔型。

```
x<y          当 x 小于 y 时返回 true，否则返回 false
x<=y         当 x 小于或等于 y 时返回 true，否则返回 false
x>y          当 x 大于 y 时返回 true，否则返回 false
x>=y         当 x 大于或等于 y 时返回 true，否则返回 false
x=y          当 x 等于 y 时返回 true，否则返回 false
x<>y         当 x 不等于 y 时返回 true，否则返回 false
```

3. 逻辑运算符

逻辑运算符用于完成对布尔型数据的逻辑运算，其操作数和运算结果均为布尔型。

```
x And y        逻辑与（两个操作数只要有一个为 false，则结果为 false）
x Or y         逻辑或（两个操作数只要有一个为 true，则结果为 true）
Not x          逻辑非（运算结果与操作数相反）
```

4. 连接运算符

连接运算符有两个，分别是“&”和“+”。

“&”运算符：适合所有的数据连接，如果参与连接的数据类型不是字符串，“&”运算符将自动将操作数变为字符串然后连接。

“+”运算符：只适合字符串进行连接，其他类型数据和字符串进行连接运算时，不能用“+”运算符，否则系统会出错。

5. 运算符的优先级

运算符的优先级是指 VBScript 在计算复杂表达式时，各个运算符的执行顺序。表 5-2 列出了 VBScript 运算符优先级的排列顺序。在表中处于同一行中的运算符按从左至右的顺序运算。圆括号具有最高的优先级，可用来改变表达式的求值顺序。

表 5-2 运算符的优先级

优 先 级	算术运算符	比较运算符	逻辑运算符
1	^	=	Not
2	-	<>	And
3	*、/	<	Or
4	\	>	
5	Mod	<=	
6	+、-	>=	

5.1.5 常用内部函数

VBScript 提供了许多内部函数，有字符串函数、数学函数、日期函数、转换函数及判断函数等。

1. 字符串函数

（1）Space 函数

描述：返回由指定数目的空格组成的字符串。

语法：Space(number)

说明：number 参数用于指定空格数目。

（2）UCase 函数

描述：返回字符串的大写形式。

语法：UCase(string)

说明：string 参数是任意有效的字符串表达式。如果 string 参数中包含 Null，则返回 Null。只有小写字母被转换成大写字母，所有大写字母和非字母字符均保持不变。

（3）LCase 函数

描述：返回字符串的小写形式。

语法：LCase(string)

说明：string 参数是任意有效的字符串表达式。如果 string 参数中包含 Null，则返回 Null。仅大写字母转换成小写字母，所有小写字母和非字母字符保持不变。

（4）Left 函数

描述：返回指定数目的从字符串的左边算起的字符。

语法：Left(string, length)

说明：string 参数是字符串表达式，其最左边的字符被返回。如果 string 参数中包含 Null，则返回 Null。length 参数是数值表达式，指明要返回的字符数目。如果是 0，返回零长度字符串("")；如果大于或等于 string 参数中的字符总数，则返回整个字符串。

（5）Right 函数

描述：从字符串右边返回指定数目的字符。

语法：Right(string, length)

说明：Right 函数的参数同 Left 函数。

（6）Mid 函数

描述：从字符串中指定位置返回指定数目的字符。

语法：Mid(string, start[, length])

说明：string 参数是字符串表达式，从中返回字符。如果 string 包含 Null，则返回 Null。参数 start 是 string 中被提取字符部分的开始位置。如果 start 超过了 string 中字符的数目，Mid 将返回零长度字符串("")。参数 length 是要返回的字符数。如果省略或 length 超过 string 中的字符数（包括 start 处的字符），将返回字符串中从 start 到字符串结束的所有字符。

（7）LTrim、RTrim 和 Trim 函数

描述：这三个函数分别返回不带前导空格（LTrim）、后续空格（RTrim）或前导与后续空格（Trim）的字符串副本。

语法：

```
LTrim(string)
RTrim(string)
Trim(string)
```

说明：string 参数是任意有效的字符串表达式。如果 string 参数中包含 Null，则返回 Null。

（8）StrReverse 函数

描述：返回字符串，此字符串与指定字符串顺序相反。

语法：StrReverse(string)

说明：string 参数是要颠倒的字符串。如果 string 的长度为零 ("")，将返回一空字符串。如果 string 是 Null，将会产生错误。

（9）InStr 函数

描述：返回一个字符串在另一个字符串中最先出现的位置。

语法：InStr([start,]string1, string2)

说明：start 为可选项，是一个数值表达式，用来设定每次搜寻的起点。如果省略，将从第一个字符开始。如果 start 所含为 Null，将发生错误。string1 为接受搜索的字符串表达式，string2 为要搜索的字符串表达式。

（10）InstrRev 函数

描述：返回某字符串在另一个字符串中出现的从结尾部计起的位置。

语法：InstrRev(string1, string2[, start])

说明：string1 为接受搜索的字符串表达式，string2 为要搜索的字符串表达式。Start 为可选项，为一数值表达式，用来设定每次搜寻的起点。如果省略，则为-1，代表将从最后一个字符开始。如果 start 所含为 Null，将发生错误。

（11）Len 函数

描述：返回字符串内字符的数目。

语法：Len(string)

说明：string 参数是任意有效的字符串表达式。

2. 日期函数

（1）Now 函数

描述：根据计算机系统设定的日期和时间返回当前的日期和时间值。

语法：Now

（2）Date 函数

描述：返回当前的计算机系统日期。

语法：Date

（3）Time 函数

描述：返回当前的计算机系统时间。

语法：Time

（4）Year 函数

描述：返回一个代表某年的整数。

语法：Year(date)

说明：date 参数是任意可以代表日期的表达式。如果 date 参数中包含 Null，则返回 Null。

（5）Month 函数

描述：返回 1 到 12 之间的一个整数（包括 1 和 12），代表一年中的某月。

语法：Month(date)

说明：date 参数是任意可以代表日期的表达式。如果 date 参数中包含 Null，则返回 Null。

（6）Day 函数

描述：返回 1 到 31 之间的一个整数（包括 1 和 31），代表某月中的一天。

语法：Day(date)

说明：date 参数是任意可以代表日期的表达式。如果 date 参数中包含 Null，则返回 Null。

（7）Weekday 函数

描述：返回代表一星期中某天的整数。星期日返回值为 1，星期一返回值为 2，依次类推，星期六返回 7。

语法：Weekday(date)

说明：date 参数是可以代表日期的任意表达式。如果 date 参数中包含 Null，则返回 Null。

（8）DateAdd 函数

描述：返回一个被改变了的日期。

语法：DateAdd(timeinterval,number,date)

说明：参数 timeinterval 表示相隔时间的类型，取值可以为“h”“d”“ww”“m”和“y”等，分别代表小时、日、星期、月和年等。参数 number 指定改变的数量，参数 date 指定参照日期。

例如，DateAdd("d",7,#2008-12-25#)的返回值为“2009-1-1”。

（9）DateDiff 函数

描述：返回两个日期时间之间的差值。

语法：DateDiff(timeinterval,date1,date2)

说明：参数 timeinterval 表示相隔时间的类型，取值可以为“h”“d”“ww”“m”和“y”等，分别代表小时、日、星期、月和年等。参数 date1 和 date2 指定两个不同的日期时间。

例如，DateDiff("d",#2008-12-25#,#2009-1-1#)的返回值 7。

3．转换函数

CBool、CByte、CDate、CDbl、CInt、CLng、CSng、CStr 函数均将其他子类型的数据强制转换为布尔型、字节型、日期型、双精度型、整型、长整型、单精度型、字符型数据。

函数 Chr 返回与指定的 ANSI 字符代码相对应的字符。它的语法格式为：

```
Chr(charcode)
```

其中 charcode 参数是可以标识字符的数字。从 0 到 31 的数字表示标准的不可打印的 ASCII 代码。例如，Chr(10)返回换行符。

4．数学函数

（1）Abs 函数

描述：返回数字的绝对值。

语法：Abs(number)

说明：number 参数可以是任意有效的数值表达式。如果 number 包含 Null，则返回 Null；如果是未初始化变量，则返回 0。

例如，Abs(-1)和 Abs(1)都返回 1。

（2）Exp 函数

描述：返回 e（自然对数的底）的幂次方。

语法：Exp(number)

说明：number 参数可以是任意有效的数值表达式。如果 number 参数超过 709782712893，则出现错误。常数 e 的值约为 2.718282。

（3）Log 函数

描述：返回数值的自然对数。

语法：Log(number)

说明：number 参数是任意大于 0 的有效数值表达式。

（4）Rnd 函数

描述：返回一个小于 1 但大于或等于 0 的随机数。

语法：Rnd[(number)]

说明：number 参数可以是任意有效的数值表达式。

在调用 Rnd 之前，先使用无参数的 Randomize 语句初始化随机数生成器，该生成器具有基于系统计时器的种子。

（5）Round 函数

描述：返回按指定位数进行四舍五入的数值。

语法：Round(expression[,numdecimalplaces])

说明：Expression 为必选，是进行四舍五入的数值表达式。Numdecimalplaces 为可选，用来指定小数点右边的位数。如果省略，则 Round 函数返回整数。

（6）Sqr 函数

描述：返回数值的平方根。

语法：Sqr(number)

说明：number 参数可以是任意有效的大于或等于零的数值表达式。

（7）Sin 函数

描述：返回某个角的正弦值。

语法：Sin(number)

说明：number 参数可以是任何将某个角表示为弧度的有效数值表达式。

（8）Cos 函数

描述：返回某个角的余弦值。

语法：Cos(number)

说明：number 参数可以是任何将某个角表示为弧度的有效数值表达式。

5. 判断函数

（1）IsDate 函数

描述：该函数返回 Boolean 值，用来指出表达式是否可以转换成日期。

语法：IsDate(expression)

说明：参数 expression 可以是任何日期表达式，或是可以被辨别为日期或时间的字符串表达式。如果表达式是一个日期或是可以被转换成有效日期，IsDate 会返回

True；否则它会返回 False。

（2）IsEmpty 函数

描述：该函数返回 Boolean 值，用来指出变量是否已经初始化。

语法：IsEmpty(expression)

说明：参数 expression 可以是任何表达式。但因为 IsEmpty 是用来判断变量是否已初始化，所以参数 expression 通常是单一变量名称。如果变量未初始化，或已明确设定为 Empty，则 IsEmpty 会返回 True；否则返回 False。如果 expression 含有一个以上的变量，则一定返回 False。

（3）IsNull 函数

描述：该函数返回 Boolean 值，用来判断表达式是否未含任何有效的数据。

语法：IsNull(expression)

说明：参数 expression 可以是任何表达式。如果 expression 为 Null，则 IsNull 返回 True；否则 IsNull 返回 False。如果 expression 中存在不只一个变量，若其中任一变量为 Null，则会使得整个表达式返回 True。

Null 值的作用是用来表示 Variant 不包含有效的数据。Null 和 Empty 的不同点在于，后者表示的是尚未初始化的变量，这和长度为零的字符串("")不同，因为长度为零的字符串指的是空字符串。

（4）IsNumeric 函数

描述：该函数返回 Boolean 值，用来判断表达式的运算结果是否为数字。

语法：IsNumeric(expression)

说明：参数 expression 可以是任何表达式。如果整个 expression 的运算结果为数字，则 IsNumeric 会返回 True；否则，它会返回 False。

（5）IsObject 函数

描述：该函数返回 Boolean 值，用来判断表达式是否代表一个对象。

语法：IsObject(expression)

说明：参数 expression 可以是任何表达式。如果 expression 是对象(Object)，IsObject 返回 True；否则它会返回 False。

（6）IsArray 函数

描述：该函数返回 Boolean 值，用来判断某变量是否为数组。

语法：IsArray(varname)

说明：varname 参数可以是任意变量。如果变量是数组，IsArray 函数返回 True；否则，函数返回 False。当变量中包含有数组时，使用 IsArray 函数很有效。

（7）Ubound、Lboundu 函数

描述：这两个函数分别返回数组的上下限。

语法：Ubound(数组名) Lbound(数组名)

以上介绍了 VBScript 的五类函数。在编程中灵活使用 VBScript 提供的内部函数，可以更加轻松地进行程序设计。

5.2 VBScript 程序流程控制

脚本中的代码在运行时，总是按书写的先后顺序来执行。但是在实际的应用中，通常要根据条件的成立与否来改变代码的执行顺序，这时就要使用控制结构。在 VBScript 中定义了顺序结构、分支结构和循环结构三种基本的程序流程结构。

顺序结构：是按照书写程序的顺序执行，即从上到下依次执行程序中的每一条语句。

分支结构：是选择性地执行程序的某一个分支，而其他分支不被执行的过程。

循环结构：是程序符合一定条件的情况下，反复多次执行一段程序。

在具体的程序过程中，往往是三种结构混合嵌套使用。

5.2.1 分支结构

VBScript 使用 If 语句和 Select Case 语句来实现分支结构。

1. If 语句

（1）单分支结构

格式：

```
If <条件> Then
    语句块
End If
```

说明：

① 如果条件为真，执行 If 和 End If 之间的语句块，接着执行 End If 后面的语句；如果条件为假，不执行 If 和 End If 之间的语句块，直接执行 End If 后面的语句。

② If 和 End If 中间的语句块可以由多条语句组成。

（2）双分支结构

格式：

```
If <条件> Then
    语句块 1
Else
    语句块 2
End If
```

说明：

① 如果条件表达式的值为真，则执行语句块 1；如果条件表达式的值为假，则执行语句块 2，然后再执行 End If 后面的语句。

② 语句块 1 和语句块 2 可以由多条语句组成。

【例 5.2】双分支结构示例。

```
<!DOCTYPE html>
<html>
    <head>
        <title>双分支结构示例</title>
    </head>
    <body >
```

```
        <%
        x=8
        y=10
        Response.write("x=8, y=10")
        Response.write("<br>")
        If x-y>0 Then
           Response.write("x大于y")
    Else
        Response.write("x小于等于y")
          End If
        %>
    </body>
</html>
```

在例 5.2 中，通过双分支 If 条件判断两个数的大小并输出，其运行结果如图 5-2 所示。

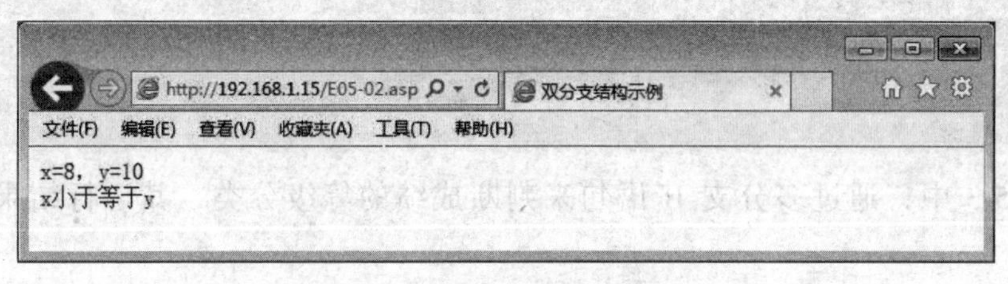

图 5-2 例 5.2 的运行结果

（3）多分支结构

多分支 If 语句的基本格式为：

```
If <条件 1> Then
    语句块 1
ElseIf <条件 2> Then
    语句块 2
ElseIf <条件 3> Then
    语句块 3
…
ElseIf <条件 n> Then
    语句块 n
Else
    语句块 n+1
  End If
```

如果条件 1 为真时，执行语句块 1，不执行其他的语句块；如果条件 1 为假时，判断条件 2，如果条件 2 为真时，执行语句块 2，不执行其他的语句块；如果条件 2 为假时，判断条件 3，依次类推。如果所有条件均为 false，执行 Else 后面的语句块 n+1。在多分支结构中，只执行其中的一个分支。

【例 5.3】多分支结构示例。

```
<!DOCTYPE html>
<html>
```

```
    <head>
        <title>多分支结构示例</title>
    </head>
    <body >
        <%
        score=78
        If score<60 Then
            Response.write("不及格")
        ElseIf score<80 Then
            Response.write("良好")
        ElseIf score<90 Then
            Response.write("优秀")
        Else
            Response.write("太棒了，请继续保持")
        End If
        %>
    </body>
</html>
```

在例 5.3 中，通过多分支 If 语句来判断成绩的等级分类，其运行结果如图 5-3 所示。

图 5-3　例 5.3 的运行结果

2. Select Case 语句

Select Case 语句是一种多条件的结构语句，通过使用这种结构，可以使程序层次更加清晰简练。

Select Case 语句的格式为：

```
Select Case 表达式
Case 值1
    语句块1
Case 值2
    语句块2
…
Case 值n
    语句块n
[Case Else
    语句块n+1]
End Select
```

当浏览器执行到 Select Case 语句时，首先计算表达式的值，然后与第一个 Case 后面的值 1 进行比较，如果匹配，便执行语句块 1；如果不匹配，再和第二个 Case 后的值 2 比较，如果匹配，执行语句块 2，如果不匹配，就和第三个比较。依次类推，顺序比较每一个值，如果和任何一个值都不匹配，便执行 Case Else 后面的语句块 n+1。

【例 5.4】Select Case 语句示例。

```
<!DOCTYPE html>
<html>
    <head><title> Select Case 语句示例</title></head>
    <body>
        <%
        a=10
        Response.write("a=10")
        Response.write("<br>")
        Select Case a mod 3
        case 0
            Response.write("a 为 3 的倍数")
        case 1
            Response.write("a 除 3 的余数为 1")
        case 2
            Response.write("a 除 3 的余数为 2")
        End Select
        %>
    </body>
</html>
```

在例 5.4 中，首先计算表达式 a mod 3 的值，然后与 case 后面的值进行比较，选择相应的语句执行，其运行结果如图 5-4 所示。

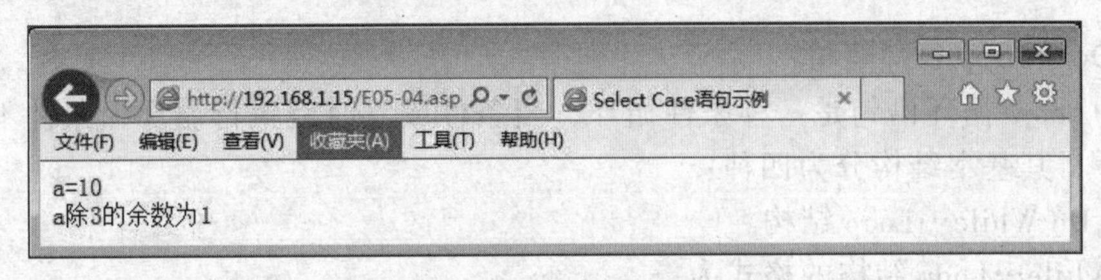

图 5-4　例 5.4 的运行结果

5.2.2　循环结构

循环结构是指一段代码反复执行多次的一种程序流程结构。

1. For…Next 语句

```
For 循环变量=初始值 To 终止值 [Step 步长值]
    循环体
[Exit For]
Next
```

For 循环的执行过程为：首先将初始值赋给循环变量，接着检查循环变量的值是否超出终止值，如果超过就停止执行循环体，跳出循环，执行 Next 后面的语句；否则，执行一次循环体，然后循环变量加上步长值，并将结果再次赋给循环变量，重复上述过程。在循环体中使用 Exit For 语句可提前终止循环。

【例 5.5】用 For…Next 语句实现从 1～100 的加法求和运算。

```
<!DOCTYPE html>
<html>
    <head>
        <title>For…Next 语句示例</title>
    </head>
    <body >
        <%
        sum=0
        For i=1 to 100 step 1
           Sum=sum+i
        Next
        Response.write("1+2+3+…+100=")
        Response.write(sum)
        %>
    </body>
</html>
```

在例 5.5 中，For…Next 语句实现 1+2+3+…+100 的求和，其运行结果如图 5-5 所示。

图 5-5　例 5.5 的运行结果

2. Do…Loop 循环语句

Do…Loop 循环语句是一种条件循环，当条件成立时就执行循环，条件不成立就终止循环。其基本结构分为四种：

（1）Do While…Loop 结构

Do While…Loop 结构的格式为：

```
Do While 条件表达式
   循环体
[Exit Do]
Loop
```

当程序执行到 Do While…Loop 语句时，首先计算条件表达式的值，如果为真则执行循环体中的语句，执行完循环体的所有语句后，再次计算条件表达式的值。如果为真，则继续执行循环体。直到条件表达式的值为假，结束循环。在循环体中使用 Exit Do 语句可提前终止循环。

【例 5.6】用 Do While…Loop 循环实现求 10 的阶乘。

```
<!DOCTYPE html>
<html>
```

```
        <head>
            <title>用 Do While…Loop 循环实现求 10 的阶乘</title>
        </head>
        <body >
            <%
            i=1
            k=1
            Do While  i<=10
                k=k*i
                i=i+1
            Loop
            Response.write("10!="&k)
            %>
        </body>
    </html>
```

在例 5.6 中，用 Do While…Loop 循环实现求 10 的阶乘，先判断条件 i<=10 是否满足，再执行循环体，其运行结果如图 5-6 所示。

图 5-6 例 5.6 的运行结果

（2）Do…Loop While 结构

Do…Loop While 结构的格式为：

```
Do
    循环体
     [Exit Do]
Loop while 条件表达式
```

Do…Loop While 先执行循环体，再判断条件表达式的值。如果条件表达式的值为真，则继续执行循环体，如果为假，则退出循环。可以发现，循环体至少会被执行一次。在循环体中使用 Exit Do 语句可提前终止循环。

【例 5.7】用 Do…Loop While 循环实现求 10 的阶乘。

```
<!DOCTYPE html>
<html>
    <head>
        <title>用 Do…Loop While 循环实现求 10 的阶乘</title>
    </head>
    <body >
        <%
        i=1
        k=1
        Do
            k=k*i
```

```
        i=i+1
      Loop While  i<=10
      Response.write("10!="&k)
      %>
    </body>
</html>
```

在例 5.7 中，用 Do…Loop While 循环实现求 10 的阶乘，先执行循环体一次，再判断条件 i<=10 是否满足，其运行结果如图 5-7 所示。

图 5-7　例 5.7 的运行结果

（3）Do Until…Loop 结构

Do Until…Loop 结构的格式为：

```
Do Until 条件表达式
    循环体
    [Exit Do]
Loop
```

当程序执行到 Do Until…Loop 语句时，首先计算条件表达式的值，如果为 False 则执行循环体。直到条件表达式的值为 True 时，结束循环。在循环体中使用 Exit Do 语句可提前终止循环。

（4）Do…Loop Until 结构

Do…Loop Until 结构的格式为：

```
Do
    循环体
    [Exit Do]
Loop Until 条件表达式
```

当程序执行到 Do Until…Loop 语句时，首先执行一次循环体，再计算条件表达式的值，如果为 False 则执行循环体。直到条件表达式的值为 True 时，结束循环。在循环体中使用 Exit Do 语句可提前终止循环。

3. While…Wend 语句

While…Wend 语句的用法和 Do…Loop 语句的用法基本相同，由于 While…Wend 缺少灵活性，所以建议最好使用 Do…Loop 语句。

4. For Each…Next 语句

For Each…Next 语句主要适用于遍历集合中的所有元素的情况。其基本格式为:

```
For Each 对象变量或数组元素变量 in 对象集合或数组名
    循环体
Next
```

【例 5.8】For Each…Next 循环示例。

```
<!DOCTYPE html>
<html>
<head>
    <title>For Each Next 循环</title>
</head>
<body>
    <%
    Dim Score(5)
    Dim S
    Score(0)=90
    Score(1)=80
    Score(2)=70
    Score(3)=60
    Score(4)=50
    Score(5)=40
    For Each I in Score
       S=S & I & "<br>"
  Next
    Response.write S
  %>
</body>
</html>
```

在例 5.8 中，使用 For Each…Next 循环遍历了数据 Score 中的各个元素，其运行结果如图 5-8 所示。

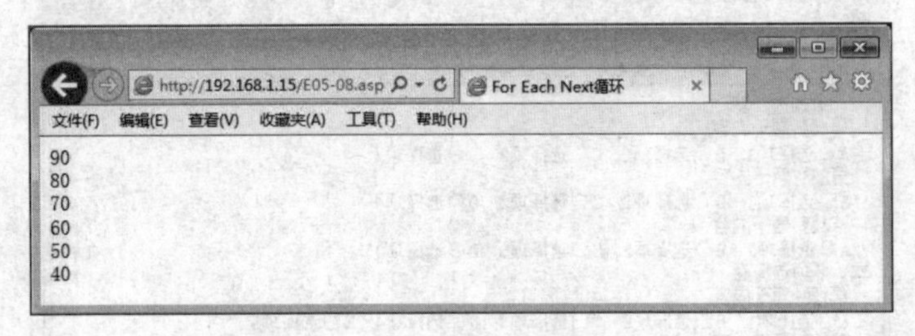

图 5-8　例 5.8 的运行结果

VBScript 的这些流程控制语句可以单独使用，也可以嵌套使用。例 5.9 给出了流程控制语句嵌套使用的示例。

【例 5.9】流程控制语句嵌套使用示例。

```
<!DOCTYPE html>
<html>
<head>
<title>流程控制语句嵌套使用示例</title>
</head>
<body>
<%
for k=1 to 2
    if k=1 then
```

```
        testtype="一、单项选择题"
        itype="radio"
        n=3
        m=4
     else
        testtype="二、多项选择题"
        itype="checkbox"
        n=2
        m=5
     end if
     Response.write testtype  & "<br>"
     for i=1 to n
         Response.write "  第" & i & "题 题干内容<br>"
         for j=1 to m
            Response.Write  "  " & chr(64+j) & "<input type="
            & itype & "name=ans_" & k & "_" & i & " value=" & chr(64+j)
            & ">选择项" & j
         next
        Response.Write "<br>"
     next
  next
  %>
  </body>
  </html>
```

例 5.9 流程控制语句嵌套使用示例的运行结果如图 5-9 所示。

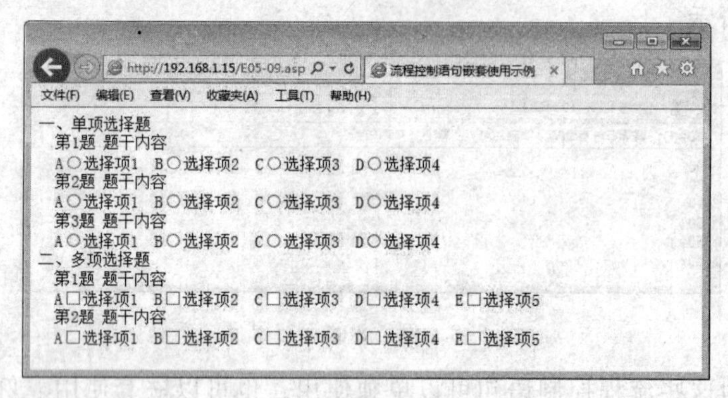

图 5-9　例 5.9 的运行结果

5.3　VBScript 扩展

在进行复杂程序设计时，为使得程序的代码数量减少、结构清晰、可读性和可维护性提高，程序员可根据程序的功能，将程序划分为若干个相对独立的模块，并给予特定名称，这样具有某种特定功能的模块称为过程。

5.3.1　Sub 过程和 Function 过程

在 VBScript 中有两种过程，一种是 Sub 过程，一种是 Function 过程。两者的区别在于 Sub 过程没有返回值，而 Function 过程可以将执行的结果返回给请求程序，这样的过程也称为自定义函数。

1. Sub 过程

（1）Sub 过程的声明

声明 Sub 过程的语法格式如下：

```
Sub 过程名(形式参数 1,形式参数 2,…)
  过程语句
  [Exit Sub]
End Sub
```

说明：

① 过程名是符合变量命名规则且不与现有变量名冲突的任何名称。

② 形式参数通常是常量、变量、表达式的值，可以传递给过程内部的语句。

③ 如果没有任何参数，则 Sub 过程名后必须加上空括号。

④ 如果需要在过程语句中强制退出，可以使用 Exit Sub 语句。

（2）Sub 过程的调用

当定义好一个 Sub 过程后，可以通过以下两种方式来实现调用：

第一种：Call 过程名(实际参数 1,实际参数 2,…)

第二种：过程名 实际参数 1,实际参数 2,…

说明：

① 使用 Call 调用时，必须用括号将过程的参数括起来；而直接调用时，是在过程名和参数 1 之间用空格隔开。

② 实际参数是指调用过程式所用的参数。

③ 形式参数和实际参数的个数和顺序必须完全一致。

【例 5.10】Sub 过程示例。

```
<!DOCTYPE html>
<html>
<head>
    <title> Sub 过程示例</title>
    <%
    Sub myMax(a,b)
    Dim c
    If a>b Then
      c=a
    Else
      c=b
    End If
    Response.write(a&","&b&"中最大的数为"&c)
    End Sub
    %>
</head>
<body>
```

```
    <%
    Dim x,y
    Randomize
    x=Cint(Rnd*100)
    y=Cint(Rnd*100)
    Call myMax(x,y)
    %>
</body>
</html>
```

在例 5.10 中，Sub 过程实现求两个随机数中的最大数，在 Sub 过程的语句中实现输出，不返回值，其运行结果如图 5-10 所示。

图 5-10　例 5.10 的运行结果

2. Function 过程

Function 过程也可称为函数，是包含在 Function 和 End Function 语句之间的一组 VBScript 语句。Function 函数与 Sub 过程类似，但 Function 函数可以返回值。Function 函数可以使用参数，也可以没有参数。Function 函数通过函数名返回一个值，这个值是在过程的语句中赋给函数名的。Function 返回值的数据类型总是 Variant 型。

（1）Function 函数的声明

声明 Function 函数的语法格式如下：

```
Function 函数名（[参数 1], [参数 1],…)
```

函数语句

```
[Exit Function]
函数名=返回值
End Function
```

（2）Function 函数的调用

Function 函数的调用十分灵活，只要通过函数的名称就可以直接调用该函数，并且可以直接利用该函数的结果。具体来说，函数可以直接出现在各种表达式中，也可以直接作为另外一个函数的参数使用。

【例 5.11】Function 函数示例。

```
<!DOCTYPE html>
<html>
<head>
    <title> Function 函数示例</title>
    <%
    Function myMax(a,b)
```

```
        Dim c
        If a>b Then
          c=a
        Else
          c=b
        End If
        myMax=c
        End Function
        %>
    </head>
    <body>
        <%
        Dim x,y
        Randomize
        x=Cint(Rnd*100)
        y=Cint(Rnd*100)
        Response.write(x&","&y&"中最大的数为"& myMax(x,y))
        %>
    </body>
    </html>
```

在例 5.11 中，定义了一个 myMax 函数，该函数的功能是求两个数中的最大数，在函数的最后通过 myMax=c 将 c 的值返回给调用函数，其运行结果如图 5-11 所示。

图 5-11　例 5.11 的运行结果

5.3.2　在 VBScript 脚本中使用类

1. 基本概念

面向对象程序设计（Object-Oriented Programming，OOP）是一种目前流行的程序设计方法。在该方法中，实体（Entity）被看作现实事物的抽象，类是现实世界或思维世界中的实体在计算机中的反映，它将数据以及这些数据上的操作封装在一起。对象是具有类类型的变量。类和对象是面向对象编程技术中最基本的概念。类是对象的抽象，而对象是类的具体实例。类是抽象的，不占用内存，而对象是具体的，占用存储空间。类是用于创建对象的蓝图，它是一个定义包括在特定类型的对象中的方法和变量的软件模板。

注意：真正的面向对象程序设计应进一步定义为新类具有继承现有类属性和方法的能力，具有动态绑定和派生新类的能力。VBScript 中的 OOP 并没有这两种要素，因此并不能说是一种真正的面向对象编程语言。

2. 类的声明

在 VBScript 中使用类，必须首先使用 Class 语句声明类，语法格式如下：

```
Class className
    语句块
End Class
```

className 是类的名称，语句块由一个或多个语句组成，用于定义类的属性和方法。

在语句块中，成员通过相应的声明语句被声明为 Private 或 Public。被声明为 Private 的成员将只在类内可见。被声明为 Public 不仅在类的内部可见，对类定义外的代码也可见。没有使用 Private 或 Public 明确声明的被默认为 Public。在类的块内部被声明为 Public 的过程（Sub 或 Function）将成为类的方法。Public 变量将成为类的属性，与使用 Property Get、Property Let 和 Property Set 显式声明的属性一样。

3. 创建类的实例

在使用 Class 语句声明了类之后，可以用下面的形式创建类的一个实例。

```
Dim X
Set X=New classname
```

X 为 classname 类的一个实例，即对象。

对象创建后，可以使用类的成员完成指定的操作，最后使用下面的语句释放创建的对象：

```
set X=nothing
```

4. 属性和方法

一个类包含属性（Property）和方法（Method）。属性是变量，通过它来设置类的状态；方法是类提供的函数，使用它就可以执行一定的任务或完成某种操作。

5. 类的初始化事件和终止事件

当使用关键字 New 创建一个类实例时，就会触发初始化事件。当类的实例被释放时就会触发终止事件。可以在声明类时定义这些事件处理器。初始化事件处理器可用于初始化类的属性或进行一些在启动任务时必须完成的事情。终止事件可用于进行一些关闭任务的工作。

6. 类的使用实例

【例 5.12】类使用示例。

```
<!DOCTYPE html>
<html>
<head>
<title>类使用示例</title>
<%
Class testClass                    '声明一个名称为 testClass 的类
  dim x,y                          '为 testClass 类定义两个属性
  Public Function plus()           '为 testClass 类定义一个 plus 方法
    dim z
    z=x+y
    plus=z
  End Function
```

```
    Private Sub Class_Initialize    '初始化testClass类时执行该过程
      x=10
      y=20
      Response.Write ("初始化testClass类并创建该类一个的对象! <br>")
    End sub

    Private Sub Class_Terminate    '终止创建的对象时执行该过程
     Response.Write ("终止testClass类的对象! <br>")
    End Sub

    Public Sub DisplaySum()
     Response.Write (x & "加" & y & "的和为"& plus & "<br>")
    End Sub
  End Class
  %>
  </head>
  <body>
      <%
      Dim objX
      set objX=new testClass
      objx. DisplaySum
      Randomize
      a=Cint(Rnd*100)
      b=Cint(Rnd*100)
      objX.x=a
      objX.y=b
      objx.DisplaySum
      set objX=nothing
      %>
  </body>
  </html>
```

在例 5.12 中，定义了一个名称为 testClass 的类，并为该类定义了属性和方法，该示例演示了在 VBScript 中使用类的方法，其运行结果如图 5-12 所示。

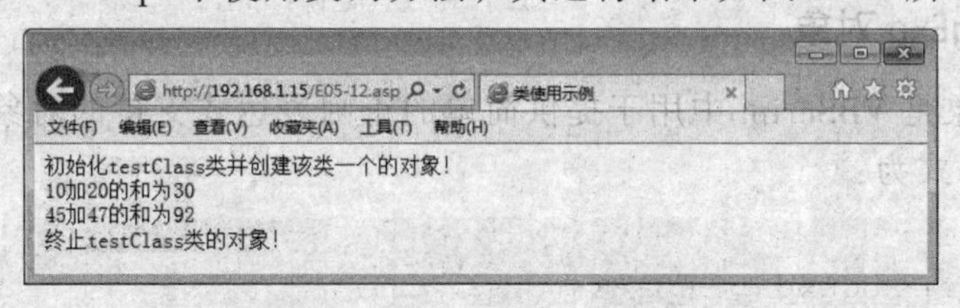

图 5-12　例 5.12 的运行结果

5.3.3　字符串求值函数 Eval

Eval 函数可以计算一个表达式的值并返回结果。

基本语法格式如下：

```
[result=]Eval(expression)
```

参数 result 是一个可选变量，用于接受返回的结果。如果未指定结果，应考虑使用 Execute 语句代替。

expression 可以是包含任何有效 VBScript 表达式的字符串，是一个必选项。

注意：在 VBScript 中，x=y 可以有两种解释。第一种方式是赋值语句，将 y 的值赋予 x。第二种解释是测试 x 和 y 是否相等。如果相等，result 为 True；否则 result 为 False。Eval 方法总是采用第二种解释，而 Execute 语句总是采用第一种。

【例 5.13】Eval 函数的用法示例。

```
<!DOCTYPE html>
<html>
<head><title> Eval 函数的用法示例</title></head>
<body>
  <%
  Dim Guess,Today
  Guess=3
  Today=Weekday(Date())
  If Eval("Guess =Today") Then
    Response.write( "今天正常工作! ")
  Else
    Response.write ("对不起，今天休息! ")
  End If
  %>
</body>
</html>
```

在例 5.13 中，字符串求值函数 Eval 判断 Guess 与 RndNum 的值是否相等。其运行结果如图 5-13 所示。

图 5-13　例 5.13 的运行结果

5.3.4　RegExp 对象

RegExp 对象是 VBScript 中用于提供简单的正则表达式支持的对象。

基本语法格式为：

```
Dim re
Set re=New RegExp
```

VBScript 中所有和正则表达式有关的属性和方法都与这个对象有关联。这个对象有三个属性和三个方法，如表 5-3 所示。

表 5-3　RegExp 对象的属性与方法

属　性	方　法
Global 属性	Execute 方法
IgnoreCase 属性	Replace 方法
Pattern 属性	Test 方法

1. Global 属性

Global 属性负责设置或返回一个 Boolean 值，指明模式是匹配整个字符串中所有与之相符的地方还是只匹配第一次出现的地方。

基本语法格式为：object.Global [= value]

如果 Global 属性的值是 True，那就会对整个字符串进行查找；否则不会查找。默认值是 False。

2. IgnoreCase 属性

IgnoreCase 属性负责设置或返回一个 Boolean 值，指明模式匹配是否大小写敏感。

基本语法格式为：object.IgnoreCase [= value]

如果 IgnoreCase 属性的值为 False，搜索为大小写敏感；如果是 True，则不是。默认是 False。

3. Pattern 属性

Pattern 属性设置或返回被搜索的正则表达式模式。正则表达式的强大并不是来自于用字符串做模式，而是在模式中使用特殊字符。表 5-4 列出了所有的这些字符，以及每个字符在代码中的作用。

基本语法格式为：object.Pattern [= "searchstring"]

表 5-4　正则表达式字符

符　号	含　义
\	将下一个字符标记为特殊字符或字面值。例如"n"与字符"n"匹配。"\n"与换行符匹配。序列"\\"与"\"匹配对面，"\("与"("匹配
^	匹配输入的开始位置
$	匹配输入的结尾
*	匹配前一个字符零次或几次。例如，"zo*"可以匹配"z"、"zoo"
+	匹配前一个字符一次或多次。例如，"zo+"可以匹配"zoo",但不匹配"z"
?	匹配前一个字符零次或一次。例如，"a?ve?"可以匹配"never"中的"ve"
.	匹配换行符以外的任何字符
(pattern)	与模式匹配并记住匹配。匹配的子字符串可以从作为结果的 Matches 集合中使用[0]...[n]取得。如果要匹配括号字符(和)，可使用"\(" 或 "\)"
x|y	匹配 x 或 y。例如 "z|food" 可匹配 "z" 或 "food"。"(z|f)ood" 匹配 "zoo" 或 "food"
{n}	n 为非负的整数。匹配恰好 n 次。例如，"o{2}" 不能与 "Bob 中的 "o" 匹配，但是可以与"foooood"中的前两个 o 匹配
{n,}	n 为非负的整数。匹配至少 n 次。例如，"o{2,}"不匹配"Bob"中的"o"，但是匹配"foooood"中所有的 o。"o{1,}"等价于"o+"。"o{0,}"等价于"o*"
{n,m}	m 和 n 为非负的整数。匹配至少 n 次，至多 m 次。例如，"o{1,3}" 匹配 "fooooood"中前三个 o。"o{0,1}"等价于"o?"
[xyz]	一个字符集。与括号中字符的其中之一匹配。例如，"[abc]" 匹配"plain"中的"a"
[^xyz]	一个否定的字符集。匹配不在此括号中的任何字符。例如，"[^abc]" 可以匹配"plain"中的"p"
[a-z]	表示某个范围内的字符。与指定区间内的任何字符匹配。例如，"[a-z]"匹配"a"与"z"之间的任何一个小写字母字符

续表

符　号	含　义
[^m-z]	否定的字符区间。与不在指定区间内的字符匹配。例如，"[m-z]"与不在"m"到"z"之间的任何字符匹配
\b	与单词的边界匹配，即单词与空格之间的位置。例如，"er\b" 与"never"中的"er"匹配，但是不匹配"verb"中的"er"
\B	与非单词边界匹配。"ea*r\B"与"never early"中的"ear"匹配
\d	与一个数字字符匹配。等价于[0-9]
\D	与非数字的字符匹配。等价于[^0-9]
\f	与分页符匹配
\n	与换行符字符匹配
\r	与回车字符匹配
\s	与任何白字符匹配，包括空格、制表符、分页符等。等价于"[\f\n\r\t\v]"
\S	与任何非空白的字符匹配。等价于"[^ \f\n\r\t\v]"
\t	与制表符匹配
\v	与垂直制表符匹配
\w	与任何单词字符匹配，包括下画线。等价于"[A-Za-z0-9_]"
\W	与任何非单词字符匹配。等价于"[^A-Za-z0-9_]"
\num	匹配 num 个，其中 num 为一个正整数。引用回到记住的匹配。例如，"(.)\1"匹配两个连续的相同的字符
\n	匹配 n，其中 n 是一个八进制换码值。八进制换码值必须是 1、2 或 3 个数字长。例如，"\11" 和 "\011" 都与一个制表符匹配。"\0011"等价于"\001" 与 "1"。八进制换码值不得超过 256。否则，只有前两个字符被视为表达式的一部分。允许在正则表达式中使用 ASCII 码
\xn	匹配 n，其中 n 是一个十六进制的换码值。十六进制换码值必须恰好为两个数字长。例如，"\x41" 匹配"A"。"\x041"等价于"\x04" 和 "1"。允许在正则表达式中使用 ASCII 码

4. Replace 方法

Replace 方法返回一个 RegExp.Pattern 被 string2 替换后的 string1 的副本。如果字符串中没有发生匹配，那么就会返回没有任何改变的 string1。

基本语法格式为：object.Replace(string1, string2)

【例 5.14】利用 Global 属性确保所有的“in”都会被修改。如果要匹配的字符串中有“In”，就必须告诉 VBScript 在进行匹配时要忽略大小写。

```
<!DOCTYPE html>
<html>
<head>
<title> RegExp对象的Replace方法示例</title>
</head>
<body>
    <%
    Dim re,s
    Set re=New RegExp
    re.Pattern="\bin"
    re.Global=True
```

```
    s="The rain in Spain falls mainly on the plains."
    Response.write re.Replace(s, "in the country of")
  %>
  </body>
  </html>
```

在例 5.14 中，Pattern 属性指定正则表达式的模式，Global 属性指明要全局匹配，其运行结果如图 5-14 所示。

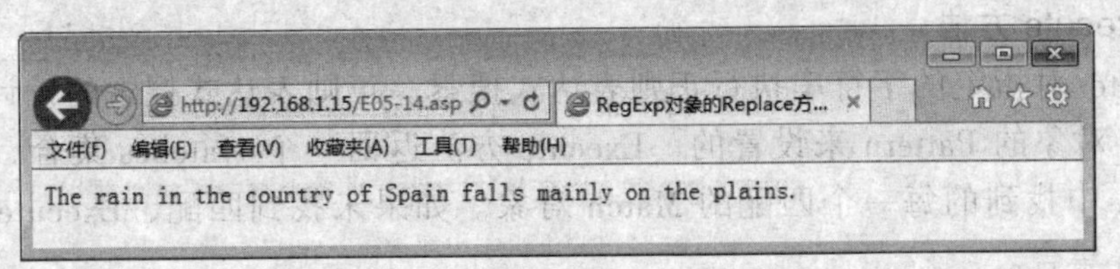

图 5-14　例 5.14 的运行结果

5. Test 方法

Test 方法对字符串执行正则表达式搜索，并返回一个布尔值说明匹配是否成功。

基本语法格式为：object.Test(string)

如果匹配成功，Test 方法返回 True；否则返回 False。这适用于判断字符串是否含有某个模式。注意，常常需要将模式设为大小写敏感。

【例 5.15】RegExp 对象的 Test 方法。

```
<!DOCTYPE html>
<html>
<head>
<title> RegExp对象的Test方法</title>
</head>
<body>
  <%
  Dim re, s
  Set re=New RegExp
  re.IgnoreCase=True
  re.Pattern="http://(/w+[/w-]*/w+/.)*/w+"
  s="Some long string with http://www.wrox.com buried in it."
  If re.Test(s) Then
     Response.write( "Found a URL.")
  Else
     Response.write( "No URL found.")
  End If
 %>
</body>
</html>
```

在例 5.15 中，RegExp 对象的 Test 方法返回一个布尔值，如果匹配成功，Test 方法返回 True，否则返回 False，然后通过 If 条件选择相应的语句执行，其运行结果如图 5-15 所示。

图 5-15 例 5.15 的运行结果

6. Execute 方法

Execute 对指定的字符串执行正则表达式搜索。正则表达式搜索的设计模式是通过 RegExp 对象的 Pattern 来设置的。Execute 方法返回一个 Matches 集合，其中包含了在 string 中找到的每一个匹配的 Match 对象。如果未找到匹配，Execute 将返回空的 Matches 集合。

基本语法格式为：object.Execute(string)

记住 Execute 的结果是一个集合，甚至很有可能是一个空集合。可以用 if object.Execute(string).count = 0 或专门为这个目的设计的 Test 方法来测试它。

说明：

① Matches 集合：正则表达式 Match 对象的集合。Matches 集合中包含若干独立的 Match 对象，只能使用 RegExp 对象的 Execute 方法来创建。

② Match 对象：匹配搜索的结果是存放在 Match 对象中，提供了对正则表达式匹配的只读属性的访问。Match 对象只能通过 RegExp 对象的 Execute 方法来创建，该方法实际上返回了 Match 对象的集合。所有的 Match 对象属性都是只读的。在执行正则表达式时，可能产生零个或多个 Match 对象。每个 Match 对象提供了被正则表达式搜索找到的字符串的访问、字符串的长度，以及找到匹配的索引位置等，如表 5-5 所示。

表 5-5 Match 对象的属性

属　性	说　明
FirstIndex 属性	返回在搜索字符串中匹配的位置。FirstIndex 属性使用从零起算的偏移量，该偏移量是相对于搜索字符串的起始位置而言的。换言之，字符串中的第一个字符被标识为字符 0
Length 属性	返回在字符串搜索中找到的匹配的长度
Value 属性	返回在一个搜索字符串中找到的匹配的值或文本

【例 5.16】RegExp 对象的 Execute 方法。

```
<!DOCTYPE html>
<html>
<head>
<title> RegExp 对象的 Execute 方法示例</title>
</head>
<body>
    <%
    Dim re,s
    Set re=New RegExp
```

```
    re.Global=True
    re.Pattern="[2-9]"
    s="He received 4 letters in the past 3 weeks."
    Set colMatches=re.Execute(s)
    For Each match In colMatches
       Response.write ("Found valid number: " & match.Value&"<br> ")
    Next
    %>
</body>
</html>
```

在例 5.16 中，RegExp 对象的 Execute 方法示例返回一个 colMatches 集合，该集合包含两个 match 对象，通过 match 对象的 Value 属性返回找到的匹配的值或文本，其运行结果如图 5-16 所示。

图 5-16　例 5.16 的运行结果

本章小结

本章主要讲述了以下内容：

（1）VBScript 一种可以嵌入到 HTML 文档中，用于开发客户端或服务器端 Web 应用程序脚本语言，但由于只有 Internet Explorer 支持 VBScript，所以在客户端很少使用 VBScript，VBScript 主要用于编写 ASP 程序的服务器端代码。

（2）VBScript 只提供一种特殊的数据类型，称为 Variant。它可以根据使用环境的不同，包含不同类别的信息，通常称为子类型。

（3）VBScript 有一套完整的运算符，包括算术运算符、比较运算符、连接运算符和逻辑运算符。

（4）VBScript 有三种基本的程序结构：顺序结构、分支结构和循环结构。

（5）Sub 和 Function 过程的定义和调用方法。

（6）常用内部函数，包括字符串函数、数学函数、日期函数、转换函数及判断函数等。

习　题

一、单项选择题

1. VBScript 中定义变量使用（　　）命令。

　A. redim　　B. dim　　C. option　　D. var

2. VBScript 有一套完整的运算符，以下不是 VBScript 的运算符的为（　　）。

A. 算术运算符　　B. 逻辑运算符
C. 位运算符　　D. 比较运算符

3. 表达式 Trim(" VBScript")&Rtrim("good") 的值为（　　）。

A. " VBScriptgood"　　B. "VBScriptgood"
C. VBScriptgood　　D. "VBScriptgood"

4. 在 VBScript 中，利用 Dim a(4,5) 语句定义的二维数组，Ubound(a,1)将返回（　　）。

A. 0　　B. 4　　C. 5　　D. 6

5. 关于 VBScript 内置函数 MSGBOX，下列说法不正确的是（　　）。

A. MSGBOX 是一个输出函数
B. MSGBOX 没有返回值
C. MSGBOX 有多个参数，其中只有第一个参数是必须的
D. MSGBOX 第一个参数是指定输出窗口中所显示的文字

6. 关于 VBScript 数组变量，下列说法不正确的是（　　）。

A. 数组中元素的个数可以重新定义
B. 数组变量的定义方法为：dim 数组名(上界)
C. dim abc(10)，则 abc 是一个包含 11 个元素数组变量
D. 数组中的元素数据类型一经定义就不可改变

7. 函数 Instr("xxPPppXXpx","pp")的返回值为（　　）。

A. 2　　B. 3　　C. 4　　D. 5

8. 函数 MID("我是一名大学生",3,2)的返回值是（　　）。

A. 我是一名大学生　　B. 一名
C. 是　　D. 我是

9. 计算两个日期之间相隔多少天，应使用（　　）函数。

A. dateadd　　B. datediff　　C. year　　D. month

10. 以下函数中，返回值为字符的是（　　）。

A. LEN　　B. INSTR　　C. SPACE　　D. INSTRREV

11. 若要获得一周后的日期，可使用（　　）函数来实现。

A. DATEADD()　　B. DATEDIFF()
C. DATE　　D. NOW

12. 若要将一个字符串 ss 中的所有空格转换为 HTML 的空格标记，表达式写作（　　）。

A. ss=request(ss," ")　　B. ss=replace(ss," "," ")
C. ss=replace(ss," ","<br>")　　D. ss=response(ss," "," ")

13. 若要将一个字符串转换为整数，应使用（　　）函数。

A. int　　B. cint　　C. cdate　　D. cstr

14. 若要求一个字符串的长度，应使用（　　）函数。

A. chr　　B. len　　C. asc　　D. length

15. 在 VBScript 脚本中，若要退出 FOR 循环，应使用（　　）语句。

A. exit do　B. exit for　C. break　D. loop

16. VBScript 脚本中，退出一个自定义过程，应使用的语句是（　）。

A. EXIT　B. EXIT FUNCTION

C. EXIT SUB　D. BREAK

17. VBScript 脚本中，退出一个自定义函数，应使用的语句是（　）。

A. exit　B. exit sub

C. exit function　D. break

18. 为增加程序的可靠性，变量最好都要先定义再使用，若要在 VBScript 中强制要求程序所有变量要先定义后使用，应使用（　）语句。

A. <% Var %>　B. <% Option Explicit %>

C. <% Redim %>　D. <% Dim %>

19. 下面（　）函数可以返回当前的日期和时间。

A. date　B. time　C. now　D. datetime

20. 下面（　）函数用于将一个字符串"A/AB/C/D/ABC/ACD"按/分解成一个数组。

A. ubound　B. replace　C. split　D. isarray

21. 下面（　）类型的循环，没有对应的退出循环语句。

A. for ...next　B. do while ...loop

C. while ... wend　D. for each ...next

22. 下面（　）是合法变量名。

A. 12AB　B. CONST　C. X_AB　D. A-B

23. 下面的函数中，返回当前日期的是（　）。

A. DATE　B. TIME　C. NOW　D. DATETIME

24. 下面一段 VBScript 代码运行后，变量 S 的结果是（　）。

```
<Script Type="Text/VBScript">
dim i,s
s=6
for i=1 to 10
if (i mod 2)=0 then
   s=s+1
end if
next
msgbox(s)
</Script>
```

A. 10　B. 11　C. 15　D. 16

25. 要判断一个变量是否被赋初值(即该变量只定义了，但未赋值)，应使用（　）函数。

A. isempty　B. isnull　C. isarray　D. isdigit

26. 要退出 for 循环，应使用（　）语句。

A. exit do　B. exit for　C. break　D. loop

27. 以下（　）函数可返回 VBScript 数组的上标。

A. lbound　　B. ubound　　C. asc　　D. split

28. 以下（　）函数可返回 VBScript 数组的下标。

A. lbound　　B. ubound　　C. asc　　D. split

29. 以下 VBScript 常量中，不属于直接常量的是（　　）。

A. #12-26-2005#　　B. VBCrLf

C. True　　D. "STUDENT"

30. 以下不是 VBScript 算术运算符的是（　　）。

A. +　　B. /　　C. MOD　　D. =

31. 以下不是 VBScript 中定义变量的关键字的选项是（　）。

A. DIM　　B. PRIVATE　　C. PUBLIC　　D. INTEGER

32. 在 VBScript 脚本程序中，下面给变量赋值的语句中，正确的是（　　）。

A. vbred="123" + 456　　B. msgbox="abc"

C. 123="hello"　　D. str="&"&"&"

33. 表达式 false=1-2ortrue=(1>2) 的返回值为（　）。

A. TRUE　　B. 2　　C. 1　　D. FALSE

34. 在 DO…LOOP 循环中，使用（　）可以强行退出循环。

A. EXIT　　B. EXIT FOR　　C. EXIT SUB　　D. EXIT DO

35. 在 VBScript 的脚本中，On Error Resume Next 的含义是（　）。

A. 出现错误时，程序继续执行后面的语句。

B. 出现错误时，程序停止运行。

C. 出现错误时，会死机。

D. 出现错误时，会循环执行这一错误语句。

36. 在 VBScript 的脚本中，关于变量命名不正确的说法是（　）。

A. 变量名必须以字母开头

B. 变量名中不能含有标点符号

C. 变量名必须少于 255 个字符

D. 变量名在作用域内必须唯一，能使用 VBScript 的保留字

37. 在 VBScript 的脚本中，执行完 a=5 Mod 3 语句后，a 的值为（　　）。

A. 0　　B. 2　　C. 3　　D. 5

38. 在 VBScript 脚本程序中，下面给变量赋值的语句中，正确的是（　　）。

A. x=123 + "abc"　　B. response=32

C. "hello"=x　　D. x=123 & x

39. 在 VBScript 脚本中，一行书写多条语句，每条语句之间用（　　）分隔。

A. ,　　B. :　　C. 、　　D. ;

40. 在 VBScript 脚本中，注释符采用（　　）。

A. //　　B. /* */　　C. '　　D. "

41. 下列表达式中，不正确的是（　　）。

A. (2>0)=(3<=7)　　B. 3<=x or x<=7

C. "abc"+123　　D. not false

42. 执行完 a=5>3 And "a"<"c"语句后，a 的值为（　　）。

A. TRUE　　B. FALSE　　C. 1　　D. 0

43. 执行完 b="5">"13" and "a"<"c"语句后，b 的值为（　　）。

A. TRUE　　B. FALSE　　C. 1　　D. 0

44. 执行完语句 a="2"，a 的类型为（　　）。

A. 数值型　　B. 字符型　　C. 布尔型　　D. 日期型

45. 执行下面的代码后，COUNTER 的值为（　　）。

```
<script type="text/VBScript">
 Dim counter,myNum
 counter=0
 myNum=1
 Do UNTIL myNum<=10
 myNum=myNum+1
 counter=counter + 1
 Loop
 </script>
```

A. 0　　B. 1　　C. 10　　D. 11

46. 执行下面的代码后，结果是（　　）。

```
<script type="text/VBScript">
Sub myMulti(no1, no2)
document.write (no1*no2)
End Sub
</script>
</head>
<body>
<scripttype="text/VBScript">
myMulti 8,9
</script>
```

A. 页面上没有任何显示　　B. 页面上显示 8，9

C. 页面上显示 72　　D. 以上都不对

47. 执行下面的语句后，b 的值等于（　　）。

```
<%
b=3
do while b<6
  b=b+1
  if b mod 2=0 then exit do
loop
%>
```

A. 3　　B. 4　　C. 5　　D. 6

48. 关于 VBScript 脚本程序，下列说法错误的是（　　）。

A. VBScript 脚本程序可以插入在 HTML 页面中

B. 使用 VBScript 脚本程序可增强网页特效

C. VBScript 脚本程序只能在客务器端的 IE 浏览器中执行

D. VBScript 脚本程序可在任何浏览器中执行

49. 关于 VBScript 脚本程序中变量的说法，正确的是（ ）。

A. 变量在使用之前必须申明

B. 变量名的作用是在程序中标志变量和使用变量

C. 变量名只能由数字和字母组成

D. 变量名的长度不可超过 128 个字符

二、多项选择题

1. ASP 页面（ ）。

A. 可以完全用 VBScript 编写

B. 可以用 html 与 VBScript 混合编写

C. 不可以完全用 VBScript 编写

D. 不可以用 html 和 VBScript 混合编写

2. 当程序发生终止执行的错误时，可能的原因是（ ）。

A. 变量在使用之前尚未声明

B. 所访问对象的方法或属性不存在

C. 将 VBScript 的关键字或保留字当成变量声明或使用

D. 访问数组时超出范围

3. 关于 VBScript 脚本程序，下列说法正确的是（ ）。

A. VBScript 脚本程序也可以在服务器端执行

B. 使用 VBScript 脚本程序可设计大量文字、影像、声音、动画等网页特效

C. VBScript 脚本程序能在 IE 浏览器中执行

D. VBScript 可在 Netscape 浏览器中执行

4. 关于表达式的说法，正确的是（ ）。

A. 表达式是由变量、常量、运算符、函数和圆括号按一定的规则组合而成的

B. 关系表达式使用的运算符为关系运算符，它的返回值只有 true 和 false

C. 字符串表达式可以使用连接运算符“+”来连接

D. 每个表达式中都包必须含逻辑运算符

5. 下面对语句描述正确的有（ ）。

A. const takeoffDate=#2005-05-10#

```
'定义一个日期常量
```

B. Mystring='Active Sever Pages'

```
'定义一个字符串变量
```

C. dim arr(1)

```
redim arr(100)
'重新定义一个数组的大小
```

D. function tohtml(x)

```
…
end function
'自定义一个 FUNCTION 过程
```

6. 下面说法不正确的有（　　）。

   A. VBScript 条件语句 end if 可以如 VB 一样写成 endif

   B. VBScript 的 for 循环语句中的循环变量初值必须小于终值，步长只能为 1

   C. select case 语句中的 case 子句，只可以写具体的值

   D. 简单的 if 语句可以写成 if…then…的形式，即可忽略 end if

7. 以下代码能在服务器端正确运行的是（　　）。

   A. <script Language=VBScript Runat=Server>
   document.write now
   </script>

   B. <script Language=VBScript>
   document.write now
   </script>

   C. <script Language=VBScript Runat=Server>
   response.write now
   </script>

   D. <% =now %>

8. 以下说法正确的有（　　）。

   A. VBScript 命令分大小写

   B. VBScript 注释语句以//开头

   C. VBScript 定义的变量可以改变其数据类型，即可以写：

```
x=123
x="abc"
```

   D. VBScript 数组各元素类型可以不一致，即：

```
dim a(2)
A(0)=1
A(1)="asp"
A(2)=false
```

9. 在 ASP 中用 VBScript 编写代码时，（　　）。

   A. 对程序中用到的变量必须预先定义

   B. 对程序中用到的变量可以预先定义

   C. 程序中用到的变量只有一种类型

   D. 程序中用到的变量有多种类型

10. 在 VBScript 脚本程序中，下面给变量赋值的语句中，正确的是（　　）。

    A. x=123+"123"　　　　B. response=32

    C. hello=x　　　　　　D. x=123 & x

11. 关于数组变量，下列说法正确的是（　　）。

A. 数组是同一名称的一组连续的存储单元
B. 数组变量的定义可以用：dim 数组名(整数)
C. dim abc(10), 则 abc 是一个包含十个元素数组变量
D. 数组中的元素个数据是固定的

12. 关于运算符，下列说法正确的是（　　）。
A. 算术表达式使用的运算符为算术运算符
B. >=属于逻辑运算符
C. 运算符“&”的优先级大于“>”的优先级
D. >和<>是同级运算符

13. 在下面的表达式中，书写正确的是（　　）。
A. "abcdef"& 12345　　B. (2 > 0) + (3 <= 7)
C. 3<=x Or x<=7　　D. NOT TRUE

14. 关于 Option Explicit 语句，下面说法正确的是（　　）。
A. 该语句可以在脚本的任何位置使用
B. 强制要求类型转换时，必须采用显示转换
C. 强制要求脚本中的所有变量必须显式声明
D. 该语句只能在脚本的开始位置使用

15. 关于 For…Next 语句，下面说法错误的是（　　）
A. 可以在循环中的任何位置放置一个 Exit For 语句
B. step 的值必须是整数，默认为 1
C. For i = 1 To 15 Step 4，这一行说明循环体最多可以执行 4 次
D. 计数变量只能是简单变量

三、填空题

1. 在 VBScript 提供的函数中，________函数能够返回字符串中所包含的字符数。

2. 产生一个 10 以内的随机整数的表达式应为________。

3. 设 x 的值在 0～9 之间，写一个表达式将 x 的值转换为汉字大写数字表示，即零壹贰叁肆伍陆柒捌玖，结果存入变量 y，则 Y=________。

4. 执行完 a= Left("VBScript",2) & Mid("VBScript",3,4) & Right("VBScript",2)后，a 的值为________。

5. 在 VBScript 的脚本中，可以使用的常量有________常量和________常量。

6. HTML 页面中可以包含 VBScript 脚本程序，这些脚本程序只能在________运行。

7. 在逻辑运算符中，优先级最高的运算符是________。

四、程序设计

1. 编写一个图形日历小程序。

2. 编写一个脚本，在窗口的状态栏内显示以下消息：“欢迎来到 VBScript 世界。”

ASP 程序设计 «‹

ASP（Active Server Pages，活动服务器页）是 Microsfot 公司于 1996 年 11 月推出的 Web 应用程序开发技术。它既不是一种语言，也不是一种开发工具，而是一种技术框架，它提供了 Response、Request、Server、Session 和 Application 等内置对象，在脚本中不需任何声明，就可以直接使用这些对象的属性、方法或集合来扩展 Web 应用程序的功能。例如，利用 ASP 的内置对象可以实现用户通过浏览器传送数据、向用户浏览器动态输出信息等功能。

6.1 ASP 简介

ASP 的全称是 Active Server Pages，是微软推出的用以取代 CGI（Common Gateway Interface）的动态服务器端网页技术。由于 ASP 简单易学，又有微软的强大技术支持，所以目前 ASP 使用非常广泛，很多站点都使用 ASP 开发。

ASP 可以运行在目前流行的各种 Windows 平台，如用于个人计算机的 Windows XP、Windows 7 和 Windows 8 及用于服务器的 Windows Server 2003、Windows Server 2008 和 Windows Server 2012 等。这些平台都包含了不同版本的 IIS，各种版本的 IIS 对 ASP 提供了很好的支持。

ASP 所使用 VBScript 作为脚本语言，脚本语言直接嵌入到 HTML 文档中，文档的扩展名使用.asp，不需要编译和连接就可以直接解释运行。在脚本语言中利用 ADO 组件可以轻松存取数据库，可扩展 ActiveX Server 组件功能，也可以使用第三方提供的组件。从理论上说，可以实现任何功能。因为 ASP 的脚本在服务器端解释运行，所以不存在浏览器兼容的问题，并且可以隐藏程序代码，在客户端仅可以看到由 ASP 动态输出的 HTML 文件。

6.1.1 ASP 的特点

（1）在 ASP 页面中可以包含文本、HTML 标记、服务器脚本和客户端脚本以及 ActiveX 控件。Web 服务器只执行 ASP 页面中的服务器端脚本，页面中的其他内容被服务器原封不动地发送给客户机浏览器。

（2）ASP 支持多种脚本语言，包括 VBScript 和 JScript。在安装了相应的脚本引擎后，还可以使用其他的脚本语言。

（3）ASP 提供了一些内置对象，使用这些对象可以增强 ASP 的功能。例如，实现客户机浏览器与 Web 服务器的交互，在网页间传递参数等。

（4）ASP 使用内置的控件可以完成许多重要功能。例如，使用 ADO 对象，可以轻松完成对数据库的操作。可以使用第三方控件完成特定的功能。

6.1.2 ASP 的语法简介

简单地说,ASP 文件就是在标准的 HTML 文档中嵌入 VBScript 或 JavaScript 脚本，就是以.ASP 为扩展名的文本文件。因为 VBScript 更为简单，所以一般的 ASP 文件都使用 VBScript 作为脚本语言。下面以 ASP 文件为例，讲解 ASP 的语法。

（1）服务器端脚本放在“<%”和“%>”标记之间。

（2）ASP 文件的第一行用 <%@ Language="VBScript" %>来申明服务器端所用的脚本语言。该行省略时，表明使用 VBScript 作为脚本语言。这时，所有的服务端代码要符合 VBScript 语言规范。

（3）VBScript 中的有些函数不能用在服务器端脚本。如 InputBox 和 MsgBox 函数。

（4）在 ASP 文件中，<%和%>的位置相对随便，可以和脚本语句放在一行，也可以单独成为一行。

由于 ASP 文件是文本文件，所以可以使用任何文本编辑器编辑 ASP 文件。一般使用 Microsoft Visual InterDev、UltraEdit、Dreamweaver 或 Windows 的记事本等。

6.1.3 ASP 内置对象

ASP 提供了一系列的内置对象，在脚本中不需任何声明或创建，就可以直接使用这些对象的属性、方法或集合来扩展程序的功能。ASP 有以下的内置对象：

（1）Response 对象，用于向客户端浏览器输出指定信息。

（2）Request 对象，主要用于在 Web 服务器端收集用户通过 HTTP 请求所传送的信息。

（3）Session 对象，代表服务器端与客户端之间的“会话”用于保存 Web 站点每个用户独有的数据。

（4）Application 对象，Web 应用程序的所有用户共同使用的数据，且在 Web 应用程序运行期间持久保存。

（5）Server 对象，主要用于服务端操作和利用 ActiveX Server 组件扩展 ASP 功能。

（6）ASPError 对象，主要用于程序调试。

（7）ObjectContext 对象，是一个以组件为主的事务处理对象。

6.1.4 ASP 程序调试

任何人在编写程序的过程中，都可能出现这样或那样的错误。可以一边用文本编辑器编辑，一边用浏览器调试。一般情况下，当程序出错时，页面上会显示错误描述、出错代码行数等信息。为了调试 ASP 程序的方便，可以在“Internet 信息服务（IIS）管理器”窗口中双击“ASP”图标，打开 ASP 设置窗口，将其中“编译”栏的“将错误发送到浏览器”“启用服务器端调试”和“启用客户端调试”项目设置为 true，实现 ASP 程序调试时在客户端可显示详细的错误信息。另外，还可以使用 ASPError 对象，发现ASP程序出现的错误。

6.2 Response对象

Response对象是ASP中一个重要的内置对象，对应于Web服务器端的HTTP响应。用于向客户端浏览器输出指定信息。使用Response对象可以实现动态创建Web页面、对客户端请求重定向以及向客户端写入Cookie等功能。Response对象的语法格式为：

```
Response.集合|属性|方法
```

这三个参数只能选择其中一个。

6.2.1 Response对象的属性

Response对象的属性如表6-1所示。

表6-1 Response对象的属性

属　性	功　能
Buffer	表明页输出是否被缓冲
CacheControl	决定代理服务器是否能缓存ASP生成的输出
Charset	将字符集的名称添加到内容类型标题中
ContentType	指定响应的HTTP内容类型
Expires	在浏览器中缓存的页面超时前，指定缓存的时间
ExpiresAbsolute	指定浏览器上缓存页面超时的日期和时间
IsClientConnected	表明客户端是否与服务器断开
Pics	将Pics标记的值添加到响应的标题的Pics标记字段中
Status	服务器返回的状态行的值

Response对象的常用属性有以下几个：

1. Buffer属性

Buffer属性是Response对象最常用的属性，用于指定是否缓冲页面输出。其语法格式为：

```
Response. Buffer=Flag
```

其中，Flag为布尔值。当Flag为False时，表示不使用缓冲页面而直接输出，服务器处理脚本的同时将输出发送给客户端；当Flag为True时，表示使用缓冲页面输出，只有当前ASP页面的所有服务器端脚本处理完并生成一个完整的HTML页面或者调用了Response对象的Flush或End方法后，服务器才将响应发送给客户端。

由于Buffer属性的设置会直接影响输出结果，应将设置该属性的语句放在ASP文件<% @ TYPE="TEXT/VBScript" %>语句后的第一行。如果在输出之后更改Buffer属性的值，会出现错误。除了在ASP脚本中进行设置外，也可以IIS中进行相应的设置。IIS 5.0以上版本的Web服务器默认启用缓冲处理，即Buffer属性值为True。

2. Expires 属性

Expires 属性用来设置 Web 页面保留在客户端浏览器缓冲区的时间。如果用户在某个页面过期之前又回到此页，客户端浏览器就会显示缓冲区中的内容，否则将从 Web 服务器重新读取该页面。其相应的语法格式为：

```
Response.Expires[=Number]
```

其中 Number 是以分钟为单位的整数。如果将其设置为 0，就不会在客户端浏览器保存数据，这样用户每次访问该网页时，都必须重新向服务器请求。这对于需要实时传送信息的页面来说比较合适。此外，当用户通过 ASP 的登录页面进入 Web 站点后，将 Expires 属性的值设置为 0，使其立即过期，可以保证当用户再次进入该页面时，必须与 Web 站点重新建立连接，有利于 Web 站点安全。

3. ExpiresAbsolute 属性

ExpiresAbsolute 属性明确指定缓冲于浏览器中的 Web 页面到期的日期和时间，在所指定的日期和时间未到之前返回该页面时，就显示被缓冲的内容。其相应的语法格式为：

```
Response.Expiresabsolute [=[date] [time]]
```

如果未指定日期，则该页面在脚本运行的当天的指定时间到期；如果也未指定时间，该页面在脚本运行当天午夜到期。

例如：<% Response.Expiresabsolute=Now()-1 %>，指定页面的到期日期为昨天现在，即页面打开时即已过期。

6.2.2 Response 对象的方法

Response 对象的方法如表 6-2 所示。

表 6-2 Response 对象的方法

方 法	功 能
AddHeader	从名称到值设置 HTML 标题
AppendToLog	在该请求的 Web 服务器日志条目后添加字符串
BinaryWrite	将给出信息写入到当前 HTTP 输出中，并且不进行任何字符集转换
Clear	清除任何缓冲的 HTML 输出
End	停止处理.asp 文件并返回当前的结果
Flush	立即发送缓冲的输出
Redirect	将重指示的信息发送到浏览器，尝试连接另一个 URL
Write	将变量作为字符串写入当前的 HTTP 输出

Response 对象的常用方法有以下几个：

1. Write 方法

Write 方法是 Response 对象的常用方法，该方法用于向浏览器动态输出信息。其相应的语法格式为：

```
Response.Write Variant
```

其中 Variant 可以是 VBScript 中支持的任何数据类型的数据。字符型数据、数值型数据以及变量的值、HTML 标记等都可以用 Response.Write 方式输出到客户端浏览器。Response.Write 在输出数据时，将所有的数据都作为字符型数据处理，如果同时输出不同类型的数据，需在数据间使用字符串连接符“&”。

例如：<% Response.Write "现在是" & Now() & "<br>" %>，如果在“<%”和“%>”之间只有一行 Response.Write，可以使用“=”代替 Response.Write，如上面的语句可以写成：

```
<% = "现在是" & Now() & "<br>" %>
```

使用 Write 方法时，需注意以下几点：

（1）输出的字符串中包含 HTML 标记时，HTML 标记将被浏览器解释，以格式化数据。

（2）输出的字符串中包括双引号，则必须将它改写为两个双引号或一个单引号。

【例 6.1】Response 对象的 Write 方法示例。

```
<%
  Response.Buffer=True
  Response.Expires=-1
  Response.Write "<html>"
  Response.Write "<head>"
  Response.Write "<title>Response对象的Write方法示例</title>"
  Response.Write "</head>"
  Response.Write "<body>"
  Response.Write "Response对象的""Write""方法用于向客户端浏览器输出。" & "<p>"
  Response.Write "</body>"
  Response.Write "</html>"
%>
```

将上述代码保存到 L6-1.asp 文件，并存放到 Web 服务器上默认站点的主目录，通过客户端浏览器访问该站点的上述文件，观察显示结果。

为了叙述的方便，本章以后的所有例子，均可仿照本例观察显示结果，不再赘述。

2. Redirect 方法

Redirect 方法将客户端浏览器重定向到一个新的页面，其相应的语法格式为：

```
Response.Redirect URL
```

其中 URL 是浏览器所重定向的页面。

这是一个较为常用的方法。利用该方法，同一个 ASP 程序可以根据客户的具体情况产生不同的响应，为不同的客户或不同的情况指定不同的页面。

【例 6.2】Response 对象的 Redirect 方法示例。

```
<% Response.Buffer=True %>
<html>
<body>
<%
'取得系统当前时间
```

```
Dtmhour=Hour(Now())
'判断是否为当前时间
If  Dtmhour>=8 And Dtmhour<=18 Then
   Response.Redirect "Work.htm"
Else
   Response.Redirect "Rest.htm"
End If
%>
</body>
</html>
```

当时间为 8 点到 18 点时，页面被重定向到 Work.htm，其他时间被重定向到 Rest.htm。

由于Redirect方法将引导用户浏览器打开一个新的页面,因此在使用该方法之前，不能有任何数据被输出到客户端浏览器，也就是说，Response.Redirect 应放在程序的任何输出语句之前。或可设置 Response.Buffer=True，以启用缓冲处理，将输出存放到缓冲区。在上例中，如果将第一行改为 Response.Buffer=False，会产生错误结果。

3．Clear 方法

Clear 方法将删除服务器缓冲区中的所有输出结果，但只删除响应正文而不删除响应标题。其相应的语法格式为：

```
Response.Clear
```

使用该方法前，应将 Response.Buffer 设置为 True，否则该方法将导致出错。

4．End 方法

End 方法使 Web 服务器停止处理脚本并返回当前结果,文件中剩余内容将不被处理。其相应的语法格式为：

```
Response.End
```

如果 Response.Buffer 设置为 True，则调用 Response.End 方法会立即将缓冲区中的数据输出到客户端浏览器并清除缓冲区。使用该方法可以强制结束 ASP 程序的执行。

【例 6.3】Response 对象的 End 方法示例。

```
<%
Response.Buffer=True
%>
<html>
<body>
<%
Today=Weekday(Date())
If Today=1 OR Today=7 Then
   Response.Write "今天休息！"
   Response.End
End If
%>
欢迎光临！
```

```
</body>
</html>
```

当周六或周日（即 Today 为 7 或 1）时，Response.End 语句被执行，后面的语句将不会被输出到客户端浏览器。

5. Flush 方法

Flush 方法可以立即发送缓冲区中的数据。其相应的语法格式为：

```
Response.Flush
```

如果没有将 Response.Buffer 设置为 True，使用该方法将导致运行时错误。当 Response.Buffer 设置为 True 时，只有在当前页面执行结束时，服务器才会向浏览器输出数据。若需要根据实际情况在某个条件成立时，就将已完成的页面发送到客户端，可以使用 Response 对象的 Flush 方法。

6.2.3 Response 对象的数据集合

Response 对象只有一个数据集合——Cookies。Cookies 是 Web 服务器通过浏览器在客户端硬盘上所存储的小文件，这些文件可以包含用户的一些个人信息，如用户名、密码、在网站上所执行的操作等。当同一客户端浏览器再次访问该 Web 服务器时，会将本地硬盘中的这些 Cookies 传给服务器。

Cookies 集合设置 cookie 的值。若指定的 cookie 不存在，则创建它。若存在，则设置新的值并且将旧值删去。其相应的语法格式为：

```
Response.Cookies(cookie)[(key)|.attribute] = value
```

其中参数 cookie 为 cookie 的名称；key 为可选参数，如果指定了 key，则 cookie 就是一个字典，而 key 将被设置为 value；attribute 用来指定 cookie 自身的有关信息；Value 用来指定分配给 key 或 attribute 的值。

其中，attribute 参数可以是下列之一：

Domain：只允许写。若被指定，则 cookie 将被发送到对该域的请求中去。

Expires：只允许写。cookie 的过期日期。为了在会话结束后将 cookie 存储在客户端磁盘上，必须设置该日期。若此项属性的设置未超过当前日期，则在任务结束后 cookie 将到期。

HasKeys：只允许读。返回 cookie 是否包含关键字，其值为 True 时，包含关键字，否则不包含关键字。

Path：只允许写。若被指定，则 cookie 将只发送到对该路径的请求中。如果未设置该属性，则使用应用程序的路径。

Secure：只允许写。指定 cookie 是否安全。

要将所有的 cookie 设置为在一个特定的日期到期，可使用类似下面的语句。

```
<%
For Each cookie in Response.Cookies
  Response.Cookies(cookie).Expires = #2008-10-8#
Next
%>
```

【例 6.4】设置 Cookies 的值并为其属性赋值。

```
<%
Response.Cookies("Mycookie")="WELCOME"
Response.Cookies("Mycookie ").Expires=Date( )+7
Response.Cookies("Mycookie ").Path="/"
Response.Cookies("Mycookie ").Secure=False
%>
```

运行后，在客户端生成一个 cookie 文本文件。

6.3 Request 对象

Request 对象用于在 Web 服务器端收集用户通过 HTTP 请求所传送的所有信息，如 HTML 表单用 POST 或 GET 方式所提交的数据、存储在客户端的 Cookie 数据等，它是 ASP 中最常用的对象之一。从功能上看，Request 对象正好与 Response 对象相反。在 ASP 中，Request 对象负责收集用户信息，Response 对象负责向客户端输出信息。通过这两个对象的灵活运用，可以实现客户端和服务器端的交互。Request 对象的语法格式为：

```
Request[.集合|属性|方法](变量)
```

这三个参数只能选择其中一个。

6.3.1 Request 对象的属性

Request 对象只有一个属性——TotalBytes，这是一个只读属性，返回从客户端所接收数据的字节大小。由于程序设计时，只关注客户端所传递的具体信息而不是字符串的长度，所以该属性很少使用。

6.3.2 Request 对象的方法

Request 对象只有一种方法——BinaryRead，该方法以二进制的方式读取客户端用 POST 方式所传递的数据。

6.3.3 Request 对象的数据集合

Request 对象将用户通过 HTTP 请求所传送的信息保存在几个集合中，其语法格式为：

```
Request[.集合](变量)
```

Request 对象的数据集合如表 6-3 所示。

表 6-3 Request 对象的数据集合

集　合	功　能
ClientCertificate	取得客户端身份权限数据
Cookies	取得存储于客户端的 Cookie 数据
Form	取得客户端利用 POST 方式所传递的数据
QueryString	取得客户端用 HTTP 查询字符串所传递的数据
ServerVariables	取得 Web 服务器端的环境变量信息

利用Request对象的数据集合取得数据时，可以直接指定变量而省略数据集合，这时ASP会按照QueryString、Form、Cookies、ClientCertificate、ServerVariables的顺序在各个数据集合中搜索该变量，并返回第一个出现的变量的值。显然，省略集合名称会影响执行效率，同时为了避免对不同集合中的同名变量引用的二义性，最好明确地指定集合。

1. Form数据集合

Form数据集合是Request对象中最常用的数据集合。当客户端使用POST方法将HTML表单提交给服务器时，表单中的各个元素被存储在Form集合中。利用Form数据集合可以获取客户端表单中的各个元素的值，其语法格式为：

```
Request.Form(element)[(index)|.Count]
```

其中element指定集合要检索的表单元素的名称；index是可选参数，用于指定表单元素中多个取值中的一个，它可以是1到 Request.Form(element).Count 之间的任意整数，Count表示表单中某个元素的数量；当没有指明表单元素时，Count表示表单元素的个数。

Request.Form(element)的值是提交给服务器的一个表单元素的值组成的数组。通过调用 Request.Form(element).Count 可以确定相应表单元素值的个数。若表单元素没有多个值，则Count为1，若找不到相应的表单元素，Count为0。要引用有多个值的表单元素中的单值，必须指定Index。如果引用含多个值的表单元素而未指定Index，返回的数据将是以逗号分隔的字符串。

【例6.5】获取Form数据集合中元素的值。

以下是L6-5.htm文件的内容，用来生成表单页面。

```
<!DOCTYPE html>
<html>
<head><title>表单页面文件</title></head>
<body >
<Form  name="loginform" Method="post" Action=" L6-5.asp">
<p >用户 Id: <Input Type="text" name="examcode"></p>
<p>密码:<Input Type="password" name="exampass"></p>
<Input name="ok" Type="Submit" Value="提 交">
</body>
</html>
```

以下是L6-5.asp文件的内容，用来获取Form数据集合中元素的值并使用。

```
<%
  Response.Buffer =True
  myexamcode=Request.Form("examcode")
  myexampass=Request.Form("exampass")
  If myexamcode<>"student" and myexampass<>"12345678"  then
   myinformation="没有“" & myexamcode & "”的用户或密码错误，请重新输入！"
  Else
   myinformation="你是合法用户，登录成功！"
  End If
%>
```

```
<!DOCTYPE html>
<html>
<head><title>form 集合数据接收</title></head>
<body>
<p align="center"> <% Response.Write myinformation %> </p>
</body>
</html>
```

对于提交数据量较少的情况，有时把提交数据的页面和接收数据的页面合并在一个文档中。

【例 6.6】获取同一文档中 Form 数据集合中元素的值。

```
<!DOCTYPE html>
<%
  Response.Buffer =True
  if Request.Form("ok")="" THEN
%>
<html>
<head><title>form 集合数据提交页面</title></head>
<body>
<p align="center">
<Form Method="post" Action="" Name= "form1" >
  请输入你的名字: <input type="text" name="cname" >
  <Input Type="submit" name="ok" value="进入">
</Form>
</p>
</body>
</html>
<% Else %>
<html>
  <head><title>form 集合数据接收页面</title></head>
<body>
<%
  myname=Request.Form("cname")
  Response.Write "欢迎" & myname & "光临本站! "
%>
</body>
</html>
<% End If %>
```

这样的页面称为自响应页面，在程序中利用“进入”按钮是否被按下来判断是执行提交页面的代码还是执行接收页面的代码。

2. QueryString 数据集合

QueryString 数据集合用于获取通过 HTTP 查询字符串所传递的数据。查询字符串附在 URL 的后面，其相应的语法格式为：

```
URL? QueryString
```

在 URL 和 QueryString 之间用?隔开，当传递的多个 QueryString 时，用“&”将多

个参数隔开。例如：

```
http://www.myhome.com/login.asp?name=张三&Sex=男
```

在访问 www.myhome.com/login.asp 文件的同时，向该文件传递了 name（值为张三）和 Sex（值为男）两个参数。

利用 QueryString 数据集合取得客户端传送数据的语法格式为：

```
Request.QueryString(variable)[(index)|.Count]
```

其中 variable 指定 QueryString 集合中参数的名称；index 是可选参数，用于指定 QueryString 集合中有多个取值的参数中的一个值，它可以是从 1 到 Request.QueryString (variable).Count 之间的任意整数；Count 表示 QueryString 中某个参数的数量；当没有指明 variable 变量时，Count 表示变量的个数。

使用 QueryString 数据集合获取数据，有以下几种情况：

（1）在超链接中直接使用 QueryString 传递参数

在提交参数的页面中用类似下面的语句：

```
<A Href='MYCONFIRM.ASP?USERID=ZHANGSAN&AGE=20 '>进入验证<A>
```

在接收参数的页面中用类似下面的语句：

```
<%
USERNAME=Request.Querystring("USERID")
USERAGE=Request.Querystring("AGE")
Response.Write  USERNAME & "的年龄为" & USERAGE
%>
```

（2）获取使用 GET 方式提交的表单数据

当提交表单的页面在定义表单时，Method 属性的取值为“GET”或没有为 Method 属性指定具体值时，获取表单元素值的页面只能用 QueryString 数据集合来取得数据。

将例 6.5 用来生成表单页面的 L6-5.htm 文件中的 Method 属性的取值改为“GET”，用于获取表单元素值的页面 L6-5.asp 文件，须改用下面的语句：

```
<%
   myexamcode=Request.QueryString("examcode")
   myexampass=Request.QueryString("exampass")
%>
```

可将上述例子修改后进行验证。

（3）其他情况

在实际应用中，有多种情况使用 QueryString。例如，直接在浏览器的地址栏中输入 URL? QueryString，在 Response.Redirect 中指定 QueryString 等。灵活使用 QueryString 可以实现不同页面间传递参数的功能。

如在浏览器的地址栏中输入“myCONFIRM.ASP?USERID=ZHANGSAN&AGE=20”。

3. Cookies 集合

利用 Response 对象的 Cookies 数据集合可以将数据存储在用户的计算机中，而利用 Request 对象的 Cookies 数据集合可以获取记录在客户端的 Cookies 数据，其语法格式为：

```
Request.Cookies(Cookic)[(kcy)|.attribute]
```

其中 Cookie 用来指定被检索或读取的 Cookie 名称；key 是可选参数，用于指定 Cookie 字典中子 Cookie 的名称；attribute 是 Cookie 数据集合的属性，只有一个取值 Haskeys，用来表示 Cookie 是否带有关键字（即是否为一个 Cookie 字典），只读属性。

（1）读取单值的 Cookie

对于不带关键字的 Cookie，可以使用指定 Cookie 名称或指定序号的方式来检索 Cookie 的值。例如：

```
<% Request.Cookies("Myname") %>
```

（2）读取 Cookie 字典

在一个页面中用以下语句写入 Cookie 字典：

```
<%
Response.Cookies("MYcookie")("name")="ZHANGSAN"
Response.Cookies("MYcookie")("password")="12345678"
%>
```

在另一个页面中可以使用以下语句读取 Cookie 字典中的值：

```
<%
Myname=Request.Cookies("MYcookie")("name")
Mypassword=Request.Cookies("MYcookie")("password")
Response.Write Myname & "的密码为"& Mypassword
%>
```

4. ServerVariables 数据集合

Request 对象使用 ServerVariables 数据集合保存环境变量，这些环境变量被包含在 HTTP 头中，随着 HTTP 请求一起传送。当客户通过 HTTP 向服务器发出请求时，除了将所请求页面的 URL 传递给服务器以外，也将客户机的 IP 地址、浏览器类型等附加信息传递给服务器，这些附加信息称为请求头；同样，当服务器响应客户机的请求时，除了将被请求的页面传递给客户机外，也将该文件的大小、日期等附加信息一起传递给客户机，这些附加信息称为响应头。请求头和响应头统称为 HTTP 头。

使用 ServerVariables 数据集合可以获得服务器端环境变量的值，其语法格式为：

```
Request.ServerVariables(Server Environment Variable)
```

其中 Server Environment Variable 为某个环境变量的名称，表 6-4 列出了 Request 对象的 ServerVariables 数据集合的环境变量。

表 6-4　Request 对象的 ServerVariables 数据集合的环境变量

变　量	说　明
ALL_HTTP	客户端发送的所有 HTTP 标头，结果都有前缀 HTTP_
ALL_RAW	客户端发送的所有 HTTP 标头，其结果和客户端发送时一样，没有前缀 HTTP_
APPL_MD_PATH	应用程序的元数据库路径

续表

变　量	说　明
APPL_PHYSICAL_PATH	与应用程序元数据库路径相应的物理路径
AUTH_PASSWORD	当使用基本验证模式时，客户在密码对话框中输入的密码
AUTH_TYPE	这是用户访问受保护的脚本时，服务器用于检验用户的验证方法
AUTH_USER	待验证的用户名
CERT_COOKIE	唯一的客户证书 ID 号
CERT_FLAG	客户证书标志，如有客户端证书，则 bit0 为 0。如果客户端证书验证无效，bit1 被设置为 1
CERT_ISSUER	用户证书中的发行者字段
CERT_KEYSIZE	安全套接字层连接关键字的位数，如 128
CERT_SECRETKEYSIZE	服务器验证私人关键字的位数。如 1024
CERT_SERIALNUMBER	客户证书的序列号字段
CERT_SERVER_ISSUER	服务器证书的发行者字段
CERT_SERVER_SUBJECT	服务器证书的主题字段
CERT_SUBJECT	客户端证书的主题字段
CONTENT_LENGTH	客户端发出内容的长度
CONTENT_TYPE	客户发送的 form 内容或 HTTP PUT 的数据类型
GATEWAY_INTERFACE	服务器使用的网关界面
HTTPS	如果请求穿过安全通道（SSL），则返回 ON。如果请求来自非安全通道，则返回 OFF
HTTPS_KEYSIZE	安全套接字层连接关键字的位数，如 128
HTTPS_SECRETKEYSIZE	服务器验证私人关键字的位数。如 1024
HTTPS_SERVER_ISSUER	服务器证书的发行者字段
HTTPS_SERVER_SUBJECT	服务器证书的主题字段
INSTANCE_ID	IIS 实例的 ID 号
INSTANCE_META_PATH	响应请求的 IIS 实例的元数据库路径
LOCAL_ADDR	返回接受请求的服务器地址
LOGON_USER	用户登录 Windows NT 的账号
PATH_INFO	客户端提供的路径信息
PATH_TRANSLATED	通过由虚拟至物理的映射后得到的路径
QUERY_STRING	查询字符串内容
REMOTE_ADDR	发出请求的远程主机的 IP 地址
REMOTE_HOST	发出请求的远程主机名称
REQUEST_METHOD	提出请求的方法，如 GET、HEAD、POST 等
SCRIPT_NAME	执行脚本的名称
SERVER_NAME	服务器的主机名、DNS 地址或 IP 地址
SERVER_PORT	接受请求的服务器端口号
SERVER_PORT_SECURE	如果接受请求的服务器端口为安全端口时，则为 1，否则为 0

续表

变量	说明
SERVER_PROTOCOL	服务器使用的协议的名称和版本
SERVER_SOFTWARE	应答请求并运行网关的服务器软件的名称和版本
URL	提供 URL 的基本部分

【例 6.7】Request 对象的 ServerVariables 数据集合使用示例。

```
<%
Dim Strip
Strip=Request.Servervariables("REMOTE_ADDR")
IF Left(Strip,10)="211.82.196" Then
     Response.Write "欢迎访问！"
Else
   Response.Write "对不起，您无权访问！"
End If
%>
```

该例中使用了客户端地址变量（REMOTE_ADDR），若客户 IP 地址的前 10 个字符为“211.82.196”，则允许访问，否则不允许访问。

6.4 Session 对象

Session 对象弥补了 HTTP 的不足。HTTP 是一种无状态协议，每一个请求/响应都是独立的，Web 服务器每次完成对客户端请求的响应之后，将不再保持与该请求之间的连接。也就是说，HTTP 并不支持持续的跟踪连接，Web 服务器无法保留以前请求的任何信息，这样当用户在 Web 站点的多个页面间跳转时，根本无法知道以前请求过的相关信息。

Session 对象代表服务器端与客户端之间的“会话”。它用于保存 Web 站点每个用户独有的数据，它的作用范围是从用户请求该站点开始，到该用户离开该 Web 站点，或在程序中利用代码终止某个 Session 时结束。在这段时间内，服务器为该用户在多个页面间提供了一个全局变量区，存储在这个区域的所有 Session 变量会始终伴随着该用户，用户可在不同的页面中读取这些变量的值，从而实现页面间数据的传递。

系统为每个访问者都设立一个独立的 Session 对象，用来存储 Session 变量，且各个访问者的 Session 对象互不干扰。也就是说，当某个用户在网站的页面间跳转时，只能访问属于自己的 Session 变量，无法访问其他用户的 Session 变量。

Session 对象与 Cookie 是紧密相关的。Session 对象要求用户浏览器必须支持 Cookie，如果用户浏览器不支持 Cookie，或者设置为禁用 Cookie，那么将不能使用 Session。

Session 对象经常用于鉴别客户身份的程序中，其语法格式为：

```
Session.集合|属性|方法
```

这三个参数只能选择其中一个。

6.4.1 Session 对象的数据集合

Session 对象的集合包括 Contents 数据集合和 StaticObject 数据集合。

1．Contents 数据集合

Contents 数据集合的语法格式为：

```
Session.Contents(Key)
```

其中 Key 指明了 Session 对象变量的名称。由于 Contents 数据集合是 Session 对象默认的数据集合，所以 Contents 可省略，写做 Session (Key)。

使用类似下面的语句为 Session 对象变量赋值：

```
<%
   Session("username")="Zhangsan"
   Session("age")=24
%>
```

Session("username")和 Session("age")赋值后，它们可以像变量一样被使用。对于同一客户端用户，它们的值可在不同的页面间传递，它们的生存期为该用户访问该站点的整个过程。

同一个 Session 对象变量，不同的客户端用户可以赋不同的值，这样可以用来鉴别用户身份。Session 对象变量的值可以是一个常量，也可以是普通变量、对象变量和数组名。

2．StaticObjects 数据集合

Session 对象的 StaticObject 数据集合包含以<OBJECT>标记且在 Global.asa 文件中建立的 Session 对象，其语法格式为：

```
Session.StaticObjects(key)
```

其中，key 用来指定对象变量的名称。

在 Global.asa 文件中，当利用<OBJECT>标记建立的 Session 对象时，需要指定 SCOPE 的值为 Session，如：

```
   <OBJECT   Runat=Server   Scope=   Session   Id="Myad"   Progid="
Mswc.Adrotator">
   </OBJECT>
```

在 ASP 程序中用下面的代码获取该 Session 对象：

```
<% SET Objcontent=Session.Staticobjects("Myad") %>
```

然后，就可以使用该对象的方法、属性完成相应的功能。

6.4.2 Session 对象的属性

Session 对象常用的属性有 TimeOut 和 SessionID。

1．TimeOut 属性

Session 对象的 TimeOut 属性用来设置 Session 对象的超时时限。如果客户端用户在指定时间内没有刷新页面或提出请求，该 Session 对象将被自动终止。设置 TimeOut

属性的语法格式为：

```
Session.Timeout [=nMinutes]
```

其中，nMinutes 以分钟为单位。

例如，设置 Session 对象的超时时间为 25 分钟，则使用下面的语句：

```
Session.Timeout = 25
```

如果没有在 ASP 文件中进行设置，系统默认的超时时间是 20 分钟，也可以在 IIS 中改变系统默认的超时时间。

2. SessionID 属性

SessionID 是用户会话标识。客户端用户访问 Web 站点时，服务器会为每个用户创建一个 Session.对象，生成唯一的长整型数字标识——SessionID，SessionID 唯一地标识该用户本次访问的身份。该属性为只读属性，通常用于跟踪访问者的活动。其语法格式为：

```
Session.SessionID
```

【例 6.8】查看 Session.对象的 SessionID 示例。

以下是显示 SessionID 的文件 SessionID_Disp.asp 的代码。

```
<!DOCTYPE html>
<html>
<head><title>sessionID</title></head>
<body>
<% myid=Session.Sessionid
   response.write "此次会话的 ID 为" & myid
%>
<a href= "SessionID_view.asp" target=_blank>在另一个页面中查看 SessionID</a>
</body>
</html>
```

以下是在另一个页面中查看本次会话的 SessionID 的文件 SessionID_view.asp 的代码。

```
<!DOCTYPE html>
<html>
<head><title>查看 sessionID</title></head>
<body>
<% myid=session.sessionid
   response.write "会话 ID 为: " & myid
%>
</body>
</html>
```

6.4.3 Session 对象的方法

Session 对象只提供了 Abandon 方法，该方法将删除所有存储在 Session 对象中的变量，并释放它们所占用的资源。如果没有明确调用 Abandon 方法，服务器将在 Session

对象 TimeOut 属性所规定的时间后删除对象数据。如果要提前终止 Session 对象，可使用该方法，其语法格式为：

```
Session.Abandon
```

需要注意的是，在某个 ASP 程序中使用 Abandon 方法后，直到该页面结束时才将 Session 对象和对象变量清除。如果在同一页面的 Abandon 方法后使用曾定义过的 Session 变量，还将得到以前的结果。

【例 6.9】Session 对象的 Abandon 方法示例。

以下是使用 Session 对象的 Abandon 方法前后，显示 Session 变量和 SessionID 的页面文件 Session_abandon.asp 的代码：

```
<%
   Session("myname")="Zhangsan"
   Response.Write "Abandon方法前 SessionId为:" & Session.SessionId & "<br>"
   Response.Write "Abandon方法前 session 变量为:" & session("myname") & "<br>"
   Session.Abandon
   Response.Write "<A Href='session_new.asp' target=_blank>执行Abandon
                              方法后，在新页面中查看 Session 对象 </A> <br>"
   Response.Write "Abandon方法后 sessionId 为:" & Session.SessionId & "<br>"
   Response.Write "Abandon方法后 session 变量为:" & session("myname") & "<br>"
%>
```

以下是使用 Abandon 方法后，在新窗口中显示 Session 变量和 SessionID 的文件 Session_new.asp 的代码：

```
<%
   Response.Write "执行Abandon方法后，新页面中 SessionID为: " & Session.
                                                          SessionID & "<br>"
   Response.Write "执行Abandon方法后，新页面中 Session 变量为: " & Session
                                                        ("myname") & "<br>"
%>
```

在 Session_abandon.asp 页面中，使用 Abandon 方法前后，Session 变量和 SessionID 的值不变，但在新的页面，原有的 Session 对象变量和 SessionID 的值则不存在。

Session 对象和对象变量要占用服务器的内存空间，所连接的浏览器越多，网页的执行效率越低，因此应在确定不需要使用 Session 对象和对象变量时，利用 Abandon 方法释放它们所占用的资源。

6.4.4 Session 对象的事件

Session 对象有 OnStart 和 OnEnd 两个事件。

OnStart 事件在服务器上创建一个新会话时发生，并且在执行客户端所请求的第一个页面之前执行该事件代码。可以将应用程序所有页面都要执行的脚本放在 Session_OnStart 事件过程中。例如，如果不希望用户绕过登录页面直接进入网站的其他页面，可以在 Session_OnStart 事件过程添加以下代码：

```
Response.Redirect "Login.Asp"
```

这样每一个客户端访问站点时，都必须从 Login.asp 页面开始。

OnEnd 事件对应于 Session 的结束，当超过 Session 对象的 TimeOut 属性所指定的时间仍没有请求或者程序中使用了 Abandon 方法，该事件所对应的代码将被执行。

通常情况下，在 Session_OnEnd 事件过程中设置一些清理系统对象或变量的值、释放系统资源的脚本。在内置对象中，只有 Application、Server 和 Session 可以出现在 Session_OnEnd 事件过程中。

这两个事件的代码，都应放在 Global.asa 文件中。

6.5 Application 对象

Application 对象是 Web 应用程序级的一个对象，Web 应用程序是指 Web 站点或 Web 站点的某个虚拟目录及其下的子目录所包含网页和脚本程序的集合。由于一个站点可以有多个虚拟目录，所以一个站点可以有多个 Web 应用程序。

Application 对象所包含的数据可被应用程序的所有用户使用，并且可在 Web 应用程序运行期间持久保存，因此，Application 对象特别适合在应用程序的不同用户之间传递数据。例如可使用 Application 对象统计在线人数、创建多用户游戏及多用户聊天室，其功能类似于一般程序设计语言的“全局变量”。

Application 对象的语法格式为：

```
Application.集合|方法
```

集合和方法这两个参数只能选择其中之一。

6.5.1 Application 对象的数据集合

Application 对象有 Contents 数据集合和 StaticObject 数据集合。

1. Contents 数据集合

Contents 数据集合的语法格式如下：

```
Application.Contents(variable)
```

其中 variable 指明了 Application 对象变量的名称。由于 Contents 数据集合是 Application 对象默认的数据集合，所以 Contents 可省略，写做 Application (variable)。

使用类似下面的语句为 Application 对象变量赋值：

```
<%
   Application ("Message")="Welcome"
   Application ("online")= Application ("online")+1
%>
```

Application 对象变量的值可以是一个常量，也可以是普通变量、对象变量和数组名。例如：

```
<%
  Dim XA(3)
  XA(0)=1: XA(1)=2: XA(2)=3: XA(3)=4
```

```
  Application (Y")=XA
%>
```

为 Application 对象变量赋值后，它们可以像变量一样被使用，对于同一个 Web 应用程序的所有客户端用户，它们都是可见的。它们的作用域是所有访问该站点的客户，它们的生存期从第一个用户第一次请求应用程序开始，到服务器端关闭这个应用程序结束。

下面的例子说明了 Application 对象的站点计数功能。

【例 6.10】Application 对象使用示例。

```
<!DOCTYPE html>
<%
   Response.Buffer =True
   If  Request.Form("Loginname")="" THEN
%>
  <html>
  <head><title>登录页面</title></head>
  <body>
    <p align="center">
    <Form  Method="post"  Action=""  name="form1" >
    请输入你的名字：<Input Type="text" name="Loginname" >
    <Input Type="submit" name="ok" value="进入">
    </Form>
    </p>
  </body>
  </html>
<% Else %>
  <html>
     <head><title>欢迎页面</title></head>
  <body>
  <%
   myname=Request.Form("Loginname")
   Application("user")=Application("user")+1
   Response.Write "欢迎" & myname & "光临本站！您是本站第" & Application
                                                  ("user") & "位访问者！"
%>
  </body>
  </html>
<% End if %>
```

将上述代码保存到 L6-10.asp。

在该示例中，使用 Application 对象的 user 变量统计访问站点的人数。只要该站点应用程序运行，该变量一直累加。若服务器停止运行，该变量被重置为 0。

2. StaticObjects 数据集合

Application 对象的 StaticObject 数据集合包含以<OBJECT>标记且在 Global.asa 文件中建立的 Application 对象，其语法格式为：

```
Application.StaticObjects(variable)
```

其中，variable 用来指定对象变量的名称。

在 Global.asa 文件中，当利用<OBJECT>标记建立 Application 对象时，需要指定 SCOPE 的值为 Application。如：

```
<OBJECT Runat=Server Scope=Application Id="Myad" Progid=" Mswc. Adrotator">
</OBJECT>
```

在 ASP 程序中用下面的代码获取该 Application 对象：

```
<% SET Objcontent=Application.Staticobjects("Myad") %>
```

然后，就可以使用该对象的方法、属性完成相应的功能。

6.5.2 Application 对象的方法

由于 Application 对象数据集合中的变量可以被多个用户使用，当多个用户同时修改同一 Application 对象变量时，就可能出现因并发访问而导致的数据不一致错误。Application 对象提供的 Lock 和 Unlock 两种方法，可避免多个用户同时访问同一个 Application 变量而导致的数据不一致错误。

Lock 方法用于锁定 Application 对象，这时只允许当前用户存取 Application 对象变量而禁止其他用户操作。也就是说，在同一时刻只有一个用户可以对 Application 对象变量进行操作，保证了数据的一致性和完整性。

Unlock 方法用于解除用户对 Application 对象的锁定，允许其他用户访问 Application 对象变量。如果用户没有明确调用 Unlock 方法，则服务器将在 ASP 文件结束或超时后解锁。

锁定 Application 对象的语句为：Application. Lock

解锁 Application 对象的语句为：Application. Unlock

利用 Lock 和 Unlock 方法将例 6.10 修改为例 6.11 中的代码。

【例 6.11】 Application 对象的锁定和解锁示例。

```
<!DOCTYPE html>
<%
   Response.Buffer =True
   If  Request.Form("Loginname")="" THEN
%>
    <html><head><title>登录页面</title></head>
    <body><p align="center">
    <Form  Method="post"  Action=""  name="form1" >
     请输入你的名字: <Input  Type="text"  name="Loginname" >
     <Input Type="submit" name="ok" value="进入">
    </Form>
    </P>
  </body>
  </html>
<% Else %>
  <html>
     <head><title>欢迎页面</title></head>
```

```
   <body>
   <%
    myname=Request.Form("Loginname")
    Application. Lock
    Application("user")=Application("user")+1
    Application.Unlock
    Response.Write "欢迎" & myname & "光临本站！您是本站第" & Application
                                           ("user") & "位访问者！"
 %>
   </body>
   </html>
 <% End if %>
```

例 6.11 的运行结果如图 6-1 所示。

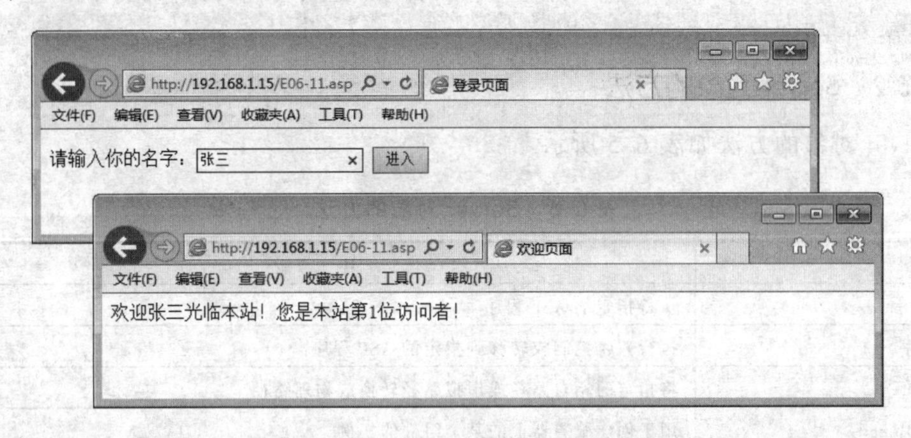

图 6-1　例 6.11 的运行结果

6.5.3 Application 对象的事件

Application 对象有 OnStart 和 OnEnd 两个事件。

OnStart 事件在第一个用户第一次请求应用程序时触发，在随后的其他请求过程中不再激活。主要用于变量初始化、创建对象和执行指定代码。

OnEnd 事件在 Web 服务器被关闭时发生，当它被触发时，应用程序的所有变量也被相应地取消。

Application 对象的两个事件的事件代码必须放在 Global.asa 文件中。

6.6 Server 对象

Server 对象在 ASP 中是一个很重要的对象，许许多多高级功能都是由它来完成的。例如经常使用 Server 对象的 CreateObject 方法创建 ActiveX 组件实例。

Server 对象的使用格式为：

```
Server.属性|方法
```

属性和方法这两个参数只能选择其中一个。

6.6.1 Server 对象的属性

Server 对象只有一个 ScriptTimeOut 属性，用于设置 ASP 脚本所允许的最长执行时间。如果在指定时间内脚本没有执行完毕，系统将停止其执行，并且显示超时错误。设置该属性的语法格式为：

```
Server.ScriptTimeOut=NumSeconds
```

其中，NumSeconds 为以“秒”为单位的整数，系统默认值为 90 秒，可以在 Web 服务器中改变默认设置。NumSeconds 的取值不能小于系统默认值，否则将不起作用。

当用户的 ASP 脚本需要执行很长时间时，应使用 Server.ScriptTimeOut 动态设置脚本的执行时间。设置时间的语句必须出现在 ASP 其他脚本之前。

下面的语句设置 ASP 脚本所允许的最长执行时间为 100 秒。

```
Server.ScriptTimeOut=100
```

6.6.2 Server 对象的方法

Server 对象的方法如表 6-5 所示。

表 6-5 Server 对象的方法

方　法	功　能
Excute	执行指定的 ASP 程序
Transfer	执行并将控制权转移到指定的 ASP 程序
Mappath	将指定的相对路径或虚拟路径转换成物理路径
CreateObject	用于创建服务器上的某个组件的实例
HTMLEncode	用于将指定的字符串转化为 HTML 编码
URLEncode	用于将指定的字符串转化为 URL 编码

1. HTMLEncode 方法

HTMLEncode 方法对所指定的字符串应用 HTML 编码。其相应的语法格式为：

```
Server.HTMLEncode(String)
```

其中 String 指定要编码的字符串。

当 ASP 程序向客户端浏览器输出 HTML 标记时，浏览器就将其解释为 HTML 标记，并按标记所指定的格式显示在浏览器上。如果想在浏览器中原样输出 HTML 标记，即浏览器不对这些标记进行解释，可以使用本方法。

【例 6.12】Server 对象的 HTMLEncode 方法示例。

```
<%
  Response.Write "HTML文档的基本结构" & "<br>"
  Response.Write Server.HTMLEncode("<html>") & "<br>"
  Response.Write Server.HTMLEncode("<head>") & "<br>"
  Response.Write Server.HTMLEncode("<title>标题</title>")& "<br>"
  Response.Write Server.HTMLEncode("</head>")& "<br>"
  Response.Write Server.HTMLEncode("<body>")& "<br>"
  Response.Write "这里是文档的主体" & "<br>"
```

```
  Response.Write Server.HTMLEncode("</body>")& "<br>"
  Response.Write Server.HTMLEncode("</html>")& "<br>"
%>
```

该示例程序中，除
之外的HTML标记都会原样输出到客户端浏览器。

2. MapPath 方法

MapPath方法可以将所指定的相对路径或虚拟路径转换为服务器上相应的物理路径。当需要物理路径来操作服务器上的目录或文件时，使用本方法。其语法格式为：

```
Server. MapPath(Path)
```

其中Path用于指定相对路径或虚拟路径。如果Path以“\”或“/”开始，说明Path是一个完整的路径（由网站的根目录开始）；如果Path不以字符“\”或“/”开始，说明Path所指定的路径是相对于当前ASP文件所在的路径。此外，还可用Request对象的服务器变量PAHT_INFO来映射当前文件的物理路径。

【例6.13】Server对象的Mappath方法示例。

```
<%
Response.Write "当前站点的物理路径" & Server.Mappath("\") & "<br>"
Response.Write "mappath.asp文件的物理路径" & Server.Mappath("mappath.asp")
                                                        & "<br>"
Response.Write "当前ASP文件的物理路径"
Response.Write Server.Mappath(Request.Servervariables("PATH_INFO"))
                                                        & "<br>"
%>
```

3. URLEncode 方法

URLEncode方法将所指定的字符串进行URL编码，其语法格式为：

```
Server.URLEncode(string)
```

其中string指定要编码的字符串。

当字符串数据以URL的形式传递到服务器时，在字符串中不允许出现空格或其他特殊字符（如“&”、“#”等）。如果确实需要传送这些特殊字符，可以用Server.URLEncode方法对这些字符进行URL编码。

例如：<a href="myfile.asp?par=zhang san">myfile<a>，因包含空格，代码改写为：

```
<% user=server.urlencode("zhang san")%>
<a href="myfile.asp?par=<%=user%>myfile<a>
```

4. CreateObject 方法

CreateObject方法是Server对象中最重要、最常用的方法，用于创建一个已在服务器上注册的ActiveX组件的实例。其相应的语法格式为：

```
Server.CreateObject(ProgID)
```

其中，ProgID指定组件标识。

在ASP中，组件与内置对象很相似，它们都可以扩展ASP的功能。内置对象是ASP提供的，在使用时无需以任何形式来声明和创建；而ActiveX组件和IIS提供的组件往往是针对某个具体功能而设计的，在使用之前必须使用 Server.CreateObject 方法创建该组件实例。例如，创建一个 AdRotarot 组件实例，可以使用如下的语句：

```
<% Set Ad=Server.Createobject("Mswc.Adrotartor")  %>
```

其中 ad 为新创建的对象实例名称。

用 Server.CreateObject 方法所建立的对象实例，默认具有页作用域。即当服务器执行完其所在的 ASP 页后，服务器将自动释放这些对象，也可以在 ASP 程序中通过如下的脚本释放所创建的对象实例。

```
<% Ad=Nothing %>
```

将 Server.CreateObject 方法所建立的对象实例存放到 Session 或 application 对象中，可以改变对象的作用域。例如：

```
<% Set Session("Ad")=Server.Createobject("Mswc.Adrotartor")%>
```

这样，该对象实例在整个会话期间都存在。

5. Execute 方法

Execute 方法用于停止执行当前的 ASP 页面，转到新的页面执行，新页面执行完毕后返回当前页面，继续执行 Execute 方法之后的语句。Execute 方法的语法格式为：

```
Server.Execute URL
```

其中，URL 为本 Web 站点的其他页面文件。

【例 6.14】Server 对象的 Execute 方法示例。

以下是 Server_execute.asp 文件的代码，用 Execute 方法调用 new.asp 文件。

```
<!DOCTYPE html>
<html>
<head><title>server.execute 方法应用示例</title></head>
<body>
<p>大家好</p>
<%
  Server.Execute "new.asp"
%>
<P>欢迎访问本页面！</P>
</body>
</html>
```

以下是被调用文件 new.asp 的代码：

```
<html>
<body>
<%
  response.write "新页面" & "<br>"
%>
</body>
</html>
```

执行的结果，能看到 Execute 方法后的输出内容“欢迎访问本页面！”。

6. Transfer 方法

Transfer 方法用于停止执行当前的 ASP 页面，转到新的页面执行，新页面执行完毕后不返回原页面。Transfer 方法的语法格式为：

```
Server.Transfer URL
```

其中，URL 为本 Web 站点的其他页面文件。

【例 6.15】Server 对象的 Transfer 方法示例。

以下是 server_transfer.asp 文件的代码，用 Transfer 方法调用 new.htm 文件：

```
<!DOCTYPE html>
<html>
<head><title>server.execute 方法应用示例</title></head>
<body>
<p>大家好</p>
<%
  Server. Transfer "new.htm"
%>
<P>欢迎访问本页面！</P>
</body>
</html>
```

以下是被调用页面 new.htm 的代码：

```
<html>
<body>
  新页面
</body>
</html>
```

执行的结果，不能看到 Transfer 方法后的输出内容“欢迎访问本页面！”，控制权没有返回原页面。

6.7 ObjectContext 对象

ObjectContext 对象是一个以组件为主的事务处理对象，它允许提交或放弃一项由 Microsoft Transaction Server 管理的事务。事务是一个操作序列，这些序列可以视为一个整体，如果其中某个步骤没有完成，所有与该操作有关的内容都应该取消。事务用于对数据库的可靠操作。以银行转账为例，将一个账号的金额转到另一个银行账上，就是一个事务。在整个过程中系统必须确保增加金额的账号和减少金额的账号都更新成功，否则事务就是失败。用 ObjectContext 对象就可以确保事务成功运行。

在 ASP 程序中用@TRANSACTION 关键词设置一个事务，如果程序中包含该指令，该页会在事务中运行，直到事务成功或失败才会终止。用法如下：

```
<%@TRANSACTION=value%>
```

其中参数 value 指事务支持类型的字符串，其值可以是 Required（开始一个新事务或加入一个已经存在的事务中）、Requires_New（初始化一个事务）、Supported（加入到一个已经存在的事务中但不初始化一个事务）、Not_Supported（不加入到一个已经存在的事务中，也不初始化一个事务）。

使用@TRANSACTION 指令必须注意以下两点：

（1）@TRANSACTION 指令必须位于 ASP 文件的第一行，否则会出错。

（2）必须将该指令加到某个事务运行的每一个页面中。

6.7.1 ObjectContext 对象方法

ObjectContext 对象共有 SetComplete 和 SetAbort 两种方法。

1. SetComplete 方法

SetComplete 方法表示终止当前这个网页所启动的事务处理，而且将成功地完成事务处理。其相应的语法格式为：

```
ObjectContext.SetComplete
```

2. SetAbort 方法

SetAbort 方法表示终止当前这个网页所启动的事务处理，而且将此事务先前所做的处理加以取消并恢复至最初状态，即这次事务是失败的。其相应的语法格式为：

```
ObjectContext.SetAbort
```

6.7.2 ObjectContext 对象的事件

ObjectContext 对象共提供了 OnTransactionCommit 和 OnTransactionAbort 两种事件，OnTransactionCommit 事件在一个已处理的脚本事务提交后发生，也就是当事务完成时被激活；OnTransactionAbort 事件当事务失败时被激活。它们相应的语法格式为：

```
Sub OnTransactionCommit()
<!--处理事务程序内容 -->
End Sub

Sub OnTransactionAbort()
<!--处理事务程序内容 -->
End Sub
```

6.8 ASPError 对象

ASPError 对象用于显示在 ASP 文件的脚本中发生的任何错误的详细信息。当 Server.GetLastError 方法被调用时，ASPError 对象就会被创建，因此只能通过使用 Server.GetLastError 方法来访问错误信息。

ASPError 对象提供了九个属性说明所出现的错误的性质和错误源，并返回引发错误的实际代码，ASPError 对象的所有属性均为只读属性。

```
属性                描述
ASPCode             返回由 IIS 生成的错误代码
```

```
ASPDescription    返回有关错误的详细信息。（假如错误和 ASP 相关。）
Category          返回错误来源。(是由 ASP、脚本语言还是对象引起的？)
Column            返回在出错文件中的列位置
Description       返回关于错误的简短描述
File              返回出错 ASP 文件的文件名
Line              返回错误所在的行数
Number            返回关于错误的标准 COM 错误代码
Source            返回错误所在行的实际的源代码
```

ASPError 对象只能通过自定义错误处理页使用。将以下的代码保存为 My500ErrHandler.asp，然后将该文件存放到站点文件夹中：

```
<%@Language="VBSCRIPT"%>
<%
 Option Explicit
On Error Resume Next
 Response.Clear
 Dim objError
 Set objError=Server.GetLastError()
%>
<!DOCTYPE html>
<html>
<head>
<title>ASP 500 Error</title>
<style>
body  { font-family: arial; font-size: 10pt;
      background: #ffffff; color: #000000;
      margin: 15px; }
h2    { font-size: 16pt; color: #ff0000; }
table { background: #000000; padding: 5px; }
th    { background: #0000ff; color: #ffffff; }
tr    { background: #cccccc; color: #000000; }
</style>
</head>
<body>
<h2 align="center">ASP 500 Error</h2>
<div align="center"><center>
<table>
<% If Len(CStr(objError.ASPCode)) > 0 Then %>
<tr>
   <th nowrap align="left" valign="top">IIS Error Number</th>
   <td align="left" valign="top"><%=objError.ASPCode%></td>
</tr>
<% End If %>
<% If Len(CStr(objError.Number)) > 0 Then %>
<tr>
   <th nowrap align="left" valign="top">COM Error Number</th>
   <td align="left" valign="top"><%=objError.Number%>
   <%=" (0x" & Hex(objError.Number) & ")"%></td>
</tr>
<% End If %>
```

```
<% If Len(CStr(objError.Source)) > 0 Then %>
<tr>
  <th nowrap align="left" valign="top">Error Source</th>
  <td align="left" valign="top"><%=objError.Source%></td>
</tr>
<% End If %>
<% If Len(CStr(objError.File)) > 0 Then %>
<tr>
  <th nowrap align="left" valign="top">File Name</th>
  <td align="left" valign="top"><%=objError.File%></td>
</tr>
<% End If %>
<% If Len(CStr(objError.Line)) > 0 Then %>
<tr>
  <th nowrap align="left" valign="top">Line Number</th>
  <td align="left" valign="top"><%=objError.Line%></td>
</tr>
<% End If %>
<% If Len(CStr(objError.Description)) > 0 Then %>
<tr>
  <th nowrap align="left" valign="top">Brief Description</th>
  <td align="left" valign="top"><%=objError.Description%></td>
</tr>
<% End If %>
<% If Len(CStr(objError.ASPDescription)) > 0 Then %>
<tr>
  <th nowrap align="left" valign="top">Full Description</th>
  <td align="left" valign="top"><%=objError.ASPDescription%></td>
</tr>
<% End If %>
</table>
</center></div>
</body>
</html>
```

然后在“Internet 信息服务（IIS）管理器”窗口中双击“错误页”图标，打开错误页设置窗口，修改错误处理程序为 My500ErrHandler.asp。当站点中的 ASP 文件出错时，转向该错误处理程序，显示错误的详细信息。

6.9 Global.asa 文件和 INC 文件

为了指定会话事件过程和应用程序事件过程，需要编写一个 Global.asa 文件存放在 Web 应用程序根目录。另外，也可把一些公用的过程写入以 INC 为扩展名的文件中，以便将 INC 文件包含在需要这些公用过程的 Web 页面文件中，方便调用。

6.9.1 Global.asa 文件

Global.asa 文件是存放于 Web 应用程序根目录中的一个可选文本文件。用户可以在该文件中指定事件脚本，并声明具有会话和应用程序作用域的对象。该文件的内容不能用于客户端输出显示，只能用来存储事件信息和由应用程序全局使用的对象。每个应用程序只能有一个 Global.asa 文件，它的基本结构如下：

```
<script type="text/vbscript"  runat="server">
Sub Application_OnStart
    '事件处理代码
    …
End Sub

Sub Session_OnStart
    '事件处理代码
    …
End Sub

Sub Session_OnEnd
    '事件处理代码
    …
End Sub

Sub Application_OnEnd
    '事件处理代码
    …
End Sub
</script>
```

还可以在该文件中使用<OBJECT>标记声明具有会话作用域或应用程序作用域的对象，但 Global.asa 文件中不能含有任何输入输出语句，无论是 HTML 标记还是 Response.Write 输出数据都是不允许的。

【例 6.16】Global.asa 文件示例。

```
<script type="text/vbscript" runat="server">
Sub Application_OnStart
    '在这里定义用户在线有效期的时间
    Session.Timeout = 3
    '使用 lock 方法，防止多个用户同时修改变量值而造成的数据错误
    Application.Lock
    '给变量赋初值：0
    Application("OnLine") = 0
    '对 application 变量解锁
    Application.UnLock
End Sub
Sub Session_OnStart
    '在这里统计在线人数（使用 application 变量的 lock 和 unlock 方法）
    Application.Lock
    Application("OnLine") = Application("OnLine ") + 1
    Application.UnLock
End Sub
Sub Session_OnEnd
```

```
    Application.Lock
    Application("OnLine")=Application("OnLine") - 1
    Application.UnLock
End Sub
</script>
```

在 Web 应用程序的其他页面中，可以使用 Application("OnLine")访问目前的在线人数。

6.9.2 INC 文件

在 Web 应用程序中，要在多个应用程序中共享过程，可在单独的文件中声明这些过程，然后使用服务器端的包含（SSI）语句将该文件包含在调用该过程的 ASP 页中。通常，包含文件的扩展名应为 .inc。INC 文件顾名思义是 Include file 的意思。实际上，文件的后缀对于文件包含是无所谓的。可以包含一个 asp 文件，也可以包含 txt 文件。一般使用.inc 作为后缀，因为这样能体现该文件的作用。

在 Web 应用程序文档中的任何位置都可以使用命令将其他的文件包含进来，Include 命令不必在脚本中实现，完全可以作为 HTML 代码的一部分。

被包含的文件可以有两种路径：虚拟路径和物理路径，分别用关键词 Virtual 和 File 表示，具体方法如下所示：

```
<!-- #Include file="FileName" -->
<!-- #Include Virtual="FileName" -->
```

假如在当前应用程序的虚拟目录路径下面的 inc 目录下有 Adovbs.inc 文件。

用虚拟路径进行包含时，写作：

```
<!-- #Include virtual="/myweb/inc/adovbs.inc " -->
```

用物理路径进行包含时，写作：

```
<!-- #Include file="inc/char.inc" -->
```

使用 INC 文件，可以提高程序的编写效率。

6.10 ASP 内置对象综合应用示例

为了使读者更好地理解 ASP 内置对象的使用方法，本节以构建一个简单的聊天室为例，综合使用 ASP 的内置对象。

【例 6.17】创建简单的聊天室。

该聊天室由以下九个文件组成：

```
INDEX.ASP        初始化代码
LOGIN.HTM        登录界面
CHATROOM.ASP     聊天室主框架
USERINFO.ASP     聊天室框架上端显示用户信息的代码
INPUTMSG.HTM     聊天室框架底端用户输入聊天内容的表单
GETCHAT.ASP      处理用户聊天信息内容的代码
```

```
CHATLIST.ASP        显示所有用户聊天信息内容的代码
USERLIST.ASP        聊天室框架左端显示用户列表的代码
GLOBAL.ASA          应用程序全局文件
```

图 6-2 为上述程序的功能示意。

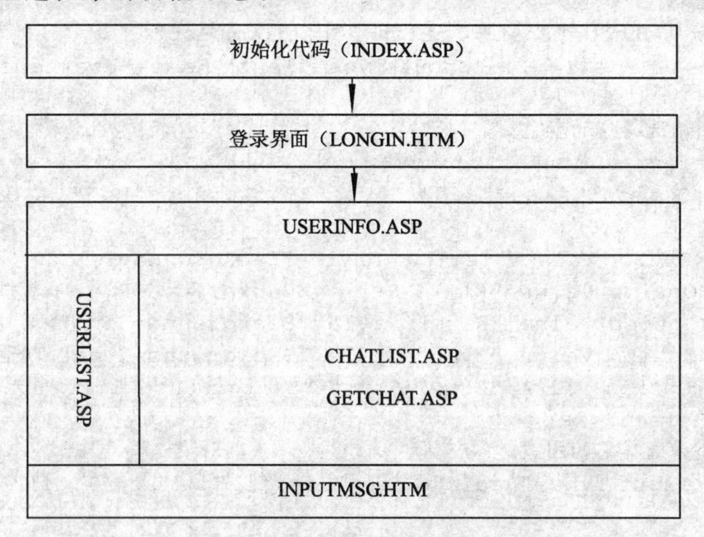

图 6-2 聊天室程序功能示意图

GLOBAL.ASA 的代码为：

```
<SCRIPT LANGUAGE="VBScript" RUNAT="Server">
  SUB Application_OnStart
    For I=1 to 21
      Application("Msg"&I)=""
    Next
  END SUB
</SCRIPT>
```

应用程序开始时，定义了 21 个 Application 变量。

INDEX.ASP 的代码为：

```
<%
For each item in session.Contents
   Session.Contents(item)=""
Next
Session.Abandon
%>
<SCRIPT type="text/vbscript">
<!--
Window.Location="login.htm"
//-->
</SCRIPT>
```

该代码用来清理原有会话，并转向登录界面 LOGIN.HTM。

LOGIN.HTM 的代码为：

```
<HTML>
  <BODY BGCOLOR="White">
    <Center>
<Img Src="Fig.Jpg">
</Center>
     <Form Method="Post" Action="Chatroom.Asp">
       <P>请输入您的名字: <Input Type="Text" Name="Username" Size="20">
                                                                  </P>
       <P>请选择您的颜色:
       <Select Name="Usercolor">
         <Option Value="Red" Style="Background=Red" Selected>红色
                                                        </Option>
         <Option Value="Yellow" Style="Background=Yellow">黄色</Option>
        <Option Value="Pink" Style="Background=Pink">粉红色</Option>
        <Option Value="Plum" Style="Background=Plum">紫红色</Option>
        <Option Value="Cyan" Style="Background=Cyan">粉蓝色</Option>
         <Option Value="Lime" Style="Background=Lime">萤光绿色</Option>
       </Select></P>
       <P>请选择您的图案:
         <Input Type="Radio" Name="Userfig" Value="1.Gif" Checked><Img
                                                       Src= "1.Gif">
         <Input Type="Radio" Name="Userfig" Value="2.Gif"><Img Src=
                                                            "2.Gif">
         <Input Type="Radio" Name="Userfig" Value="3.Gif"><Img Src=
                                                            "3.Gif">
         <Input Type="Radio" Name="Userfig" Value="4.Gif"><Img Src=
                                                            "4.Gif">
         <Input Type="Radio" Name="Userfig" Value="5.Gif"><Img Src=
                                                            "5.Gif">
         <Input Type="Radio" Name="Userfig" Value="6.Gif"><Img Src=
                                                            "6.Gif">
</P>
       <Input Type="Submit" Value="登 录">    
       <Input Type="Reset" Value="重 置">
     </Form>
  </BODY>
</HTML>
```

CHATROOM.ASP 的代码为:

```
<%
  '读取浏览者在<Login.asp>网页所输入的名字，颜色及图案
  Session("UserName")=Request("UserName")
  Session("UserColor")=Request("UserColor")
  Session("UserFig")=Request("UserFig")
  '若尚未输入名字，显示错误信息并结束网页
  If Session("UserName")="" Then
    Response.Write "很抱歉，您尚未登录，无法进入聊天室！"
    Response.End
  End If
  Application.Lock
```

```
  For I=21 To 2 Step -1
    J=I - 1
    Application("Msg"&I)=Application("Msg"&J)
  Next
  '取得目前时间的小时、分钟及秒
  strHour=Hour(Time())
  If Len(strHour)=1 then strHour="0" & strHour
  strMinute=Minute(Time())
  If Len(strMinute)=1 then strMinute="0" & strMinute
  strSecond=second(time())
  strTime = "<" & strHour & ":" & strMinute & ":" & strSecond& "> "
  '初始化一个问候字符串，然后存在Application("Msg1")
   strTmp="<FONT COLOR='" & Session("UserColor") & "'>" & "<IMG SRC='" & _
   Session("UserFig") & "'>" & "大家好，我是" & _
   Session("UserName") & "，请多多指教！" & strTime & "</FONT>"
   Application("Msg1")=strTmp
   Application.Unlock
%>
<HTML>
<HEAD>
<TITLE>快乐聊天室</TITLE>
</HEAD>
<Frameset Rows="60,*,60">
<Frame Name="Top" Noresize Scrolling="No" Src="Userinfo.Asp?Logout=No">
<Frameset Cols="160, *">
<Frame Name="Lmiddle" Src="Userlist.Asp?Username=<%=Session("Username")
                                                      %>" Noresize  >
<Frame Name="Rmiddle" Noresize Src="Chatlist.Asp">
</Frameset>
<Frame Name="Bottom" Noresize Scrolling="No" Src="Inputmsg.Htm">
</Frameset>
</HTML>
```

USERINFO.ASP 的代码为：

```
<%
'检查使用者是否按下EXIT按钮要离开聊天室
If Request("Logout")="Yes" Then
    Application.Lock
    For I=21 To 2 Step -1
        J=I - 1
        Application("Msg"&I)=Application("Msg"&J)
    Next
    strHour=Hour(Time())
    If Len(strHour)=1 Then strHour="0" & strHour
    strMinute=Minute(Time())
    If Len(strMinute)=1 Then strMinute="0" & strMinute
    strSecond=second(time())
    strTime = "<" & strHour & ":" & strMinute & ":" & strSecond& "> "
    strTmp = "<FONT COLOR='" & Session("UserColor") & "'>" & "<IMG SRC='" & _
```

```
    Session("UserFig")&"'>" & Session("UserName") & "说：我要走了，Bye! " & _
    strTime & "</FONT>"
    Application("Msg1") = strTmp
    Application.Unlock
%>
<SCRIPT type="text/VBScript">
  Parent.Window.Close
</SCRIPT>
<% End If %>
<HTML>
  <BODY>
  <IMG SRC="fig1.jpg" ALIGN="Left">
  <%= Session("UserName") %>于<%= Now() %>进入快乐聊天室。IP 为<%= Request.
                                        ServerVariables("REMOTE_HOST") %>
  <A Href="userinfo.asp?logout=yes"><Img src="fig2.jpg" border="0"
                                                    Align="center"></A>
  </BODY>
</HTML>
```

INPUTMSG.HTM 的代码为：

```
<HTML>
   <Script type="text/vbscript">
    Sub send_onclick()
        msgform.submit
        msgform.chatmsg.value=""
        msgform.chatmsg.focus
    End sub
  </script>
  <BODY>
    <Form Name="Msgform" Method="Post" Action="Getchat.Asp" Target=
                                                            "Rmiddle">
      请输入谈话内容：<INPUT TYPE="TEXT" NAME="ChatMsg" SIZE="50">
      <INPUT TYPE="button" name="send" VALUE="送出">
      <INPUT TYPE="RESET" name="cls" VALUE="清除">
    </FORM>
  </BODY>
</HTML>
```

GETCHAT.ASP 的代码为：

```
<%
  Application.Lock
  For I=21 To 2 Step -1
      J=I - 1
    Application("Msg"&I)=Application("Msg"&J)
  Next
  '取得目前时间的小时、分钟及秒
  strHour=Hour(Time())
  If Len(strHour)=1 then strHour="0" & strHour
  strMinute=Minute(Time())
  If Len(strMinute)=1 then strMinute = "0" & strMinute
```

```
  strSecond=second(time())
  strTime = "<" & strHour & ":" & strMinute & ":" & strSecond& "> "
  '初始化一个向大家说话的字符串，然后存放在Application("Msg1")
  strTmp = "<FONT COLOR='" & Session("UserColor") & "'>" & "<IMG SRC='" & _
  Session("UserFig") & "'>" & Session("UserName") & "说: " & _
  Request("ChatMsg") & strTime & "</FONT>"
  Application("Msg1")=strTmp
  Application.Unlock
   '将网页重新导入
  Response.Redirect "ChatList.asp"
%>
```

CHATLIST.ASP 的代码为：

```
<% RefreshTime=10 %>
<HTML>
  <HEAD>
    <META HTTP-EQUIV="Refresh" CONTENT="<%=RefreshTime %>,URL= ChatList.asp">
  </HEAD>
  <BODY>
    <%
    For I=1 to 21
      Response.Write Application("Msg"&I) & "<BR>"
    Next
    %>
 </BODY>
</HTML>
```

USERLIST.ASP 的代码为：

```
<%
Dim RefreshTime, IdleTime
DIM TotalUsers, OnlineUser(), Tmp(), Num, I, NewUser, User, UserName
RefreshTime = 10                '设置网页自动更新时间为10秒
IdleTime = RefreshTime * 3      '设置闲置时间为自动更新时间的3倍
NewUser = Request("UserName")
Application.Lock
'OnlineUser数组记录了所有连线到此网页的使用者名称
'清点所有连线到此网页的使用者，然后将目前的使用者名称放入数组的最后面
If Application(NewUser & "LastAccessTime")=Empty Then
  If Application("TotalUsers") = Empty Then Application("TotalUsers") = 0
  ReDim Tmp(Application("TotalUsers") + 1)
  Num = 0
  If Application("TotalUsers") > 0 Then
    For I=LBOUND(Application("OnlineUser")) To UBOUND(Application
                                                    ("OnlineUser"))
      User=Application("OnlineUser")(I)
      If User <> NewUser AND User <> Session("UserName") Then
        Tmp(Num)=User
        Num=Num+1
      Else
```

```
        Application(User & "LastAccessTime")=Empty
      End If
    Next
  End If
  Session("UserName")=NewUser
  Tmp(Num)=Session("UserName")
  Application("TotalUsers")=Num + 1
  ReDim Preserve Tmp(Application("TotalUsers"))
  Application("OnlineUser")=Tmp
End If
'记录目前使用者的最近存取时间
Application(Session("UserName") & "LastAccessTime")=Timer
'检查所有连线到此网页的使用者的最近存取时间,
'若与目前时间相差 30 秒以上, 表示结束连线
ReDim Tmp(Application("TotalUsers"))
Num=0
For I=0 To Application("TotalUsers")-1
  User=Application("OnlineUser")(I)
  If(Timer-Application(User & "LastAccessTime")) < IdleTime Then
    Tmp(Num)=User
    Num=Num+1
  Else
    Application(User & "LastAccessTime")=Empty
  End If
Next
'Num 表示目前线上人数, 若与 Application("TotalUsers")不同, 表示中间有人断线
If Num <> Application("TotalUsers") Then
  ReDim Preserve Tmp(Num)
  Application("OnlineUser")=Tmp
  Application("TotalUsers")=Num
End If
Application.UnLock
%>
<HTML>
<HEAD>
<META HTTP-EQUIV="Refresh" CONTENT="<%=RefreshTime%>, URL=userlist.
                              asp?UserName=<%= Request("UserName") %>">
</HEAD>
<BODY>
    目前在线人数: <%= Application("TotalUsers") %><BR>
    <OL TYPE="1">
    <% For I=0 To (Application("TotalUsers")-1)
         Response.Write "<LI>" & Application("OnlineUser")(I) & "</LI>"
       Next %>
    </OL>
  </BODY>
</HTML>
```

运行上述聊天室的INDEX.ASP后，出现由LOGIN.HTM生成的登录页面，输入用户名并选择个人喜好的颜色和图案后，单击“提交”按钮，即可进入聊天室页面。

本例只是实现了聊天室的简单功能，有兴趣的读者可以加以完善。

本章小结

本章主要讲述了以下内容：

（1）Response对象用于向客户端浏览器输出指定信息。使用Response对象可以实现动态创建Web页面、对客户端请求重定向以及向客户端写入Cookie等功能。

（2）Request对象用于在Web服务器端收集用户通过HTTP请求所传送的所有信息，如HTML表单用POST或GET方式所提交的数据、存储在客户端的Cookie数据等。

（3）Session对象代表服务器端与客户端之间的“会话”，是服务器为每个用户提供的一个全局变量区，用户的所有Session变量会始终伴随该用户，用户可在不同的页面中读取这些变量的值，从而实现页面间数据的传递。这些变量直到该用户离开该Web站点，或在程序中利用代码终止某个Session时才会被清除。系统为每个访问者设立一个独立的Session对象，且各个访问者的Session对象互不干扰。

（4）Application对象是Web应用程序级的对象，它所包含的数据可被应用程序的所有用户使用，并且可在Web应用程序运行期间持久保存。Application对象特别适合在应用程序的不同用户之间传递数据，其功能类似于一般程序设计语言的“全局变量”。

（5）Server对象提供的CreateObject方法用于创建ActiveX组件对象实例。使用Server对象的CreateObject方法可以极大的扩展ASP的功能。使用该对象可以将URL或HTML编码成字符串，将虚拟路径映射到物理路径以及设置脚本的超时期限。

（6）简单介绍了用于程序调试的ASPError对象和用于事务处理的ObjectContext对象。

（7）Global.asa文件的基本结构和使用方法。

（8）以一个简单的聊天室为例，介绍了ASP内置对象的综合使用。

习 题

一、单项选择题

1. Active Server Pages默认的脚本语言是（　　）。

   A. vbscript　　B. script　　C. c　　D. 以上都不是

2. ASP程序中的第一行为<%@LANGUAGE="VBSCRIPT" %>，则下列说法正确的是（　　）。

   A. 它指定Web程序客户端使用VBscript语言

   B. 它指定Web程序服务器端使用VBscript语言

   C. 它规定了Web程序的所有脚本均采用VBscript语言

   D. Web程序中的HTML标记会受其影响

3. ASP的内置对象Request的主要作用是（　　）。

   A. 发送表单及其表单元素的数据并实现与服务器脚本的交互

B. 获取来自用户端（或浏览器端）的表单元素的值

C. 获取服务器端的脚本信息

D. 获取服务器端的脚本信息并将其发送到浏览器端

4. ASP 内置对象中，（　　）对象可以用来记录个别浏览器端专用的变量。

A. Request　B. Session　C. Appliation　D. Response

5. Response 的 buffer 属性用于（　　）。

A. 设置会话时间　B. 设置动态网页缓冲与否

C. 设置静态网页缓冲与否　D. 控制 asp 执行时间

6. SESSION 对象的默认有效期为（　　）分钟。

A. 15　B. 20　C. 25　D. 30

7. Web 应用程序所用的全局变量应存储在（　　）。

A. application 对象中　B. session 对象中

C. cookies 对象中　D. buffer 对象中

8. 当一个用户第一次到达网站时，系统为其分配一个（　　），只有当该用户退出时，或者其会话周期结束时，信息才被清除。

A. cookies　B. session　C. application　D. 以上都是

9. 对于 Request 对象，如果省略获取方法，如 Request("user_name")，将按以下（　　）顺序依次检查是否有信息传入。

A. Form、QueryString、Cookies、Server Variables、ClientCertificate

B. QueryString、Form、Cookies、Server Variables、ClientCertificate

C. Cookies、QueryString、Form、Server Variables、ClientCertificate

D. Form、QueryString、Server Variables、Cookies、ClientCertificate

10. 关于 ASP 的内置对象，下列错误的是（　　）。

A. ASP 的内置对象可以用来扩展 ASP 的功能。

B. ASP 的每个内置对象都有固定的属性和方法

C. ASP 的内置对象可以不须定义，直接拿来使用。

D. 程序设计者不能增加 ASP 内置对象

11. 关于 Session 对象，下列说法错误的是（　　）。

A. Session 对象有内置属性。

B. 在用户访问网页的过程中，所创建的 Session 对象始终存在。直到关闭该站点所有的浏览器窗口。

C. Session 对象存储的信息只能由同一用户访问和修改。

D. Session("Name") = "Hello"，该语句创建了一个名为 Name 的 Session 对象的变量。

12. 如果表单的提交方法为 POST，则接收数据时所用的语句为（　　）。

A. REQUEST.QUERYSTRING　B. REQUEST.FORM

C. RESPONSE.QUERYSTRING　D. RESPONSE.FORM

13. 如果一个网页文件（t1.asp）存放在服务器 Web 站点的主目录内(c:\inetpub\wwwroot)，若在此文件中执行 server.mappath(".\")语句，其返回的值是（　　）。

A. http://localhost　　B. c:\inetpub\wwwroot

C. c:\　　D. c:\inetpub

14. 如何用户还没有定义session("url")，则session("url")的值等于（　　）。

A. 空串　　B. null　　C. 0　　D. false

15. 若要创建一个对于访问网站的所有用户均有效的变量flag,应使用以下(　　)语句。

A. session("flag")=0　　B. application("flag")=0

C. flag=0　　D. response.cookies("flag")=0

16. 若要获得当前正在执行的脚本所在页面的虚拟路径，以下用法中，正确的是（　　）。

A. request.servervariables("script_name")

B. response.servervariables("script_name")

C. request.servervariables("path_info")

D. request.servervariables("path_translated")

17. 若要将网页重新导向，而且要保留所有内置对象的值，那么必须使用（　　）方法。

A. Execute　　B. Rediect　　C. Transfer　　D. MapPath

18. 若要将字符串进行编码，使它不会被浏览器解释为HTML语法，可以使用server对象的（　　）方法。

A. Urlencode　　B. createobject　　C. mappath　　D. HTMLEncode

19. 若要设置服务器执行ASP页面的最长时间为100秒，以下语句中正确的是（　　）。

A. SERVER.TIMEOUT=100　　B. SERVER.SCRIPTTIMEOUT=100

C. SESSION.TIMEOUT=100　　D. SESSION.SCRIPTTIMEOUT=100

20. 若要设置页面过期的时间为2分钟，以下语句正确的是（　　）。

A. request.expires=2　　B. response.expires=2

C. request.buffer=2　　D. response.clear=2

21. 下面程序段执行完毕，页面上显示内容是（　　）。

```
<%
 Dim strTemp
 strTemp="user_name"
 Session(strTemp)="张三"
 Session("strTemp")="李四"
 Response.Write Session("user_name")
%>
```

A. 张三　　B. 李四

C. 张三李四　　D. 语法有错，无法正常输出

二、多项选择题

1. 若一个用户已经打开了一个浏览器窗口A，以下描述正确的有（　　）。

A. 双击IE图标，打开新窗口B，B的Session会继承A的Session。

B. 在窗口 A 中新建一个窗口 B，B 会继承 A 的 Session。

C. 若窗口 A 调用 window.open 打开一个新的网页时，这个网页的 Session 会与原窗口一致。

D. 如果一个窗口长时间不被访问，其 Session 会丢失。

2. 下列（　　）是 Cookie 所具有的特征。

A. 造成浏览器端有安全上的威胁

B. Cookie 可以设置有效期

C. Cookie 可以记录对象、数组等复杂的数据类型

D. 通过 IE 设置，COOKIE 可以被禁止写入浏览器端

3. 下列语句（　　）是正确的。

A. 变量的生命周期起始于网页被执行时，终止于网页结束执行时。

B. 在不设定 Cookie 生存期的情况下，Cookie 的生命周期起始于浏览器被执行时，终止于浏览器结束执行时。

C. Session 对象的生命周期起始于 Web 服务器开始执行时，终止于 Web 服务器结束执行时。

D. Application 对象的生命周期起始于浏览器第一次与服务器联机时，终止于浏览器结束联机时。

4. 下列属于 Cookie 缺点的是（　　）。

A. 造成浏览器端有安全上的威胁

B. Cookie 会自动消失

C. 可以记录对象、数组等复杂的数据类型

D. 可能被禁止写入浏览器端

5. 关于 Session 对象的属性，下列说法正确的是（　　）。

A. Session 的有效期时长默认为 90 秒，且不能修改。

B. Session 的有效期时长默认为 20 分钟，且不能修改。

C. SessionID 可以存储每个用户 Session 的代号，是一个不重复的长整型数字。

D. 刷新页面时，Session 的值不变。

6. 下面 Session 对象的使用中，不正确的是（　　）。

A. <%Session.ScriptTimeout=20 %>

B. <% Session.Timeout = 40 %>

C. <%Session=nothing%>

D. <% Response.Write("Session.SessionID")　%>

三、填空题

1. ASP 中，________对象的主要功能是向浏览器输出。

2. ASP 中，使用 SERVER 对象的________方法可以将相对路径转换为 server 机器上的物理路径。

3. ASP 中，停止向浏览器输出数据的语法格式为________。

4. 若一个文件的扩展名为 asp，在其中有一行<% response.write "1 2 3 4

5" %>，它运行后在 IE 浏览器中显示为________。

5. 以下 ASP 程序代码运行后，浏览器中看到的是________。

```
<%
str=""
  for i=1 to 3
    if i=2 then
       str=str & "非常"

    end if
    i=i+1
   next
%>
学习 ASP<% =str %>有用!
```

6. 若在浏览器的地址栏中输入“http://localhost/test.asp?id=1&courname=web”，如果在 test.asp 有 request.querystring 语句，其返回的值是________。

7. 设一个 ASP 页面内有以下代码，其输出是________。

```
<%
x=3
y=4
response.write "x+y=" & x & "+" & y & "=" & x+y
%>
```

8. 实现定义一个网站共享变量 webname 并设置其初始值为 "AspStudy"的语句为________。

9. 若要在页面上用 response.write 输出 1<2 and 4>3 这样的信息，response.write 语句应写做：response.write________("1<2 and 4>3")。

10. 在客户端用 cookies 记录了当前用户的用户名 username，则将记录用户名的 cookies 保存期设置为 30 天的语句为：response.cookies("username").________。

11. session 对象的________集合包含当前用户的所有 session 变量。

12. ASP 中，一般使用________对象来存储站点访问人数。

13. 以下程序段的运行结果是________。

```
<%
x=123+"123"
response.write x
%>
```

14. 下面的代码执行结果是________。

```
<%
TestString="Test"
TestA
TestB
Response.write TestString

Sub TestA()
```

```
TestString="TestA"
End Sub

Sub TestB()
Dim TestString
TestString="TestB"
End Sub
%>
```

四、程序设计题

1. 使用 Form 集合，编写一段可以接受以 POST 方式提交的任何表单的 ASP 代码。
2. 使用 Cookies 集合，编写一段可以读取所有 Cookie 值的通用代码。

第 7 章

ActiveX 组件 «

程序设计追求代码的模块化与可重用性，ActiveX 组件就是将执行某项或一组任务的代码集成为一个独立的可调用的模块，从而能够容易完成一些较复杂的功能，提高程序开发的效率。ASP 支持组件技术，本章介绍常用的组件在 ASP 文档中的使用方法和使用不同的程序设计语言开发组件的方法。

7.1 ActiveX 组件概述

ActiveX 是 Microsoft 对一系列策略性面向对象程序设计技术和工具的总称，其中主要的技术是组件对象模型（COM），它是使软件组件能够在网络环境中交互作用而与创建组件的语言无关的一套封装技术。ASP 支持组件技术，可以使用众多的服务器端组件（ActiveX Server Components，即已经在服务器上注册的 ActiveX 组件）。ActiveX 组件在服务器端运行，不要求客户端也支持 ActiveX。ASP 中使用的 ActiveX 组件，是存在于 Web 服务器上的文件。当安装 IIS 时，其自带的 ActiveX 组件自动安装注册到 Web 服务器，在 ASP 文档中可以直接使用这些组件。另外，大量的 ActiveX 组件来自第三方开发者，用户或程序员也可以自己编写组件。

在 ASP 文档中使用 ActiveX 组件有以下两个步骤：

第一，创建组件的一个对象，并赋予一个变量。

创建对象有两种方法：

（1）通过调用 ASP 的 Server 对象的 CreateObject 方法将组件实例化。格式为：

```
Set 对象变量名=Server.CreateObject(ASP 组件的注册名及类名)
```

其中，ASP 组件的注册名及类名是一个字符串。

例如，<% Set FSO= Server.CreateObject("Scripting.FileSystemObject")%>创建一个文件系统对象 FSO，其中 FileSystemObject 为文件系统组件的类名。

（2）使用 HTML 的 OBJECT 标记可创建组件对象，但必须指明 RUNAT 的属性为 “Server”，同时也要申明 ID、PROGID 或 CLSID。

下面的例子用来创建 Ad Rotator 对象。

```
<OBJECT RUNAT="Server" ID="MyAd" PROGID="MSWC.AdRotator"></OBJECT>
```

一般还需用 SCOPE 属性指明组件对象的作用范围（或可见范围），其取值为 Page、Session 或 Application。

第二，使用 ActiveX 组件对象的属性和方法，从而实现相应的功能。

（1）为对象属性赋值

```
对象变量名.属性=属性值
```

（2）调用对象的方法

```
对象变量名.方法
```

7.2 文件系统组件

文件系统组件（FileSystemObject）是对服务器上的文件夹、文件和文件内容进行操作的一个系统组件。它包含下面的对象和集合：

（1）FileSystemObject 主对象。通过该对象可以完成对服务器文件系统的访问，它提供了用来访问驱动器、文件夹和文件的方法和属性。

（2）Drive 对象。通过该对象可以完成对特定的磁盘驱动器或共享网络设备的访问，它提供了用来收集磁盘驱动器或共享网络设备信息的方法和属性。

（3）Drives 集合。该集合包含与系统相连接的所有物理的或逻辑的可用驱动器。它是一个只读集合，与驱动器类型无关。无论是否插入媒体，可移动媒体驱动器都包含在该集合中。

（4）File 对象。通过该对象可以访问文件的所有属性，也可以用来创建、删除、复制和移动文件。

（5）Files 集合。该集合包含指定文件夹内的所有文件对象。

（6）Folder 对象。该对象提供用来创建、删除或移动文件夹的方法和属性。

（7）SubFolders 集合。该集合包含指定文件夹内的所有子文件夹对象。

（8）TextStream 对象。该对象提供了读写文本文件的方法和属性。

因为使用文件系统组件完成某种操作，不只使用某一个对象或集合，所以本节不单独介绍某一个对象或集合。

7.2.1 创建文本文件

创建文本文件并对其进行写操作，首先需要创建一个 FileSystemObject 对象，然后使用该对象的 CreateTextFile 方法创建文件并返回 TextStream 对象，接着使用 TextStream 对象的方法对文件进行写操作并关闭文件。

1. 创建 FileSystemObject 对象

使用 Server.CreateObject 方法创建 FileSystemObject 对象，语法格式为：

```
    Set Fso=Server.CreateObject("Scripting.FileSystemObject")
该语句创建一个 FileSystemObject 对象，名称为 Fso。
```

2. 使用 FileSystemObject 对象的 CreateTextFile 方法创建 TextStream 对象

FileSystemObject 对象的 CreateTextFile 方法创建指定的文本文件并返回 TextStream 对象，使用该对象的方法读、写和关闭创建的文件。语法格式为：

```
    Set Tfo=Fso.CreateTextFile(filename[,overwrite[,unicode]])
```

该语句创建一个 TextStream 对象，名称为 Tfo。

其中 Fso 是 FileSystemObject 对象的名称。filename 是一个字符串表达式，用于指定要创建的文件。Overwrite 说明是否可以覆盖现有文件，是可选参数，取 Boolean 值。如果该值为 True，则覆盖现有文件；如果该值为 False 或省略该参数，则不能覆盖现有文件。unicode 指明是否以 Unicode 格式创建文件，也是可选参数，取 Boolean 值。如果该值为 True，则以 Unicode 格式创建文件；如果该值为 False 或省略该参数，则以 ASCII 文件格式创建文件。

3. 使用 TextStream 对象的方法对文件进行写操作

（1）使用 TextStream 对象的 Write 方法向 TextStream 对象所指向的文件写入指定字符串，语法格式为：

```
Tfo.Write(string)
```

其中 Tfo 是 TextStream 对象的名称。string 是一个字符串表达式，指定要写入文本文件的文本内容。

（2）使用 TextStream 对象的 WriteLine 方法向 TextStream 对象所指向的文件写入指定字符串和新行字符，语法格式为：

```
Tfo.WriteLine([string])
```

其中 Tfo 是 TextStream 对象的名称。string 是一个字符串表达式，是可选参数，指定要写入文本文件的文本内容。如果省略，只在文件中写入换行符。

（3）使用 TextStream 对象的 WriteBlankLines 方法向 TextStream 对象所指向的文件写入指定数目的换行符，语法格式为：

```
Tfo.WriteBlankLines(lines)
```

其中 Tfo 是 TextStream 对象的名称。lines 为整数值，指定要向文件中写入的换行符数目。

（4）使用 TextStream 对象的 Close 方法关闭 TextStream 对象所指向的文件，语法格式为：

```
Tfo.Close()
```

其中参数 Tfo 为 TextStream 对象的名称。

【例 7.1】 创建文本文件。

```
<%
Dim Fso
Set Fso=Server.CreateObject("Scripting.FileSystemObject")
Filename=Server.MapPath("L7_1.txt")
Dim MyTextFile
Set MyTextFile=Fso.CreateTextFile(Filename)
MyTextFile.WriteLine("我在当前的目录创建了一个文件！")
MyTextFile.WriteLine(now())
MyTextFile.Close()
Response.Write("文件已创建好！")
%>
```

例 7.1 代码运行后，在服务器当前目录创建一个文本文件 L7_1.txt。

7.2.2 打开并读取文本文件

打开文本文件并对其进行读取操作，首先需要创建一个 FileSystemObject 对象，然后使用该对象的 OpenTextFile 方法打开指定的文件并返回一个指向该文件的 TextStream 对象，接着使用 TextStream 对象的方法对文件进行读、写和添加操作。

1. 创建 FileSystemObject 对象

```
Set Fso=Server.CreateObject("Scripting.FileSystemObject")
```

2. 使用 FileSystemObject 对象的 OpenTextFile 方法创建 TextStream 对象

使用 FileSystemObject 对象的 OpenTextFile 方法打开指定的文件并返回一个 TextStream 对象。语法格式为：

```
Set Tfo=Fso.OpenTextFile(filename[, iomode[, create[, format]]] )
```

其中 Fso 是 FileSystemObject 对象的名称。filename 是一个字符串表达式，用于指定要打开的文件名称。iomode 是可选参数，用于指定文件的输入/输出模式，它的取值为 1、2 或 8；当该参数为 1 或省略，以只读模式打开文件，不能对此文件进行写操作；当该参数为 2，以只写方式打开文件，不能对此文件进行读操作；当该参数为 8，则打开文件并在文件末尾进行写操作。create 是 Boolean 值，用来说明当指定的 filename 不存在时，是否创建新文件；如果该参数为 True，则允许创建新文件；如果该参数为 False 或省略，则不允许创建新文件。format 指定以何种格式打开文件，当该参数为 0 或省略，以 ASCII 格式打开文件；当该参数为-1，以 Unicode 格式打开文件；当该参数为-2，则以系统默认格式打开文件。

3. 使用 TextStream 对象的方法对文件进行读取操作

（1）使用 TextStream 对象的 Read 方法读取 TextStream 对象所指向的文件中指定数目的字符并返回读取的字符串，语法格式为：

```
MyString=Tfo.Read(characters)
```

其中 Tfo 为 TextStream 对象的名称，characters 参数指定读取的字符数，MyString 为返回的字符串。

（2）使用 TextStream 对象的 ReadLine 方法读取 TextStream 对象所指向的文件中的一整行字符并返回读取的一行字符，语法格式为：

```
MyString=Tfo.ReadLine()
```

其中 Tfo 为 TextStream 对象的名称，MyString 为返回的字符串。

（3）使用 TextStream 对象的 ReadAll 方法读取 TextStream 对象所指向的文件中的全部字符并返回读取的全部字符，语法格式为：

```
MyString=Tfo.ReadAll()
```

其中 Tfo 为 TextStream 对象的名称，MyString 为返回的字符串。

（4）使用 TextStream 对象的 Skip 方法跳过 TextStream 对象所指向的文件中指定数目的字符，语法格式为：

```
Tfo.Skip(characters)
```

其中 Tfo 为 TextStream 对象的名称，参数 characters 指定读取文件时跳过的字符数目。

（5）使用 TextStream 对象的 SkipLine 方法跳到 TextStream 对象所指向的文件当前读取位置的下一行，语法格式为：

```
Tfo.SkipLine()
```

其中 Tfo 为 TextStream 对象名称。

3. 使用 TextStream 对象读取文件时用到的属性

（1）AtEndOfLine 属性。返回文件指针是否位于 TextStream 对象所指向的文件中一行的尾部。如果是，则该属性值为 True，否则为 False。

（2）AtEndOfStream 属性。返回文件指针是否位于 TextStream 对象所指向的文件的尾部。如果是，则该属性值为 True，否则为 False。

（3）Column 属性。返回 TextStream 对象所指向的文件中当前字符位置的列号。

（4）Line 属性。返回 TextStream 对象所指向的文件中的当前字符位置的行号。

【例 7.2】读取文件的内容。

```
<%
Filename=Server.MapPath("L7_1.txt")
Set Fso=Server.CreateObject("Scripting.FileSystemObject")
Set MyTextFile=Fso.OpenTextFile(Filename )
Do while not MyTextFile.AtEndOfStream
    Response.Write( MyTextFile.ReadLine  & "<br>")
Loop
MyTextFile.Close()
%>
```

运行例 7.2 代码时，将读取文件 L7_1.txt 中的所有内容并显示。

【例 7.3】Read 方法使用示例。

```
<%
Filename=Server.Mappath("L7_1.txt ")
Set Fso=Server.CreateObject("Scripting.FileSystemObject")
Set MyTextFile=Fso.OpenTextFile(Filename)
Do while not MyTextFile.AtEndOfLine
  Response.Write MyTextFile.Read(1)
loop
MyTextFile.Close()
%>
```

例 7.3 代码运行后，只读取文件中的第一行并显示。

【例 7.4】追加数据示例。

```
<%
Filename=Server.MapPath("L7_1.txt")
Set Fso=Server.CreateObject("Scripting.FileSystemObject")
Set MyTextFile=Fso.OpenTextFile(Filename,8,True)
```

```
    MyTextFile.WriteLine Request.ServerVariables("REMOTE_ADDR")
    MyTextFile.Close()
    Response.Write "已将客户端 IP 地址写入文件！"
    %>
```

例 7.4 代码运行后，客户机的 IP 地址添加到 L7_1.txt 文件的尾部。

7.2.3 文件操作

1. 复制、移动和删除文件

（1）使用 FileSystemObject 对象的方法复制、移动和删除文件

① CopyFile 方法。CopyFile 方法将一个或多个文件复制到其他位置，语法格式为：

```
Fso.CopyFile source,destination[,overwrite]
```

其中 Fso 为 FileSystemObject 对象的名称。Source 是一个字符串，指定源文件的位置和名称，要复制一个或多个文件时，文件名中可以使用通配符。Destination 是一个字符串，指定目标文件的位置和名称，文件名中不允许使用通配符。overwrite 是 Boolean 值，说明目标文件同名时，是否覆盖现有文件；如果是 True（默认值），则覆盖文件；如果是 False，则不覆盖现有文件。

② MoveFile 方法。MoveFile 方法将一个或多个文件从某位置移动到另一位置，语法格式为：

```
Fso.MoveFile source, destination
```

其中 Fso 为 FileSystemObject 对象的名称。Source 是一个字符串，指定源文件的位置和名称，文件名中可以使用通配符。Destination 是一个字符串，指定目标位置，不允许使用通配符。

③ DeleteFile 方法。DeleteFile 方法删除指定的文件，语法格式为：

```
Fso.DeleteFile filespec[,force]
```

其中 Fso 为 FileSystemObject 对象的名称。filespec 是一个字符串，指定要删除的文件名，可以包含通配符。force 是 Boolean 值，如果要删除只读文件，则该值为 True；否则为 False（默认）。

如果没有找到匹配文件，则会出现错误。DeleteFile 方法在遇到出现的第一个错误时停止。该方法不会撤销错误发生前所做的任何更改。

（2）使用 File 对象的方法复制、移动和删除文件

使用 File 对象，首先需用 FileSystemObject 对象的 GetFile 方法创建一个指向某文件的 File 对象，语法格式为：

```
Set Fo=Fso.GetFile(FilePathname)
```

其中 Fo 为创建的指向某文件的 File 对象，Fso 为 FileSystemObject 对象，FilePathname 为 Fo 对象指向的完整文件标识。

① Copy 方法。Copy 方法将 File 对象指向的文件从某位置复制到另一位置，语法格式为：

```
Fo.Copy destination[,overwrite]
```

其中 Fo 为 File 对象的名称。destination 指定复制文件的目标位置，不能使用通配符。overwrite 是 Boolean 值，若要覆盖现有文件，则将该参数值设置为 True（默认），否则设置为 False。

② Move 方法。Move 方法将 File 对象指向的文件从某位置移动到另一位置，语法格式为：

```
Fo.Move destination
```

其中 Fo 为 File 对象的名称。Destination 用于指定要将文件移动到的目标位置。

③ Delete 方法。Delete 方法删除 File 对象指向的文件，语法格式为：

```
Fo.Delete force
```

其中 Fo 为 File 对象的名称。force 是 Boolean 值，当该值为 True，只读属性的文件也可被删除；当该值为 False（默认），不能删除只读属性的文件。

2. 检查文件的存在性

FileSystemObject 对象的 FileExists 方法检查一个文件是否存在。如果指定的文件存在，该方法将返回 True，否则返回 False。语法格式为：

```
Fso.FileExists(filename)
```

其中 Fso 为 FileSystemObject 对象的名称。filename 指定一个文件名，如果文件不在当前文件夹中，则必须提供完整路径名（绝对路径或相对路径）。

【例 7.5】使用 FileSystemObject 对象操作文件。

```
<%
Set Fso=Server.Createobject("Scripting.Filesystemobject")
Set Fo=Fso.Createtextfile("C:\Test.txt")
Fo.Writeline("Hello")
Fo.Close()
Response.Write "文件已创建！" & "<Br>"
If Fso.Fileexists("C:\Test.txt ") Then
  Response.Write "C:\Test.txt 文件存在！" & "<Br>"
Else
  Response.Write "C:\Test. txt 文件不存在！" & "<Br>"
End If
Fso.Copyfile "C:\Test.txt","C:\Test2.txt"
Response.Write "文件复制完成！" & "<Br>"
If Fso.Fileexists("C:\Test2.txt") Then
  Response.Write "C:\Test2.txt 文件存在！" & "<Br>"
Else
  Response.Write "C:\Test2.txt 文件不存在！" & "<Br>"
End If
Fso.Movefile "C:\Test2.txt", "D:\"
Response.Write "文件移动完成！" & "<Br>"
If Fso.Fileexists("D:\Test2.txt") Then
  Response.Write "D:\Test2.txt 文件存在！" & "<Br>"
Else
```

```
  Response.Write "D:\Test2.txt 文件不存在！" & "<Br>"
 End If
 If Fso.Fileexists("C:\Test2.txt")  Then
  Response.Write "C:\Test2.txt 文件存在！" & "<Br>"
 Else
  Response.Write "C:\Test2.txt 文件不存在！" & "<Br>"
 End If
 Fso.Deletefile "C:\Test.txt"
 Fso.Deletefile "D:\Test2.txt"
 Response.Write "文件删除完成！" & "<Br>"
 If Fso.Fileexists("C:\Test.txt")  Then
  Response.Write "C:\Test.txt 文件存在！" & "<Br>"
 Else
  Response.Write "C:\Test.txt 文件不存在！" & "<Br>"
 End If
 If Fso.Fileexists("D:\Test2.txt")  Then
  Response.Write "D:\Test2.txt 文件存在！" & "<Br>"
 Else
  Response.Write "D:\Test2.txt 文件不存在！" & "<Br>"
 End If
 %>
```

读者可仿照例 7.5，使用 File 对象完成对文件的操作。

3. 使用 File 对象获取文件的特征

通过 File 对象的属性，可以获取文件的特征。File 对象有下列属性：

（1）Attributes 属性

Attributes 属性设置或返回文件的属性。1 为只读，2 为隐藏，4 为系统，32 为存档。

（2）DateCreated 属性

DateCreated 属性返回指定文件的创建日期和时间。

（3）DateLastAccessed 属性

DateLastAccessed 属性返回指定文件的上次访问日期和时间。

（4）DateLastModified 属性

DateLastModified 属性返回指定文件的上次修改日期和时间。

（5）Drive 属性

Drive 属性返回指定文件所在驱动器。

（6）Name 属性

Name 属性设置或返回指定文件的名称。

（7）ParentFolder 属性

ParentFolder 属性返回指定文件的父文件夹。

（8）Path 属性

Path 属性返回指定文件的物理路径。

（9）ShortName 属性

ShortName 属性返回按照早期 8.3 文件命名约定转换的短文件名。

（10）ShortPath 属性

ShortPath 属性使用返回按照早期 8.3 命名约定转换的短路径名。

（11）Size 属性

Size 属性返回文件的字节数。

（12）Type 属性

Type 属性返回文件的类型信息。

【例 7.6】获取文件的相关属性。

```
<%
Set Fso=Server.Createobject("Scripting.FileSystemObject")
FilePath=Server.Mappath("L7_1.txt")
Set MyFile=Fso.GetFile(FilePath)
%>
<html><body><pre>
名称:     <%=MyFile.Name %>
路径:     <%=MyFile.Path %>
驱动器:   <%=MyFile.Drive %>
大小:     <%=MyFile.size %>
类型:     <%=MyFile.type %>
属性:     <%=MyFile.Attributes %>
创建日期: <%=MyFile.DateCreated %>
</pre></body></html>
```

7.2.4 文件夹操作

1. 使用 FileSystemObject 对象的方法对文件夹操作

（1）CreateFolder 方法

FileSystemObject 对象的 CreateFolder 方法用于创建文件夹，语法格式为：

```
Fso.CreateFolder(foldername)
```

其中 Fso 为 FileSystemObject 对象的名称。foldername 是一个字符串表达式，用于指定要创建的文件夹。如果指定的文件夹已经存在，则会出现错误。

（2）CopyFolder 方法

FileSystemObject 对象的 CopyFolder 方法将一个或多个文件夹从某位置复制到另一位置，语法格式为：

```
Fso.CopyFolder source, destination[, overwrite]
```

其中 Fso 为 FileSystemObject 对象的名称。source 是字符串表达式，用于指定源文件夹的位置和名称，复制多个文件夹时，可以使用通配符。destination 是字符串表达式，用于指定目标位置，复制 source 文件夹及子文件夹到该位置，不能使用通配符。overwrite 是 Boolean 值，指明是否覆盖现有文件夹，如果为 True（默认值），则覆盖文件；如果为 False，则不覆盖文件。

（3）MoveFolder 方法

FileSystemObject 对象的 MoveFolder 方法将一个或多个文件夹从某位置移动到另

一位置，语法格式为：

```
Fso.MoveFolder source,destination
```

其中 Fso 为 FileSystemObject 对象的名称。source 是字符串表达式，指定要移动的文件夹的路径，仅可在路径的最后一个组成部分中使用通配符。destination 是字符串表达式，指定要将文件夹移动到的目标位置，不能使用通配符。

（4）DeleteFolder 方法

FileSystemObject 对象的 DeleteFolder 方法删除指定的文件夹，语法格式为：

```
Fso.DeleteFolder folderspec[,force]
```

其中 Fso 为 FileSystemObject 对象的名称。folderspec 是字符串表达式，指定要删除的文件夹名称，在路径的最后一个组成部分中可以使用通配符。force 是 Boolean 值，如果要删除只读文件夹，则该值为 True；否则为 False（默认）。

（5）FolderExists 方法

FileSystemObject 对象的 FolderExists 方法检查指定的文件夹是否存在，如果该文件夹存在，则返回 True，否则返回 False。语法格式为：

```
Fso.FolderExists( foldername )
```

其中 Fso 为 FileSystemObject 对象的名称。foldername 是字符串表达式，指定文件夹名称，如果该文件夹不在当前文件夹中，则必须提供完整路径名（绝对路径或相对路径）。

（6）GetParentFolderName 方法

FileSystemObject 对象的 GetParentFolderName 方法返回指定路径中最后一个文件或文件夹的父文件夹。语法格式为：

```
FloName=Fso.GetParentFolderName(path)
```

其中 Fso 为 FileSystemObject 对象的名称。path 是字符串表达式，指定要返回父文件夹名 FloName 的文件或文件夹名。

【例 7.7】文件夹操作。

```
<%
Set Fso=Server.Createobject("Scripting.FileSystemObject")
Fso.CreateFolder("C:\asp3.0")
If  Fso.FolderExists("C:\asp3.0")  Then
  Response.Write "C:\asp3.0 文件夹存在！" & "<Br>"
Else
  Response.Write "C:\asp3.0 文件夹不存在！" & "<Br>"
End If
Fso.CopyFolder "C:\asp3.0","D:\"
If  Fso.FolderExists("D:\asp3.0")  Then
  Response.Write "D:\asp3.0 文件夹存在！" & "<Br>"
Else
  Response.Write "D:\asp3.0 文件夹不存在！" & "<Br>"
```

```
End If
%>
```

例 7.7 运行后，在 C 盘根目录创建一个文件夹 asp3.0 并复制到 D 盘。

2. 使用 Folder 对象的方法对文件夹操作

使用 Folder 对象操作文件夹时，首先需使用 FileSystemObject 对象的 GetFolder 方法创建一个指向某文件夹的 Folder 对象。语法格式为：

```
Set Flo=Fso.GetFolder(foldername)
```

其中 Fso 为 FileSystemObject 对象的名称。foldername 是字符串表达式，指定文件夹的路径（绝对路径或相对路径），Flo 为指向 foldername 的文件夹对象。如果指定的文件夹不存在，则会出现错误。

（1）Copy 方法

Copy 方法将指定的文件夹从某位置复制到另一位置。

（2）Move 方法

Move 方法将指定的文件夹从某位置移动到另一位置。

（3）Delete 方法

Delete 方法删除指定的文件夹及其所有内容。

3. Folder 对象的属性

（1）IsRootFolder 属性

IsRootFolder 属性检查指定文件夹是不是根文件夹。如果指定的文件夹是根文件夹，则返回 True；否则返回 False。

（2）Name 属性

Name 属性设置或返回指定的文件夹的名称。

（3）ParentFolder 属性

该属性返回指定文件夹的父文件夹名称。

（4）Size 属性

Size 属性返回指定文件夹中所有文件和子文件夹的字节数。

（5）Drive 属性

Drive 属性返回指定的文件夹所在的驱动器号。

（6）Path 属性

Path 属性返回指定文件夹的物理路径。

4. Folder 对象的集合

（1）SubFolders 集合

SubFolders 集合包括指定文件夹中的所有子文件夹（包括隐藏文件夹和系统文件夹）对象。

（2）Files 集合

Files 集合包括指定文件夹中所有的 File 对象（包括隐藏文件和系统文件）。

7.2.5 驱动器操作

1. 使用 FileSystemObject 对象获取驱动器信息

（1）DriveExists 方法

DriveExists 方法检查指定驱动器是否存在，如果存在，则返回 True；否则返回 False。语法格式为：

```
Fso.DriveExists(drivename)
```

其中 Fso 为 FileSystemObject 对象的名称。drivename 指定驱动器号或指定完整路径。

（2）Drives 属性

Drives 属性返回本地计算机所有 Drive 对象组成的 Drives 集合。无论可移动媒体驱动器是否插入媒体，都在 Drives 集合中。

（3）GetDrive 方法

GetDrive 方法返回与指定路径中驱动器相对应的 Drive 对象，语法格式为：

```
Fso.GetDrive drivename
```

其中 Fso 为 FileSystemObject 对象的名称。drivename 可以是驱动器号（如 C、D 等）、带冒号的驱动器号（如 C:、D:等）、带有冒号与路径分隔符的驱动器号（如 C:\ 、D: \等），也可以是任何指定的网络共享名称（如\\Computer2\share1）。

（4）GetDriveName 方法

GetDriveName 方法返回包含指定路径中驱动器名的字符串，语法格式为：

```
Fso.GetDriveName(path)
```

其中 Fso 为 FileSystemObject 对象的名称。Path 是字符串表达式，用于指明路径。如果无法确定驱动器，则 GetDriveName 方法返回零长度字符串（""）。

2. 使用 Drive 对象获取驱动器信息

（1）AvailableSpace 属性

AvailableSpace 属性返回指定驱动器或网络共享对于当前用户的可用空间大小。

（2）DriveLetter 属性

DriveLetter 属性返回本地驱动器或网络共享的驱动器号。如果指定的驱动器没有与驱动器号相关联（例如：一个网络共享未映射驱动器号），则 DriveLetter 属性返回一个零长度字符串（""）。

（3）DriveType 属性

DriveType 属性返回一个描述指定驱动器类型的值：0 表示未知类型，1 表示可移动磁盘，2 表示固定磁盘，3 表示网络共享，4 表示 CD-ROM，5 表示 RAM 磁盘。

（4）FileSystem 属性

FileSystem 属性返回指定驱动器中媒体的文件系统类型，返回类型包括 FAT16、FAT32、NTFS 和 CDFS。

（5）FreeSpace 属性

FreeSpace 属性返回指定的驱动器或网络共享的可用空间大小。

（6）IsReady 属性

IsReady 属性检查指定的驱动器是否准备就绪，如果驱动器已准备就绪，则返回 True；否则返回 False。

（7）Path 属性

Path 属性返回指定驱动器的字符串。例如，C 驱动器的返回 C:，而不是 C:\。

（8）RootFolder 属性

RootFolder 属性返回一个 Folder 对象，表示指定驱动器的根文件夹。

（9）SerialNumber 属性

SerialNumber 属性返回唯一标识一个磁盘卷的十进制序列号。

（10）ShareName 属性

ShareName 属性返回指定驱动器的网络共享名。如果该驱动器不是网络驱动器，则返回零长度字符串（""）。

（11）TotalSize 属性

TotalSize 属性返回驱动器或网络共享的总字节数。

（12）VolumeName 属性

VolumeName 属性设置或返回指定驱动器的卷标。

【例 7.8】获取驱动器的相关属性。

```
<%
Set Fso=Server.CreateObject("Scripting.FileSystemObject")
For Each driver in Fso.Drives    '遍历 Drives 集合
    Response.Write "<BR>驱动器号: " & Driver.DriveLetter
    Select case driver.drivetype
        Case 0
          Response.Write "<BR>未知驱动器类型。"
        Case 1
          Response.Write "<BR>可移动磁盘。"
        Case 2
          Response.Write "<BR>固定磁盘。"
        Case 3
          Response.Write "<BR>网络磁盘。"
        Case 4
          Response.Write "<BR>CD-ROM。"
        Case 5
          Response.Write "<BR>RAM 虚拟磁盘。"
    end select
  If Driver.IsReady then
      Response.Write "<BR>文件系统类型: " & Driver.FileSystem
      Response.Write "<BR>磁盘序列号: " & Driver.SerialNumber
      Response.Write "<BR>磁盘卷标名: " & Driver.VolumeName
      Response.Write "<BR>总容量: " & Driver.TotalSize
      Response.Write "<BR>可用容量: " & Driver.AvailableSpace
      Response.Write "<BR>空闲空间: " & Driver.FreeSpace
      Response.Write "<HR>"
```

```
    else
        Response.Write "<BR>该驱动器中没有磁盘或光盘。"
        Response.Write "<HR>"
    End if
Next
%>
```

例 7.8 运行后，可看到图 7-1 所示的结果。

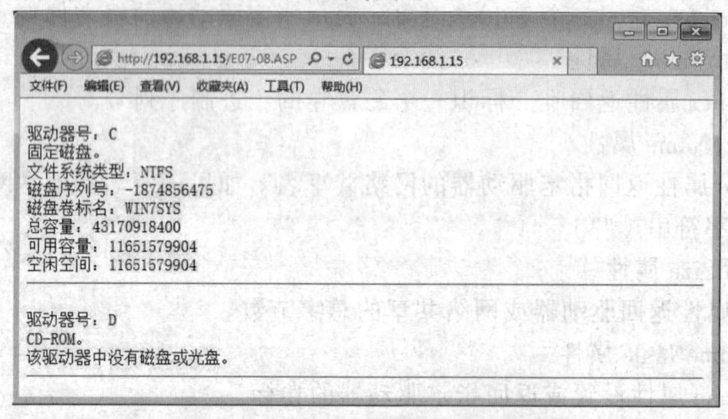

图 7-1　例 7.8 的运行结果

7.3　CDOSYS 组件

CDOSYS 是微软 IIS 中 ASP 内置的邮件发送组件，CDO（Collaboration Data Objects）的设计目的是用来简化通信程序的创建。下面以一个邮件发送的实例来说明该组件的使用方法。

【例 7.9】使用 CDO 组件发送邮件。

```
<%
dim objMail
Set objMail=server.CreateObject("CDO.Message")  '创建 CDO 组件 Message
                                                 '类的对象邮件服务器系
                                                 '统配置
objMail.Configuration.Fields.Item("http://schemas.microsoft.com/cd
   o/configuration/sendusing")=2                 '邮件发送方式
objMail.Configuration.Fields.Item("http://schemas.microsoft.com/cd
   o/configuration/smtpserver")="smtp.163.com"  '发送邮件服务器名称或
                                             'IP 发送人申请邮箱的服务器
objMail.Configuration.Fields.Item("http://schemas.microsoft.com/cd
   o/configuration/smtpserverport")=25           '发送邮件服务器端口号
objMail.Configuration.Fields.Item("http://schemas.microsoft.com/cd
   o/configuration/smtpauthenticate")="1"        '发送人登录邮件服务器
                                       '的认证方式，0 为不认证，1 为基本认证
objMail.Configuration.Fields.Item("http://schemas.microsoft.com/cd
   o/configuration/sendusername")="wrj32366670" '发送人登录邮件服务器
                                                 '的用户名
```

```
    objMail.Configuration.Fields.Item("http://schemas.microsoft.com/cd
      o/configuration/sendpassword")="mypassword" '发送人登录邮件服务器的密码
    objMail.Configuration.Fields.Update '更新配置，使配置生效

    objMail.Subject="CDO 发送邮件示例"        '邮件主题
    objMail.From="wrj32366670@163.com"    '邮件发送人的 email
    objMail.To="1366826624@qq.com"        '邮件接收人的 email
    objMail.Bcc="othermail@126.com"       '邮件的密件抄送收件人的 email，可省略
    objMail.Cc="123456789@qq.com"         '其他邮件接收人的 email
    objMail.TextBody="这里是邮件的正文。"  '邮件的文本内容
    objMail.AddAttachment "c:\ attachment.doc"  '添加附件，使用绝对路径
    objMail.Send                          '发送邮件
    set objMail=nothing
    Response.write "邮件发送成功！"
    %>
```

如果发送的邮件正文是有格式的文本，可以将例 7.9 中的 objMail.TextBody="这里是邮件的正文。"行替换为 objMail.HTMLBody = "<h1>这里是邮件的正文。</h1>" 。如果正文内容较多，并且内容有不同的格式，可以将正文保存为 HTML 格式的文件，然后使用 objMail.CreateMHTMLBody "file://c:/ mail.htm" 语句替换例 7.9 中的 objMail.TextBody="这里是邮件的正文。" 代码行。

CDOSYS 组件的 Message 对象有一系列的属性和方法，其中属性包括 Attachments、AutoGenerateTextBody、BCC、BodyPart、CC、Configuration、DataSource、DSNOptions、EnvelopeFields、Fields、FollowUpTo、From、HTMLBody、HTMLBodyPart、Keywords、MDNRequested、MIMEFormatted、Newsgroups、Organization、ReceivedTime、ReplyTo、Sender、SentOn、Subject、TextBody、TextBodyPart、To 等；方法包括 AddAttachment、AddRelatedBodyPart、CreateMHTMLBody、Forward、GetInterface、GetStream、Post、PostReply、Reply、ReplyAll、Send 等。有兴趣的读者可参阅 https://msdn.microsoft.com/en-us/library/ms526453(v=exchg.10).aspx。

7.4 ActiveX 组件开发与使用

ASP 支持 ActiveX 组件技术。使用 ActiveX 组件，可以极大地增强 ASP 技术的 Web 程序设计功能，另外还有保护代码、加快应用程序执行速度的作用。我们可以使用 Visual Basic、Visual C++和 C#等程序设计语言自行开发 ActiveX 组件。本节介绍不同的程序设计语言开发 ActiveX 组件的方法及在 ASP 中的使用方法。

7.4.1 组件开发的方法

下面分别以两种不同的语言开发 ActiveX 组件为例，介绍开发 ActiveX 组件的方法。

组件说明：开发一个名称为 Test 的求和组件。使用该组件可创建 Sum 对象，并且该对象具有 augend 和 addend 属性及 Plus 方法。

7.4.1.1 使用 Visual Basic 6.0 开发 ActiveX 组件

（1）启动 Visual Basic 6.0，在图 7-2 所示的“新建工程”对话框中，双击“ActiveX DLL”图标，Visual Basic 将向该新工程中自动添加一个类模块 Class1。

（2）打开“属性”窗口，双击“名称”属性把类名“Class1”修改为 Sum。

（3）在“工程”菜单中单击“工程 1 属性”命令，打开“工程属性”对话框，修改“工程名称”为“Test”，在“工程描述”中填写“创建 ActiveX DLL 示例”。

（4）在“文件”菜单中，单击“保存工程”命令，类文件以 Sum.cls 为名称保存，工程文件以 Test.vbp 为名称保存。

（5）为 Sum 类创建属性。

① 在“工具”菜单中单击“添加过程”命令，打开图 7-3 所示的“添加过程”对话框。在“名称”框中输入 augend，在类型中选择“属性”，然后单击“确定”按钮。

② 在“工具”菜单中单击“添加过程”命令，打开图 7-3 所示的“添加过程”对话框。在“名称”框中输入 addend，在类型中选择“属性”，然后单击“确定”按钮。

图 7-2 “新建工程”对话框

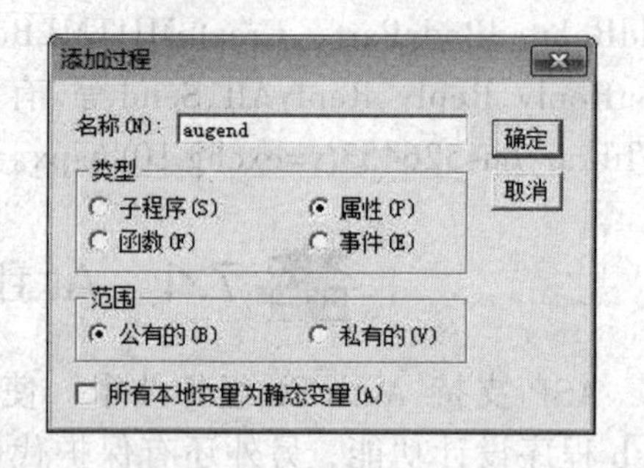

图 7-3 “添加过程”对话框

（6）为 Sum 类创建方法。在“工具”菜单中单击“添加过程”命令，打开如图 7-3 所示的“添加过程”对话框。在“名称”框中输入 Plus，在类型中选择“函数”（由于本例中要返回被加数与加数之和，故选择“函数”。若无返回值，可选择“子程序”），然后单击“确定”按钮。

（7）为属性和方法编写代码。编写代码后，Sum 类的代码窗口中所有代码如下：

```
Option Explicit
Private dbl_augend As Double
Private dbl_addend As Double
```

```
Public Property Get augend() As Double
   augend=dbl_augend
End Property

Public Property Let augend(ByVal vNewValue As Double)
   dbl_augend=vNewValue
End Property

Public Property Get addend() As Double
   addend=dbl_addend
End Property

Public Property Let addend(ByVal vNewValue As Double)
   dbl_addend=vNewValue
End Property

Public Function Plus()
   Plus=augend + addend
End Function
```

8. 生成组件。

在“文件”菜单中，单击“生成 Test.dll（K）”命令，生成文件 Test.dll，组件创建完成。工程所在文件夹中会生成一个 Test.dll 文件，该文件就是我们创建的求和组件。

7.4.1.2 使用 Visual C++ 6.0 开发 ActiveX 组件

（1）启动 Visual C++ 6.0，在“文件”菜单中单击“新建”命令后，在图 7-4 所示的对话框中选择 ALT COM AppWizard，并输入工程名 Test 后单击“确定”按钮。

（2）在图 7-5 所示的“ALT COM AppWizard”对话框中选择服务器类型为“动态链接库（DLL）”，单击“完成”按钮。在生成的代码中已经有标准的导出函数。

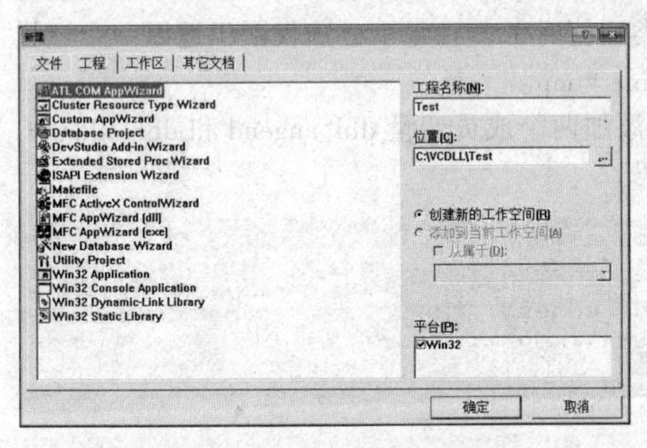

图 7-4 “新建”对话框

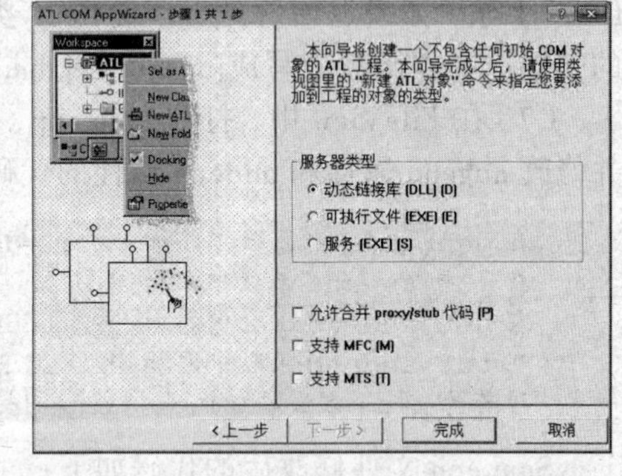

图 7-5 “ALT COM AppWizard”对话框

（3）在“插入”菜单上单击“类”命令，在弹出的“新建类”对话框中输入类的名称 Sum，类的类型保持“ATL Class”不变，单击“确定”按钮。

（4）在 ClassView 中，右击 Isum，从出现的快捷菜单中选择“Add Property”命令，

在弹出的图 7-6 所示的“添加属性”对话框中选择属性类型“double”，输入属性名称“augend”后，单击“确定”按钮。

（5）在 ClassView 中，右击 Isum，从出现的快捷菜单中选择“Add Property”命令，在弹出图 7-6 所示的“添加属性”对话框中选择属性类型“double”，输入属性名称“addend”后，单击“确定”按钮。

（6）在 ClassView 中，右击 Isum，从出现的快捷菜单中选择“Add Method”命令，在弹出图 7-7 所示的“添加方法”对话框中输入方法名称“Plus”，在参数框中输入“[out,retval] double *tmp”后，单击“确定”按钮。

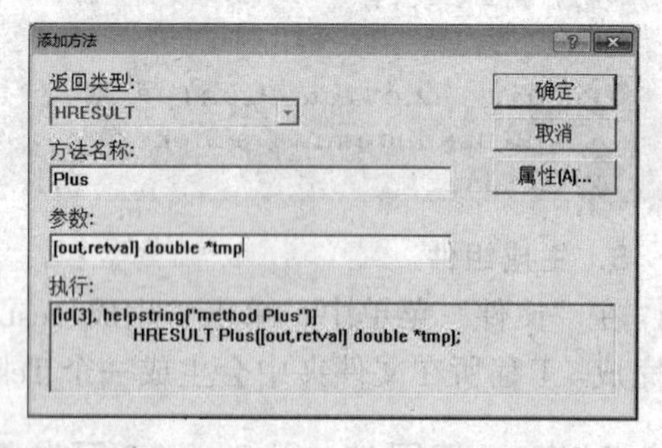

图 7-6 “添加属性”对话框　　　　图 7-7 “添加方法”对话框

说明：这里要特别说明的是参数的写法。对于传入的参数必须在参数前加上[in]，然后可跟上如 int n 或 float f 等，且每个传入参数前都必须写明。对于调用方法的返回，不再是该方法名前的类型（因为所有这些方法都返回 HRESULT，即表明是否调用成功），所以使用传出的参数，在参数前必须加上[out,retval]，然后跟上如 int* n 或者 float* f 等（如果返回的是 int 或 float 类型值时），且每个方法仅限于返回一个这样的参数。在本函数中写成[out,retval] double *tmp。

（7）在 FileView 中，打开 Sum.cpp，添加两个成员变量 dbl_augend 和 dbl_addend，并修改 augend 属性和 addend 属性的代码。

```
在 get_augend 函数中添加 *pVal=dbl_augend;
在 put_augend 函数中添加 dbl_augend=newVal;
在 get_addend 函数中添加 *pVal=dbl_addend;
在 put_addend 函数中添加 dbl_addend=newVal;
接着为 plus 方法添加代码 *tmp=dbl_augend+dbl_addend;
```

Sum.cpp 文件修改后的代码如下：

```
#include "stdafx.h"
#include "Test.h"
#include "Sum.h"
double dbl_augend;
double dbl_addend;
```

```
STDMETHODIMP Sum::InterfaceSupportsErrorInfo(REFIID riid)
{
    static const IID* arr[] =
    {
        &IID_ISum,
    };

    for (int i=0;i<sizeof(arr)/sizeof(arr[0]);i++)
    {
        if (InlineIsEqualGUID(*arr[i],riid))
            return S_OK;
    }
      return S_FALSE;
}

STDMETHODIMP Sum::get_augend(double *pVal)
{
     *pVal=dbl_augend;
       return S_OK;
}

STDMETHODIMP Sum::put_augend(double newVal)
{
     dbl_augend=newVal;
       return S_OK;
}

STDMETHODIMP Sum::get_addend(double *pVal)
{
      *pVal=dbl_addend;
    return S_OK;
}

STDMETHODIMP Sum::put_addend(double newVal)
{
     dbl_addend=newVal;
    return S_OK;
}

STDMETHODIMP Sum::Plus(double *tmp)
{
     *tmp=dbl_augend+dbl_addend;
    return S_OK;
}
STDMETHODIMP Sum::put_augend(double newVal)
{
     dbl_augend=newVal;
    return S_OK;
}
```

（8）在“组建”菜单中单击“全部重建”命令，生成文件 Test.dll，组件创建完成。工程所在文件夹中会生成一个 Test.dll 文件，该文件就是创建的求和组件。

7.4.2 组件的注册和使用

将 Test.dll 复制到 Web 服务器的某个文件夹（一般为 Web 站点主目录下的某个文件夹），或操作系统的系统文件夹，如 C:\Windows\System32。然后以管理员身份进入命令窗口，输入：

```
Regsvr32  C:\Windows\System32\test.dll
```

按【Enter】键后弹出图 7-8 所示的对话框，说明注册成功。

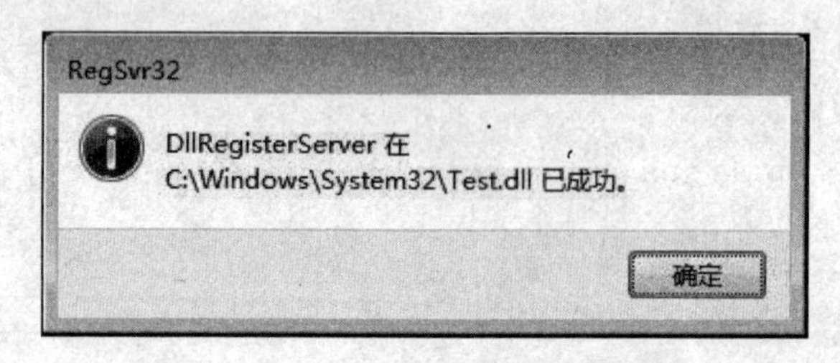

图 7-8 注册 ActiveX 组件成功对话框

组件注册成功后，即可在 ASP 代码中使用。使用方法同 ASP 内置组件，例 7.10 是使用上述方法创建的 Test.dll 组件的示例。

【例 7.10】Test.dll 组件使用示例。

```
<%
Set ObjSum=Server.Createobject("Test.Sum")
ObjSum.augend=10.52
ObjSum.addend=382.41
Response.Write objSum.Plus
Set objsum=Nothing
%>
```

例 7.10 运行后，浏览器窗口中显示两数的和：392.93。

除自己开发组件外，也可使用第三方组件。第三方组件一般是一个“exe”的安装程序，使用时，只需按照提示步骤安装，安装后组件自动被注册，可在 ASP 代码中直接使用。若组件是一个“dll”文件，可按上述方法注册使用。

本章小结

本章主要讲述了以下内容：

（1）ASP 文档中使用 ActiveX 组件的方法和步骤。

第一，创建 ActiveX 组件的一个对象。

第二，使用 ActiveX 组件对象的属性和方法，从而实现相应的功能。

（2）文件系统组件（FileSystemObject）一般用于访问 Web 服务器的文件系统。该组件包括下面的对象和集合。

① FileSystemObject 主对象。提供对文件系统的访问，包含用来创建、删除和获得有关信息及用来操作驱动器、文件夹和文件的方法和属性。

② Drive 对象。提供对特定的磁盘驱动器或共享网络设备的属性的访问，如驱动器的共享名和它有多少可用空间。Drive 可以是硬盘，也可以是 CD-ROM 驱动器、RAM 磁盘和共享网络设备等。

③ Drives 集合。所有可用驱动器的只读集合。用于提供驱动器的列表，这些驱动器以物理或逻辑的方式与系统相连接。

④ File 对象。提供对文件的所有属性的访问，包含创建、删除或移动文件的方法和属性，也用来向系统询问文件名、路径和多种其他属性。

⑤ Files 集合。提供包含在文件夹内的所有文件的列表。

⑥ Folder 对象。包含用来创建、删除或移动文件夹的方法和属性，也用来向系统询问文件夹名、路径和多种其他属性。

⑦ Folders 集合。提供在 Folder 内的所有文件夹的列表。

⑧ TextStream 对象。用来读、写文本文件。

（3）使用微软内置的邮件发送组件 CDOSYS，可通过 ASP 代码发送邮件。

（4）使用 Visual Basic 6.0 和 Visual C++ 6.0 开发 ActiveX 组件的步骤和所开发组件在 ASP 中的使用方法。

习　题

一、单项选择题

1. FOLDER 对象是指（　　）。

   A. 文件系统对象　　　B. 文件对象

   C. 文件夹对象　　　　D. 文本流对象

2. 对于以下程序描述正确的是（　　）。

```
<%
path=server.mappath("./")
fn=path & "/test.txt"
set fs=server.createobject("scripting.filesystemobject")
set mf=fs.createtextfile(fn)
mf.close
%>
```

   A. 这个语句组在当前网站目录下创建了一个文本文件

   B. 这个语句组在根目录下创建了一个文本文件

   C. 创建的文件名为 path/test.txt

   D. 以上说法均有错误

3. 利用（　　）内置组件可以使用代码发送邮件。

   A. CDOSYS　　　B. Content Rotator

   C. Content Linker　　　D. Page Counter

4. 如果 OBJFSO 是一个文件系统组件的对象，OBJFSO.OPENTEXTFILE

("A.txt",8,TRUE)的第二个参数的意义是（　　）。

A. 以只读的方式打开文本文件

B. 以附加到文件后面的方式打开文本文件

C. 文本文件的格式为 UNICODE

D. 文本文件的格式为 ASCII

5. 如果 OBJFSO 是一个文件系统对象的实例，OBJFSO.OPENTEXTFILE ("A.txt",1,TRUE)的第三个参数的意义是（　　）。

A. 以只读方式打开文本文件

B. 以附加到文件后面的方式打开文本文件

C. 若打开的文件不存在就建立

D. 若打开的文件不存在，不建立

6. 如果要打开一个文本文件，应使用文件系统的（　　）方法。

A. createTextFile　　B. openTextFile

C. saveTextFile　　D. 以上都不对

7. 如果要利用文件系统对象删除文件，应使用下面文件系统对象的（　　）方法。

A. copyfile　　B. movefile

C. deletefile　　D. opentextfile

8. 如果要利用文件系统对象为文件改名，应使用下面文件系统对象的（　　）方法。

A. copyfile　　B. movefile

C. deletefile　　D. opentextfile

9. 若要使用文件系统组件的对象从文本文件读取字符，可以使用（　　）方法。

A. Read　　B. ReadChar　　C. ReadLine　　D. ReadAll

10. 若要在文本文件写入空行，可以使用（　　）方法。

A. Write　　B. WriteChar　　C. WriteLine　　D. WriteBlankLines

11. 设 set fs=server.createobject("scripting.filesystemobject")，要判断一个文件 c:\user\abc.txt 是否存在，应使用下面（　　）命令。

A. fs.fileexists("c:\user\abc.txt")　　B. fs.deletefile("c:\user\abc.txt")

C. fs.movefile("c:\user\abc.txt")　　D. fs.copyfile("c:\user\abc.txt")

12. 以下代码段的作用是（　　）。

```
<%
path=server.mappath("./")
fn=path & "/test.txt"
set fs=server.createobject("scripting.filesystemobject")
set mf=fs.createtextfile(fn)
mf.close
%>
```

A. 这个语句组在当前网站目录下创建了一个文本文件

B. 这个语句组在根目录下创建了一个文本文件

C. 创建的文件名为 path/test.txt

D. 以上语句执行有错误

二、是非题

1. FileSystemObject 服务器组件的 DriveExists 方法可以用来检查文件是否存在。(　　)

A. 正确　　　　B. 错误

2. 符合 Active X 标准的组件在 ASP 中均可直接使用，不需要注册。(　　)

A. 正确　　　　B. 错误

3. 外置组件与内置组件一样，不需要用 regsvr32 注册，可以直接用 server.createobject 来创建组件对象。(　　)

A. 正确　　　　B. 错误

三、程序设计题

1. 编写两个 ASP 文件，一个用来将服务器端的一个文本文件的内容显示到页面的文本区域中，内容修改后，用另一个 ASP 文件将文本区域中的内容保存到原文本文件。

2. 利用文件系统组件，编写一个能够遍历 D 盘及其包含的所有文件夹和文件的页面。

3. 编写一个页面，页面表单中包含一个文本框和一个按钮，当单击按钮后，先验证文本框中输入的内容是否符合 Email 地址的格式，如果是一个正确的 Email 地址，向该 Email 地址发送一封内容为“测试邮件”的电子邮件。

4. 使用自己熟悉的编程语言，编写一个简单的组件并在 ASP 中使用。

第 8 章

ActiveX 数据对象 «‹

ActiveX 数据对象（ActiveX Data Objects，ADO）是 Microsoft 提出的用于访问关系或非关系数据库中数据的应用程序设计接口（API）。它是当前微软支持的数据库操作最简单直接的方法，是一种功能强大的数据访问编程模式。通过 ADO 可访问大部分的数据库。

本章主要介绍在 ASP 页面中通过 ActiveX 数据对象的 Connection 对象、RecordSet 对象和 Command 对象等实现对数据库访问的方法。

8.1 ActiveX 数据对象概述

ActiveX 数据对象是 Microsoft 提出的用于数据库访问的应用程序设计接口（API），是 Microsoft 组件对象模型（COM）的一部分。

在 Web 应用程序中，使用 ADO 可以连接到 Open Database Connectivity（ODBC）兼容的数据库和 OLE DB 兼容的数据源，包括 MS SQL Server、Access、Oracle 等。ADO 把绝大部分的数据库操作封装在 Command、Connection 和 Recordset 等对象中，提供了丰富而灵活的数据库访问功能，能够实现复杂的数据库访问逻辑。

8.1.1 ActiveX 数据对象的独立对象

1. Connection 对象

Connection 对象是 ADO 的首要对象，它建立与数据源的连接，管理程序对数据的一切操作。对数据源的任何操作都需要建立一个 Connection 对象，因此 Connection 对象是 ADO 的基础。

2. Recordset 对象

Recordset 对象用来管理查询返回的记录集以及记录集中的游标。可以在非显式建立 Connection 对象的情况下，直接打开一个查询结果的记录集，或是对应着 Command 对象的查询返回结果记录集。

3. Field 对象

Field 对象代表一个记录集中的一个列。通过该对象可以取得一个记录集某一列的值 。

4. Command 对象

Command 对象是管理查询命令的对象。它定义对数据源执行的命令，可以接受

SQL 命令、表的名称和存储过程的名称。Command 对象有强大的数据库访问能力，通过对 SQL 服务器的查询和存储过程的调用，既可以实现插入、删除等无返回结果的数据操作，也可使用 Select 语句返回一个记录集。

5．Property 对象

一个 ADO 对象一般包含两种类型的对象属性：固有属性和动态属性。固有属性不作为 Property 对象出现在 Properties 集合中，如 Recordset 对象的 EOF 和 BOF 属性；而动态属性则由数据提供者定义，这些属性作为 Property 对象包含在 Properties 集合中。

6．Parameter 对象

Parameter 对象代表 SQL 存储过程或有参数查询中的一个参数。

7．Error 对象

Error 对象代表对 ADO 对象操作时所发生的错误信息。

8.1.2 ActiveX 数据对象的集合

1．Properties 集合

Properties 集合用来保存与 Connection、Command、Recordset 和 Field 对象有关的各个 Property 对象，是所有 Property 对象的集合。

2．Parameters 集合

Parameters 集合是 Command 对象中包含的所有 Parameter 对象的集合。它属于 Command 对象。

3．Fields 集合

Fields 集合是一个 Recordset 对象的所有 Field 对象的集合。该集合关联着一个 Recordset 对象的所有列。记录集中的每一列在 Fields 集合中都有一个相关的 Field 对象。

4．Errors 集合

对 ADO 对象的操作可能产生一个或多个错误，每当错误发生时，就将一个或多个 Error 对象放置到 Errors 集合中。枚举该集合中的指定错误可使错误处理程序更精确地确定错误产生的来源及其原因，并采用相应的措施解决这些出现的问题。

ADO 的对象和集合之间的关系如图 8-1 所示。

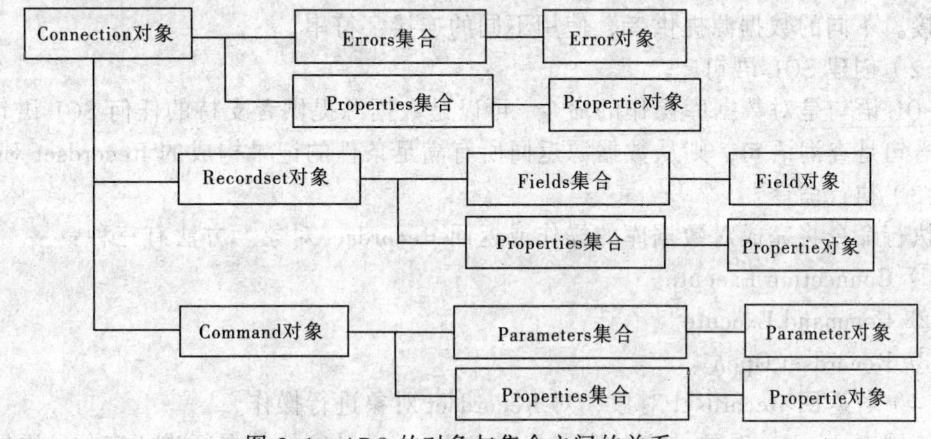

图 8-1 ADO 的对象与集合之间的关系

8.1.3 使用 ADO 访问数据库

ADO 向程序设计人员提供了对 OLE DB 的 Automation 封装接口。我们可以使用 ADO 编写通过 OLE DB 提供者对数据库服务器中的数据进行访问和操作的应用程序。图 8-2 是 Web 应用程序通过 ADO 访问数据库的模型。

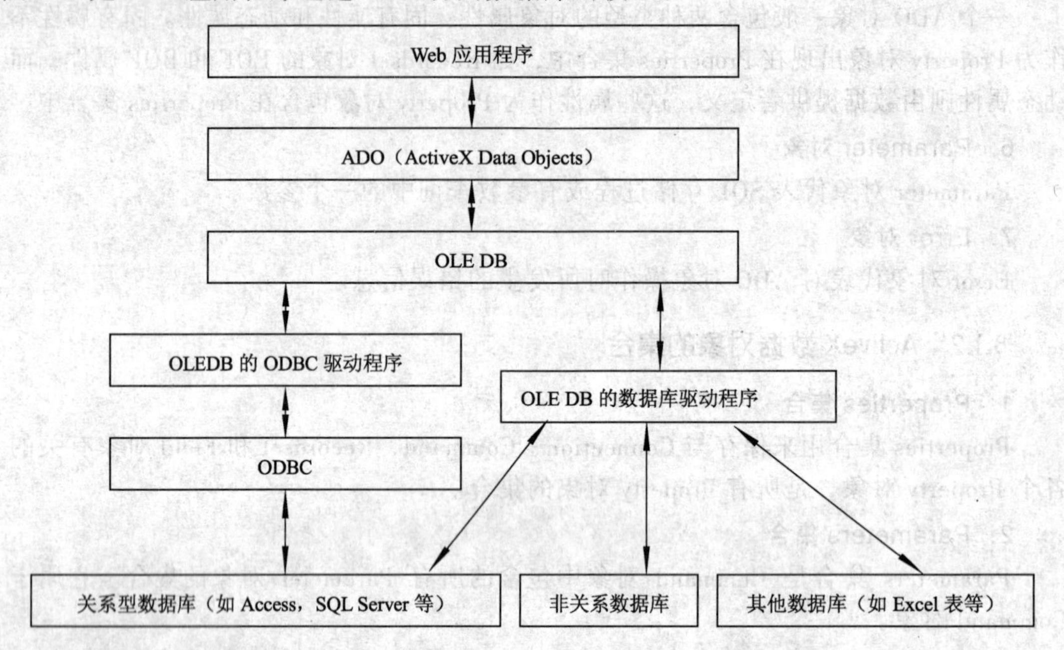

图 8-2　Web 应用程序通过 ADO 访问数据库的模型

在 Web 应用程序中使用 Connection 对象建立并管理与远程数据库的连接，使用 Command 对象提供灵活的查询，使用 Recordset 对象访问数据库查询所返回的结果。ADO 从对应的数据库中取得所需要的数据后，在服务器端生成相应的页面，通过 Internet 将用户所需的页面传送到用户浏览器并显示出来。

通过 ADO 访问数据库的基本步骤为：

（1）建立与数据库的连接

首先创建 Connection 对象，然后使用 Connection 对象的 Open 方法建立与数据库的连接。不同的数据源提供者，使用不同的连接字符串。

（2）创建 SQL 语句

SQL 语句是对数据库操作的命令，可以是数据源提供者支持的任何 SQL 语句。若 SQL 语句是查询语句，则从数据源返回所有满足条件的记录构成的 Recordset 对象。

（3）执行命令

执行命令将完成对数据库的操作或返回 Recordset 对象。方法有三种：

① Connection.Execute。

② Command.Execute。

③ Recordset.Open。

（4）若返回 Recordset 对象，对 Recordset 对象进行操作

使用 Recordset 对象的方法和属性对 Recordset 对象的数据行进行定位、添加、删

除和更新等操作。一般使用 SQL 语句对数据进行操作。

为了便于本章内容的讲解，本章使用一个包含 st_sn、st_name、st_class 和 st_grade 等字段的表 SCORE。

8.1.4 常用 SQL 语句

ADO 对关系型数据库的所有访问都需要 SQL 语句。SQL（Structured Query Language，结构化查询语言）是一种对关系数据库数据进行组织、管理和检索的工具。它可对常见的数据库管理系统，如 Oracle、Sybase、Microsoft SQL Server、Access、DB2 等的数据进行管理和检索。

当用户检索数据库中的数据时，通过 SQL 语句发出请求，接着数据库管理系统（DBMS）对该 SQL 请求进行处理并检索所要求的数据，最后将其返回给用户，此过程被称作数据库查询，这也是数据库查询语言这一名称的由来。

SQL 不是完整的计算机语言，而是一种数据库子语言。SQL 语句可以被嵌入到另一种语言中，从而使其具有数据库存取功能。SQL 是非严格的结构化语言，它的句法更接近自然语言，因此易于理解、记忆和使用。

SQL 简洁、易用、易学。整个 SQL 只用了九个动词就完成了数据控制、数据操纵、数据查询和数据定义的核心功能。这九个动词是 CREATE、DROP、ALTER、SELECT、INSERT、UPDATE、DELETE、GRANT 及 REVOKE。

SQL 功能强大，概括起来可分以下几种：

（1）DDL（Data Definition Language，即数据定义语言）：用于定义数据的结构，如创建、修改或者删除数据库对象。

（2）DML（Data Manipulation Language，即数据操作语言）：用于向数据库添加、修改和删除数据等操作。

（3）DCL（Data Control Language，即数据控制语言）：用于定义数据库用户的权限。

（4）DQL（Data Query Language，即数据查询语言）：用于从数据库中检索指定的数据。

1. 数据定义

数据定义语言是 SQL 中定义数据库中数据结构的语言，它允许数据库管理员（DBA）或用户创建、删除或更改应用程序中所使用到的各种数据对象，如表（table）、视图（view）和索引（indexe）等。

1）数据库的建立与删除

数据库是包括了多个基本表的数据集。在 SQL 语言中，可以利用 CREATE Database 和 DROP Database 语句完成数据库的建立和删除。

（1）创建数据库

创建数据库的语法格式为：

```
CREATE Database 数据库名 [其他参数]
```

其中，数据库名在系统中必须唯一，不能重复。“其他参数”随具体数据库系统不同而异。

（2）删除数据库

当一个数据库不再使用时，可以使用SQL的DROP Database语句将其删除以释放磁盘上所占用的空间。删除数据库时要小心谨慎，数据库一旦被删除，该库中的全部数据，包括数据库主文件、用户数据文件及事务日志文件将被全部删除，一般无法恢复被删除的数据。删除数据库的语法格式为：

```
DROP Database 数据库名
```

该语句可一次删除多个数据库。

2）表的建立与删除

数据表是数据库中的主要对象，建立一个数据库后，就需要在数据库中创建用于存放用户数据的数据表。在关系型数据库中，一个关系对应于一个表（Table）。SQL可以利用CREATE Table和DROP Table语句来完成表的建立和删除。

（1）创建数据表

SQL使用CREATE Table来创建新的数据表，其基本语法格式为：

```
CREATE Table 表名(列名1  数据类型,列名2  数据类型,…列名n  数据类型)
```

其中，列名是表中各个字段的名称，最好使用易于理解的名称，且列的名称必须以字母开头，后面可以使用字母、数字或下画线，且其中不能使用空格，也不能使用SQL中的保留关键词。另外，所有的字段都有相应的数据类型。SQL支持的数据类型有定长字符型、整数、小数和浮点数。不过，各个厂家的数据库产品在此基础上都进行了扩充，各有差别。在使用时应该加以注意。

值得注意的是，在使用CREATE Table语句时，除数据类型外，还可以定义字段的最大长度。

（2）删除数据表

删除数据表的语法格式为：

```
DROP Table 表名
```

DROP Table命令删除指定的数据表，它的作用与删除表格的所有记录不同。删除表中的全部记录之后，该数据表仍然存在，而且表中列的信息不会改变。使用DROP Table命令则会将整个数据表的所有信息全部删除。因此该命令使用时也要十分小心，以免误删。

3）建立和删除索引

（1）建立索引

创建索引的主要目的是加速数据的处理。关系型数据库管理系统（RDBMS）收到客户端的查询请求时，数据库自动将查询做速度最佳化处理。所谓最佳化处理，就是利用索引或其他可提高效率的方法完成数据查询操作。

在数据表中，索引被用来快速找出一个列上有特定值的行。使用索引可迅速地查到表中的数据，而不必扫描整个表。它有以下优点：

① 可大大加快数据的查询速度，同时使查询得到优化，提高系统性能。

② 通过创建唯一索引能保证表中该列数据的唯一性。

③ 可以建立表与表间的联系。

一般应在以下列上建立索引：

① 主键。

② 在与其他表的联系中频繁使用的列。

③ 需要频繁地对该列进行查询或按顺序排列的列。

建立索引的语法格式为：

```
CREATE Index 索引名 ON 表名（列名）
```

（2）删除索引

索引一经建立，就由系统使用和维护它。当数据增加和删除频繁时，系统就会花费很多时间来维护索引，这时就要删除一些不必要的索引。

SQL 删除索引使用 DROP Index 语句，其语法格式为：

```
DROP Index 索引名
```

2. 数据操作

SQL 提供了一系列的语句来操作数据，包括添加（INSERT）、修改（UPDATE）及删除（DELETE）。

（1）数据添加

INSERT 语句的功能是向表中添加一条新的记录。其语法格式为：

```
INSERT INTO 表名(字段1,字段2,…字段n) Values(值1,值2,…值n)
```

其中，字段 1～字段 n 是本条记录中要添加新值的列的名称，它们的值分别为值 1～值 n，其个数、数据类型与对应字段相匹配。表中未在字段名列表中列出的列，其值为空。

例如，给表 SCORE 中添加一条记录：

```
Insert Into SCORE(st_sn,st_name,st_class,st_grade) Values('200801019994',
'张三', '2',80)
```

当插入的是整行数据时，列名可以省略。但 Values 关键字后的数据必须与表中字段顺序及数据类型完全一致。

（2）数据修改

UPDATE 语句用于实现对数据库中数据的修改。其语法格式为：

```
UPDATE 表名 SET 字段1=值1,字段2=值2,…字段n=值n  [WHERE 限制条件]
```

其中，WHERE 子句用来限定需要修改的记录。如果没有 WHERE 子句，则修改表中的所有记录。

例如，更新 st_sn 为“200801019994”的学生的 st_grade 字段值为 90。

```
UPDATE SCORE SET st_grade=90 where st_sn='200801019994'
```

（3）数据删除

DELETE 语句用于从数据表中删除记录。其语法格式为：

```
DELETE  FROM 表名 [WHERE 限制条件]
```

其中，WHERE 子句用来限定需要删除的记录。如果没有 WHERE 子句，则删除表中的所有记录。

例如，删除表 SCORE 中 st_sn 为“200801019994”的记录。

```
DELETE FROM SCORE WHERE st_sn='200801019994'
```

3. 数据查询

SQL 是一种查询功能很强的语言，SQL 使用 SELECT 语句实现查询操作。在众多的 SQL 命令中，SELECT 语句使用最频繁。SELECT 语句用于数据的查询并返回符合用户查询条件的结果。它可与其他的语句配合完成所有的查询功能。SELECT 语句的完整语法，可以有 6 个子句。完整语法格式为：

```
SELECT 表的列名或列表达式集合
FROM 表集合
[WHERE 条件表达式]
[GROUP BY 列名集合 [HAVING 组条件表达式]]
[ORDER BY 列名[集合]…]
```

上述整个查询语句的语义是：

从 FROM 子句列出的表中，选择满足 WHERE 子句给出的条件表达式的记录，然后按 GROUP BY 子句（分组子句）中指定列的值分组，再提取满足 HAVING 子句中组条件表达式的那些组，按 SELECT 子句给出的列名或列表达式求值输出。ORDER 子句（排序子句）是对输出的目标表进行重新排序，并可以附加说明 ASC（升序）或 DESC（降序）排列。

1）检索一个表中的所有行

当查询没有限制条件时，省略 WHERE 子句，返回表中的所有行。这是 SELECT 语句最简单的情况。

例如，列出表 SCORE 中所有记录：

```
SELECT * FROM SCORE
```

在 SQL 语句中，列名使用通配符“*”，表示列出表中的所有列的数据。

2）检索一个表中指定列的数据

当只查询几个列的数据时，需要在 SELECT 子句中明确地指定列的名称。

例如，检索 SCORE 表中 st_sn,st_name,st_grade 三列的数据：

```
SELECT st_sn,st_name,st_grade FROM SCORE
```

3）利用 WHERE 条件子句选择查询

一个数据表中存放着大量相关的数据记录，当只查询满足要求的部分记录时使用 WHERE 子句。

（1）基于比较的查询

SQL 支持的比较运算符有“=”“>”“<”“>=”“<=”“<>”。

在基于比较的查询条件中，需要注意比较运算符前后表达式的数据类型要一致，否则就必须使用数据类型转换函数将其中一种数据类型转换为另一种数据类型。

例如，列出表 SCORE 中 st_class 为“1”记录：

```
SELECT * FROM SCORE WHERE st_class ="1"
```

（2）基于范围的查询

查询基于范围的记录时，使用 BETWEEN…AND…和 NOT BETWEEN…AND…来指定查找属性值在（或不在）指定范围内的记录。

例如，查询表 SCORE 中 st_grade 介于 70 到 90 的记录。

```
SELECT * FROM SCORE WHERE st_grade BETWEEN 70 AND 90
```

（3）基于集合的查询

使用 IN 可以查找列值属于指定集合的记录。

例如，查询 st_class 分别为“1”“2”“4”的记录。

```
SELECT * FROM SCORE WHERE st_class IN ("1","2","4")
```

（4）基于字符匹配的查询

使用 LIKE 运算符查询列值与用户规定字符串相匹配的记录。用户规定的匹配字符串可以是一个完整的字符串，也可以含有通配符“%”和“_”。其中%（百分号）代表任意长度（长度可为 0）的字符串，_（下横线）代表任意单个字符。

（5）组合查询

逻辑运算符 AND 和 OR 可用来联结多个查询条件。AND 的优先级高于 OR，但可以用括号改变优先级。

例如，查询 SCORE 表中 st_grade 大于 90 或 st_class 等于“1”的记录：

```
SELECT * FROM SCORE WHERE st_grade>90 OR st_class="1"
```

（6）NULL 的检索

有时希望知道表中的某一列值是 NULL 的记录，即没有输入过任何值。通常字段未赋予初值时，其值为 NULL。不要把 NULL 等同于 0，NULL 表示一种不能确定的数据，不能将具有 NULL 值的列参加算术运算。

例如，查询 SCORE 表中 st_grade 为空的记录：

```
SELECT * FROM SCORE WHERE st_grade IS NULL
```

4）使用统计函数

SQL 支持的统计函数有：

```
SUM()          计算某列值的总和(此列必须是数值型)
AVG()          计算某列值的平均值(此列必须是数值型)
MAX()          求某列值的最大值
MIN()          求某列值的最小值
COUNT()        统计指定列所包含的记录数目
```

如果指定了 DISTINCT 短语，则表示在计算时要取消指定列中的重复值。如果不指定 DISTINCT 短语或指定 ALL 短语（ALL 为默认值），则表示不取消重复值。

例如，查询 SCORE 表中的记录数：

```
SELECT COUNT(*) FROM SCORE
```

5）分组查询

GROUP BY 子句将查询结果按某一列或多列值分组，值相等的为一组。对查询结果分组的目的是为了细化统计函数的作用对象。如果未对查询结果分组，统计函数将作用于整个查询结果。分组后统计函数将作用于每一个组，即每一组都有一个函数值。

例如，查询 SCORE 数据表中不同 st_class 的平均 st_grade：

```
SELECT AVG(st_grade) FROM SCORE GROUP BY st_class
```

如果分组后还要求按一定的条件对这些组进行筛选，最终只输出指定条件的组，则可以使用 HAVING 短语指定筛选条件。

WHERE 子句与 HAVING 短语的区别在于作用对象不同。WHERE 子句作用于基本表或视图，从中选择满足条件的记录。HAVING 短语作用于组，从中选择满足条件的组。

6）对查询结果进行排序

使用 ORDER BY 子句对查询结果排序。排序时默认按升序（ASC）排列，可以用关键字 DESC 指定按降序排列。

例如，把所有记录按 st_grade 从高到低的顺序进行排序：

```
SELECT * FROM SCORE ORDER BY st_grade DESC
```

按升序排列时，空值记录在最后显示；若按降序排列，空值记录最先显示。

8.2 Connection 对象

Connection 对象代表一个打开的与数据源的连接。如果是客户端/服务器模式的数据库系统，Connection 对象等价于到数据库服务器的实际网络连接。使用 Connection 对象可以实现与 Oracle、Microsoft SQL Server、DB2 和 Access 等数据库的连接，也可以通过 SQL 语句对所连接的数据库进行多种操作。

8.2.1 创建 Connection 对象

在使用 Connection 对象之前，须使用 Server 对象的 CreateObject 方法创建该对象，语法格式为：

```
Set objConnection=Server.CreateObject("ADODB.Connection")
```

其中 objConnection 为 Connection 对象变量名。

8.2.2 Connection 对象的属性

1. ConnectionString 属性

Connection 对象的 ConnectionString 属性用于指定与数据库建立连接的信息。该属性的值是一个字符串，通常称为连接字符串，包含一系列的“参数=值”语句，各个语句用分号分隔。形如：

```
objConnection.ConnectionString="参数 1=值 1;参数 2=值 2; ……"
```

其中 objConnection 为 Connection 对象变量名，参数因连接方法不同而异。

ConnectionString 属性的取值随连接方式和所连接数据库的不同而异，下面分述以不同的连接方式连接不同数据库时 ConnectionString 属性的取值。

1）通过 ODBC 连接数据库

ODBC 是一套用于开发数据库系统应用程序的编程接口（API），无论是本地数据库还是远程数据库，只要系统中有相应的 ODBC 驱动程序，就可以通过 ODBC 与之连接并访问数据库中的信息。

使用 ODBC 连接数据库时，可以使用以下三种方式保存连接信息：

① 创建系统数据源，将连接信息保存到 Windows 注册表中，称为系统 DSN。

② 创建文件数据源，将连接信息保存到文本文件中，称为文件 DSN。

③ 将连接信息以字符串形式直接包含在程序代码中。

DSN（Data Source Name，数据源名）提供了使 ADO 定位、标识与数据库通信的途径。典型情况下，DSN 包含了用户安全性、数据库定位和连接参数等与数据库连接的所有信息，且可以获取 Windows 注册表项中或文本文件的表格。换句话说，DSN 是一个代表 ODBC 连接的符号，它隐藏了诸如数据库文件名、所在目录、数据库驱动程序、用户 ID、密码等细节。一个 DSN 包含以下信息：

① DSN 名：在程序中访问数据库时，向系统传递的名字，不是数据库的实际名称。

② ODBC 驱动程序：在操作数据库时，系统需要调用相应的 ODBC 驱动程序来服务。

③ 数据库或数据库服务器的名称：指定要连接的数据库。不同的数据库系统指定名字的方法不同。

使用控制面板中的“管理工具”→“数据源(ODBC)”命令可以在本机创建 DSN。创建 DSN 时可以选择的 DSN 类型有：用户 DSN、系统 DSN 或文件 DSN。用户和系统 DSN 信息存储在 Windows 注册表中。系统 DSN 允许所有的用户登录到特定的服务器上去访问数据库，而用户 DSN 只能以指定的用户安全身份证明（用户名和密码）连接到指定数据库。文件 DSN 将连接情况存储在一个文件中，只有对该文件有访问权限的用户才能够连接到指定的数据库。

（1）使用系统数据源

在连接字符串中使用 DSN 参数来引用系统数据源，用下面的形式为 ConnectionString 属性赋值：

```
objCon.ConnectionString = "DSN=SysDSN"
```

其中 objCon 为 Connection 对象变量名，*SysDSN* 为系统数据源的名称，数据源中应包含访问数据库所需的用户名和密码等所有信息。

使用系统数据源的方式连接数据库，必须首先创建系统 DSN。

（2）使用文件数据源

在连接字符串中使用 FileDSN 参数来引用文件数据源。用下面的形式为 ConnectionString 属性赋值：

```
objCon.ConnectionString="FileDSN=" & Server.MapPath("FileDSN")
```

其中 objCon 为 Connection 对象变量名，*FileDSN* 为文件数据源的文件名称，数据源中应包含访问数据库所需的用户名和密码等所有信息。文件数据源是一个文本文件，它的扩展名是.dsn，用户名和密码均以明文的方式保存，这个文件可以编辑。

（3）连接信息直接写在程序代码中

将连接信息以字符串形式直接写在程序代码中是常用的形式，连接信息字符串中直接包含所有的连接信息。连接不同类型的数据库，连接字符串不同。

连接 Access 数据库时，用下面的形式为 ConnectionString 属性赋值：

```
objCon.ConnectionString="DRIVER={Microsoft Access Driver (*.mdb,
     *.accdb)};" & _"UID=admin;PWD= Password; " & _
                    "DBQ=" & Server.MapPath("DBFileName")
```

其中 objCon 为 Connection 对象变量名。DRIVER 和 DBQ 分别指定所用的数据库驱动程序和要连接的 Access 数据库文件的路径，UID 和 PWD 指定用户 ID 和密码，*admin* 和 *Password* 分别为用户名和密码，*DBFileName* 为所连接的 Access 数据库文件名，一般情况下该文件同 Web 站点文件在同一个目录下（同一文件夹中）。

如果 Web 服务器上没有安装 Office 2007 及以上版本，必须从微软的官方网站 https://www.microsoft.com/zh-CN/download/details.aspx?id=13255 下载安装 Access 2010 数据库引擎可再发行程序包 AccessDatabaseEngine.exe 或 AccessDatabaseEngine_X64.exe，下载安装时要区分 32 位还是 64 位。

连接 SQL Server 数据库时，用下面的形式为 ConnectionString 属性赋值：

```
objCon.ConnectionString = "DRIVER={SQL Server};SERVER=SqlServerName" &_
                     "UID= SqlUserName;PWD= SqlPassword; " & _
                     "DATABASE=DabaseName"
```

其中 objCon 为 Connection 对象变量名。在连接字符串中包含 DRIVER、SERVER、UID、PWD 和 DATABASE 五个参数，分别指定所用的数据库驱动程序、要连接的 SQL Server 数据库服务器名、用户 ID、密码和数据库的名称；*SqlServerName* 表示 SQL Server 数据库服务器的名称（或 IP 地址），*SqlUserName* 和 *SqlPassword* 表示登录 SQL Server 数据库服务器的用户名和密码，*DabaseName* 表示要连接的 SQL Server 数据库。

连接 SQL Server 数据库时，需要在 SQL Server 数据库服务器启用 TCP/IP 和命名管道。

2）通过 OLE DB 连接数据库

使用 OLE DB 连接数据库时，连接信息直接写在连接字符串中。连接不同类型的数据库，连接字符串也不同。

连接 Access 97、Access 2000、Access 2002 和 Access 2003 数据库时，用下面的形式为 ConnectionString 属性赋值：

```
objCon.ConnectionString="Provider=Microsoft.Jet.OLEDB.4.0; " & _
               " Data Source=" & Server.MapPath("DBFileName") & _
               ";Jet OLEDB:Database Password= password"
```

其中 objCon 为 Connection 对象变量名，Provider 指定连接数据库所使用的 OLE DB 程序，Data Source 指定要连接的 Access 数据库文件名称，Database Password 指定密码；*DBFileName* 为 Access 数据库文件名，*password* 为打开数据库的密码。

连接 Access 2007 及以上版本时，如果 Web 服务器上没有安装 Office 2007 及以上版本，必须从微软的官方网站 https://www.microsoft.com/zh-CN/download/details.aspx?id=13255 下载安装 Access 2010 数据库引擎可再发行程序包 AccessDatabaseEngine.exe 或 AccessDatabaseEngine_X64.exe，下载安装时要区分 32 位还是 64 位。然后用下面的形式为 ConnectionString 属性赋值：

```
objCon.ConnectionString="Provider= Microsoft.ACE.OLEDB.12.0; " & _
                    " Data Source=" & Server.MapPath("DBFileName") & _
                    ";Jet OLEDB:Database Password= password"
```

其中 objCon 为 Connection 对象变量名，Provider 指定连接数据库所使用的 OLE DB 程序，Data Source 指定要连接的 Access 数据库文件名称，Database Password 指定密码；*DBFileName* 为 Access 数据库文件名，*password* 为打开数据库的密码。

连接 SQL Server 数据库时，用下面的形式为 ConnectionString 属性赋值：

```
objCon.ConnectionString="Provider= SQLOLEDB.1; " & _
                    "Data Source=SqlServerName;" & _
                    "User ID=SqlUserName;Password =Sqlpassword;" & _
                    "Initial Catalog =SqlDatabaseName"
```

其中 objCon 为 Connection 对象变量名，Provider 指定连接数据库所使用的 OLE DB 程序，Data Source 指定要连接的 SQL Server 数据库服务器名或 IP 地址，User ID 指定连接中使用的 SQL Server 登录标识，Password 指定 SQL Server 登录密码，Initial Catalog 指定位于数据库服务器上的一个指定数据库；*SqlServerName* 表示 SQL Server 数据库服务器的名称（或 IP 地址），*SqlUserName* 和 *SqlPassword* 表示登录 SQL Server 数据库服务器的用户名和密码，*DabaseName* 表示要连接的 SQL Server 数据库。

2. ConnectionTimeout 属性

Connection 对象的 ConnectionTimeout 属性设置在终止尝试连接和产生错误前建立数据库连接期间所等待的时间，该属性是一个长整型值，单位为秒，默认值为 15。

如果由于网络拥塞或服务器负载过重导致的延迟使得必须放弃连接尝试时，可以使用 Connection 对象的 ConnectionTimeout 属性。如果打开连接前所经过的时间超过由该属性设置的时间，将产生错误，并且 ADO 将取消该尝试。如果将该属性设置为 0，ADO 将无限等待直到连接打开。打开连接时 ConnectionTimeout 属性为只读，关闭连接后该属性可读可写。

3. State 属性

Connection 对象的 State 属性用于检查 Connection 对象的当前状态，该属性为只读，其返回值是一个长整型数字，返回下列常量之一：

```
adStateClosed: 表示 Connection 对象处于关闭状态，值为 0。
adStateOpen: 表示 Connection 对象是处于打开状态，值为 1。
```

以上符号常量的定义包含在 adovbs.inc 文件中，可以在 C:\Program Files\Common Files\System\ado 文件夹中找到该文件，该文件包含 ADO 使用的符号常量的定义清单。若要使用这些符号常量，应将该文件复制到站点目录下，并使用#include 指令将该文件包含到相应的 ASP 页面中。

8.2.3 Connection 对象的方法

1. Open 方法

Connection 对象的 Open 方法用于建立到数据库的物理连接，语法格式为：

```
objConnection.Open ConnectionString, UserID, Password, OpenOptions
```

其中 objConnection 为 Connection 对象变量名，其他参数均是可选的。ConnectionString 指定连接字符串；当 ConnectionString 中不包含用户 ID 和密码时，UserID 指定建立连接访问数据库时的用户 ID，Password 指定建立连接访问数据库时的密码；使用 OpenOptions 参数设置异步打开连接。

当使用 Connection 对象的 Open 方法前已为 ConnectionString 属性赋值时，可直接使用下面的语法格式：

```
objConnection.Open
```

例如：数据库 student.mdb 的密码为“123”，建立到该数据库的连接。

```
<%
Dim Objcn
Set Objcn= Server.CreateObject("ADODB.Connection")
Objcn.Open "Provider=Microsoft.Jet.OLEDB.4.0; " & _
           " Data Source=" & Server.MapPath("student.mdb") & _
       ";Jet OLEDB:Database Password= '123'"
%>
```

也可以使用以下的代码：

```
<%
Dim Objcn
Set Objcn= Server.CreateObject("ADODB.Connection")
Objcn.ConnectionString="Provider=Microsoft.Jet.OLEDB.4.0; " & _
              " Data Source=" & Server.MapPath("student.mdb") & _
              ";Jet OLEDB:Database Password= '123'"
Objcn.Open
%>
```

上述代码中的数据库 student.mdb 为 Access 2003 版，若使用 Access 2007 以后版本的数据库，需将连接字符串中的“Provider=Microsoft.Jet.OLEDB.4.0;”修改为“Provider= Microsoft.ACE.OLEDB.12.0;”。

2. Close 方法

Connection 对象的 Close 方法用于关闭打开的到数据库的物理连接，Close 方法释放所有关联的系统资源。语法格式为：

```
objConnection.Close
```

其中 objConnection 为 Connection 对象变量的名称。

需要说明的是，关闭对象并非将它从内存中删除，此时可以更改它的属性并再次使用 Open 方法打开它。要将该对象完全从内存中删除，可以将对象变量设置为 Nothing，语法格式为：

```
Set objConnection=Nothing
```

3. Execute 方法

Connection 对象的 Execute 方法用于执行指定的查询、SQL 语句、存储过程或特定提供程序的文本等内容。该方法有下列两种语法格式：

（1）不返回记录集

```
objConnection.Execute CommandText,RecordsAffected,Options
```

（2）返回记录集

```
Set objRrecordset=objConnection.Execute(CommandText,RecordsA ffected,
Options)
```

其中 objConnection 为 Connection 对象变量的名称，objRrecordset 为返回的 Rrecordset 对象名。CommandText 是一个字符串，可以是要执行的 SQL 语句、表名、存储过程或特定提供程序的文本。CommandText 的内容可以是标准的 SQL 语句或任何提供程序支持的特殊命令格式。RecordsAffected 是可选参数，长整型变量，返回操作所影响的记录数目。Options 也是可选参数，指定 CommandText 参数赋值的类型，可以取下列符号常量之一：

```
adCmdText: CommandText 赋值为命令的文本定义，值为&H0001。
adCmdTable: CommandText 赋值为表名，值为&H0002。
adCmdStoredProc: CommandText 赋值为存储过程，值为&H0004。
adCmdUnknown: CommandText 参数中的命令类型为未知，值为&H0008。
adCmdTableDirect: 从 CommandText 命名的表中返回所有行，值为&H0200。
```

以上符号常量的定义包含在 adovbs.inc 文件中。

4. 与事务处理相关的方法

为了保证数据库更新的可靠性，Connection 对象提供了三个与事务处理有关的方法，BeginTrans 方法、CommitTrans 方法和 RollbackTrans 方法，“事务”是一组要么全部成功，要么全部失败的操作。当对数据库进行许多相关联的操作或同时更新多个数据库时，必须确保所有更新都被完全正确执行，这时就需要使用事务处理。这三个方法描述如下：

```
BeginTrans          开始新的事务
CommitTrans         结束并执行目前事务的操作
RollbackTrans       取消并结束目前事务的操作
```

下面的代码简要说明了这三个方法的使用：

```
<%
Dim Objcn
Set Objcn= Server.CreateObject("ADODB.Connection")
```

```
Objcn.ConnectionString="Provider=Microsoft.Jet.OLEDB.4.0; " & _
                 " Data Source=" & Server.MapPath("student.mdb") & _
                 ";Jet OLEDB:Database Password= '123'"
Objcn.Open
Objcn.begintrans                          '开始事务
sql="delete from score"
Objcn.Execute sql
if Objcn.errors.count>0 then              '有错误发生
  Objcn.rollbacktrans                     '回滚
  set rs=nothing
  Objcn.close
  set Objcn=nothing
  response.write "操作失败，回滚至修改前的状态！"
  response.end
else
  Objcn.committrans                       '提交事务
  set rs=nothing
  Objcn.close
  set Objcn=nothing
  response.write "操作成功！"
  response.end
end if
%>
```

8.2.4 使用 Connection 对象

下面通过几个具体例子，说明 Connection 对象的使用方法。

【例 8.1】为数据库 Student.mdb 中的 SCORE 表添加记录。

```
<%
Dim db_path,ObjCn,StrSQL
db_path="student.mdb"           '此数据库为 Access2003 版
db_path="student.accdb"         '此数据库为 Access2010 版
Set ObjCn=Server.CreateObject("ADODB.Connection")
'使用 ODBC 方式的连接字符串连接 Access 数据库
'objCn.ConnectionString=" DRIVER={Microsoft Access Driver (*.mdb,
*.accdb)};" & _"DBQ=" & Server.MapPath(db_path) & _";UID=admin;PWD=123"
'使用 OLE DB 方式的连接字符串连接 Access2003 数据库
ObjCn.ConnectionString="Provider=Microsoft.Jet.OLEDB.4.0; " & _
                    "Data Source=" & Server.MapPath(db_path) & _
                    ";Jet OLEDB:Database Password='123'"
'使用 OLE DB 方式的连接字符串连接 Access2010 数据库
ObjCn.ConnectionString =" Provider= Microsoft.ACE.OLEDB.12.0;" & _
                    "Data Source=" & Server.MapPath(db_path) & _
                    ";Jet OLEDB:Database Password='123'"
ObjCn.Open
response.write objcn.state
```

```
StrSQL="Insert Into SCORE Values ('200901019997','张三', '2',70)"
ObjCn.Execute StrSQL
ObjCn.Close
Set ObjCn=Nothing
%>
```

该程序示例中写出了以多种方式连接数据库的代码，读者可依次选择不同的连接方法，验证到数据库的连接。以下的示例，均为使用 OLE DB 方式的连接字符串连接 Access 2003 数据库。

【例 8.2】将 Student.mdb 中 SCORE 表中“张三”的成绩（ST_GRADE）更新为 90。

```
<%
Dim db_path,ObjCn,StrSQL
db_path="student.mdb"
Set ObjCn=Server.CreateObject("ADODB.Connection")
ObjCn.ConnectionString="Provider=Microsoft.Jet.OLEDB.4.0; " & _
                       "Data Source=" & Server.MapPath(db_path) & _
                       ";Jet OLEDB:Database Password='123'"
ObjCn.Open
StrSQL="Update SCORE Set ST_GRADE =90 Where ST_Name='张三'"
ObjCn.Execute StrSQL
ObjCn.Close
Set ObjCn=Nothing
%>
```

【例 8.3】删除 Student.mdb 的 SCORE 表中成绩（ST_GRADE）低于 60 的记录。

```
<!-- #Include File="Adovbs.Inc" -->
<%
Dim db_path,ObjCn,StrSQL
db_path="Student.mdb"
Set ObjCn=Server.CreateObject("ADODB.Connection")
ObjCn.ConnectionString="Provider=Microsoft.Jet.OLEDB.4.0; " & _
                       "Data Source=" & Server.MapPath(db_path) & _
                       ";Jet OLEDB:Database Password='123'"
ObjCn.Open
StrSQL="Delete From SCORE Where ST_Grade<60"
ObjCn.Execute StrSQL,n,adcmdtext
response.write "删除的记录数为: "& n & "。<br>"
ObjCn.Close
Set ObjCn=Nothing
%>
```

【例 8.4】从 Student.mdb 的 SCORE 表中检索成绩（ST_GRADE）大于 80 的记录。

```
<!-- #Include File="Adovbs.Inc" -->
<%
Dim db_path,ObjCn,StrSQL,ObjRs
db_path="student.mdb"
Set ObjCn=Server.CreateObject("ADODB.Connection")
ObjCn.ConnectionString="Provider=Microsoft.Jet.OLEDB.4.0; " & _
```

```
                    "Data Source=" & Server.MapPath(db_path) & _
                    ";Jet OLEDB:Database Password='123'"
ObjCn.Open
StrSQL="Select * From SCORE Where ST_Grade>=80"
Set ObjRs=ObjCn.Execute(StrSQL,n,adcmdtext)
ObjCn.Close
Set ObjCn=Nothing
%>
```

【例 8.5】注册示例。

该示例包含一个注册页面 Register.htm 和一个处理客户端提交数据的页面 register.asp。

Register.htm 的代码如下：

```
<!DOCTYPE html>
<html>
  <head>
    <title>注册页</title>
  </head>
  <body>
    欢迎注册，请输入用户名和密码
  <form method="post" action="register.asp">
  <p>姓名: <input type="text" name="name" size="10"></p>
  <p>密码: <input type="password" name="password" size="10"></p>
  <p><input type="submit" value="确定">
     <input type="reset" value="取消"></p>
  </form>
  </body>
</html>
Register.asp 的代码如下:
<%
'取得用户名和密码，并删除用户名和密码中的首尾空格
name=Trim(Request.Form("Name"))
password=Trim(Request.Form("Password"))
'如果用户名或密码为空，重定向到注册页面
If name="" or password="" then
    Response.Redirect "register.htm"
End If
'打开数据库，建立连接
db_path="user.mdb"
Set Conn=Server.CreateObject("ADODB.Connection")
Conn.ConnectionString="Provider=Microsoft.Jet.OLEDB.4.0; " & _
                    "Data Source=" & Server.MapPath(db_path)
Conn.Open
'检查用户是否已经存在
set Rs=conn.Execute("Select * From systemuser where userid='" & name
                                                              & "'")
If Rs.EOF Then
   '向表 systemuser 添加数据
   strSql="Insert into systemuser VALUES('" & name & "','" & password
                                                              & "')"
```

```
      conn.Execute strSql
      Response.Write "注册成功！<BR>"
   Else
      Response.Write "用户已存在，请选择新的用户名重新注册！<BR>"
      Response.Write  "<A href='register.htm'>返回注册页面</A><BR>"
   End If
   Rs.Close
   Set Rs=Nothing
   Conn.Close
   Set Conn = Nothing
   %>
```

8.3 Recordset 对象

Recordset 对象表示来自基本表或命令执行结果的记录集。在任何情况下，该对象所指的当前记录均为集合内的单个记录。使用 Recordset 对象可以操作来自不同数据库提供程序的数据，并可完成所有的数据操作。所有 Recordset 对象中的数据在逻辑上由记录（行）和字段（列）组成。

在创建并打开 Recordset 对象之前，必须存在一个到数据库的有效连接（即一个打开的连接对象 Connection）。打开 Recordset 对象后，即可使用 Recordset 对象对数据进行操作。

8.3.1 创建 Recordset 对象

我们可以通过下述两种方法之一，创建 Recordset 对象。

1. 通过 Connection 对象的 Execute 方法得到 Recordset 对象

如果调用 Connection 对象的 Execute 方法时，CommandText 参数指定按行返回的查询，则产生的结果将存储在新的 Recordset 对象中。该对象被创建的同时并被打开，其中存储着查询返回的零个或若干个记录。

使用该方法得到的 Recordset 对象，游标类型为仅向前移动，并且不论 Recordset 对象中有无记录，该对象的 RecordCount 属性均返回-1。

在例 8.5 中，为了检查用户是否存在，调用 Connection 对象的 Execute 方法得到了 Recordset 对象 Rs。

2. 创建 Recordset 对象

使用 Server 对象的 CreateObject 方法创建 Recordset 对象的实例，语法格式为：

```
Set  objRecordset=Server.CreateObject("ADODB.Recordset")
```

其中 objRecordset 为 Recordset 对象变量名。

8.3.2 Recordset 对象的属性

1. 与打开 Recordset 对象相关的属性

在打开 Recordset 对象之前，必需指定 Recordset 对象中记录的来源、连接到数据库的有效 Connection 对象，还可以指定 Recordset 对象使用的游标类型和使用的锁定（并发）类型。

（1）Source 属性

Source 属性是一个字符串，用于指定 Recordset 对象中记录的来源，可以是 Command 对象变量名、SQL 语句、表名和存储过程等。在打开 Recordset 对象之前或打开 Recordset 对象时，指定该属性。下面的语句在创建 Recordset 对象后为该属性赋值，为打开 Recordset 对象做准备：

```
Set objRecordset=Server.CreateObject("ADODB.Recordset")
objRecordset.Source="Select * From SCORE Where ST_Grade>=80"
```

其中 objRecordset 为 Recordset 对象变量名。

（2）ActiveConnection 属性

ActiveConnection 属性是一个 Connection 对象，指定一个到数据库的有效连接，可以是 Connection 对象变量名。在打开 Recordset 对象之前或打开 Recordset 对象时，指定该属性。下面的语句在创建 Recordset 对象后为该属性赋值，为打开 Recordset 对象做准备：

```
db_path="Student.mdb"
Set ObjCn=Server.CreateObject("ADODB.Connection")
ObjCn.ConnectionString="Provider=Microsoft.Jet.OLEDB.4.0; " & _
                "Data Source=" & Server.MapPath(db_path) & _
                ";Jet OLEDB:Database Password='123'"
ObjCn.Open
Set  objRecordset=Server.CreateObject("ADODB.Recordset")
objRecordset.ActiveConnection= ObjCn
```

其中 ObjCn 为到数据库 Student.mdb 的有效连接，objRecordset 为 Recordset 对象变量名。

（3）CursorType 属性

CursorType 属性指定打开 Recordset 对象时使用的游标类型，可以取下列符号常量值之一：

① adOpenForwardOnly：0，仅向前游标（默认值），只能在 Recordset 中向前移动。

② adOpenKeyset：1，键集游标，允许 Recordset 中各种类型的移动。其他用户更新的记录能体现出来，但插入和删除的记录不能体现出来。

③ adOpenDynamic：2，动态游标，用于不依赖书签的 Recordset 中各种类型的移动。如果提供者支持，可以使用书签。其他用户所做的更新、插入和删除都能体现（反映）出来。

④ adOpenStatic：3，静态游标，允许 Recordset 中各种类型的移动，支持书签。该游标也称为快照游标，只反映打开时的状态，不能反映对其的更新、插入和删除效果。

以上符号常量的定义包含在 adovbs.inc 文件中。

使用仅向前游标，无论记录集中有无记录，RecordCount 属性均返回-1，并且不支持书签。使用动态游标，RecordCount 属性是否返回记录个数，是否支持书签，依数据源的提供者而定。

在打开 Recordset 对象之前或打开 Recordset 对象时，指定该属性。该属性可省略，省略时取默认值。

（4）LockType 属性

LockType 属性指定打开 Recordset 对象时使用的锁定（并发）类型，可以取下列符号常量值之一：

① adLockReadOnly：1，这是默认值，记录为只读，无法更改数据。

② adLockPessimistic：2，保守式记录锁定（逐条），提供程序执行必要的操作确保成功编辑记录，通常采用编辑时立即锁定数据源的记录的方式。

③ adLockOptimistic：3，开放式记录锁定（逐条），提供程序使用开放式锁定，只在调用 Update 方法时锁定记录。

④ adLockBatchOptimistic：4，开放式批更新，用于与立即更新模式相反的批更新模式。

以上符号常量的定义包含在 adovbs.inc 文件中。

在打开 Recordset 对象之前或打开 Recordset 对象时，指定该属性。该属性可省略，省略时取默认值。

2. 与 Recordset 对象中记录定位相关的属性

当打开一个非空的 Recordset 对象时，当前记录总是位于第一个记录。RecordSet 对象提供下列与记录定位相关的属性。

（1）AbsolutePosition 属性

AbsolutePosition 属性设置或返回当前记录在 Recordset 对象中的序号。

例如，使用下面的代码，可将 Recordset 对象 RS 当前记录的序号赋值给变量 X。

```
X=RS.AbsolutePosition
```

使用下面的代码，可将 Recordset 对象 RS 中序号为 5 的记录设置为当前记录。

```
RS.AbsolutePosition=5
```

注意：上述语句中 RS 的记录总数必须不小于 5。

（2）Bookmark 属性

Bookmark 属性设置或返回在 Recordset 中唯一标识当前记录的书签。

例如，使用下面的代码，可将 Recordset 对象 RS 中当前记录的书签赋给变量 B。

```
B=RS. Bookmark
```

使用下面的代码，使 Recordset 对象 RS 中有书签 B 的记录成为当前记录。

```
RS.BookMark=B
```

（3）EOF 和 BOF 属性

仅当 Recordset 对象的当前记录在第一条记录之前，BOF 属性值才为 True；仅当 Recordset 对象的当前记录在最后一条记录之后，EOF 属性值才为 True。当 Recordset 对象为空时，这两个属性均为 True。这两个属性一般在遍历整个记录集时使用。

3. RecordCount 属性

RecordCount 属性返回 Recordset 中记录的数目。仅向前游标不支持 RecordCount 属性，动态游标是否支持 RecordCount 属性与数据提供者有关。当 ADO 无法确定记录数时，该属性返回-1。

8.3.3 Recordset 对象的集合

Recordset 对象有且只有一个 Fields 集合，该集合由一些 Field 对象组成，Field 对象的个数由 Fields 集合的 count 属性确定。每个 Field 对象对应于 Recordset 对象中的一列，也就是数据库表中的一个字段。使用 Field 对象的 Value 属性（默认属性，可省略）可以设置或返回当前记录的字段值，使用 Field 对象的 Name 属性可以返回字段名。

例如，使用下面的代码，可显示已打开的 RecordSet 对象 RS 中各个字段的名称：

```
For i=0 to RS.Fields.Count-1
  Response.Write RS.Fields(i).Name & "<br>"
Next
```

也可以使用下面的代码显示：

```
For Each F in RS.Fields
  Response.Write F.Name & "<br>"
Next
```

若要存取已打开的 RecordSet 对象 RS 中字段 ST_Grade 的值，可使用下面任意一种形式：

```
RS.Fields("ST_Grade").Value
RS.Fields("ST_Grade")
RS("ST_Grade")
RS.Fields(3).Value
RS.Fields(3)
RS(3)
```

8.3.4 Recordset 对象的方法

1. Open 方法

使用 Recordset 对象的 Open 方法打开一个记录集。语法格式为：

```
ObjRecordset.Open Source, ActiveConnection, CursorType, LockType,
Options
```

其中 ObjRecordset 为 Recordset 对象变量名，Source, ActiveConnection, CursorType, LockType 和 Options 是打开 Recordset 对象时所需的参数。当给 Recordset 对象指定这些参数所要求的属性 Source, ActiveConnection, CursorType 和 LockType 后，可不加任何参数打开 Recordset 对象。Options 参数指定提供者 Source 参数的类型，如表、SQL 语句等，取值可以为 adCmdTable/adCmdText 等。不加参数打开 Recordset 对象的语法格式为：

```
ObjRecordset.Open
```

2. Colse 方法

使用 Close 方法关闭 Recordset 对象,同时释放相关联的数据和可能已经通过该特定 Recordset 对象对数据进行的独立访问。关闭 Recordset 对象的语法格式为：

```
ObjRecordset.Close
```

其中 ObjRecordset 为 Recordset 对象变量名。

需要说明的是，关闭 Recordset 对象后，该对象变量并没有从内存中删除。此时可以更改它的属性并再次使用 Open 方法打开它。要将该对象完全从内存中删除，可以将对象变量设置为 Nothing，语法格式为：

```
Set ObjRecordset=Nothing
```

3. 改变当前记录序号的方法

(1) Move 方法

Move 方法用于将 Recordset 对象中指向当前记录的指针向前(或向后)移动一定的数目，使之成为新的当前记录。语法格式为：

```
ObjRecordset.Move NumRecords, Start
```

其中 ObjRecordset 为 Recordset 对象变量名。NumRecords 为正数时，向 Recordset 的末尾移动，NumRecords 为负数时向 Recordset 的开始处移动。Start 指定移动的起点，可以是当前记录(默认值)或某一书签。

例如，将 Recordset 对象 ObjRecordset 的当前记录指针向前移动 2。

```
ObjRecordset.Move 2
```

(2) MoveFirst 方法

MoveFirst 方法使 Recordset 中的第一条记录成为当前记录。语法格式为：

```
ObjRecordset.MoveFirst
```

其中 ObjRecordset 为 Recordset 对象变量名。

(3) MoveLast 方法

MoveLast 方法使 Recordset 中的最后一条记录成为当前记录。语法格式为：

```
ObjRecordset.MoveLast
```

其中 ObjRecordset 为 Recordset 对象变量名。

(4) MoveNext 方法

MoveNext 方法使 Recordset 中当前记录的下一条记录成为当前记录。语法格式为：

```
ObjRecordset.MoveNext
```

其中 ObjRecordset 为 Recordset 对象变量名。

(5) MovePrevious 方法

MovePrevious 方法使 Recordset 中当前记录的上一条记录成为当前记录。语法格式为：

```
ObjRecordset.MovePrevious
```

其中 ObjRccordset 为 Recordset 对象变量名。

（6）Find 方法

Find 方法用于在 Recordset 中搜索满足指定条件的记录。可选择指定搜索方向、起始记录和从起始记录的偏移量。如果搜索到满足条件的记录，则该记录成为当前记录；否则将把当前记录的位置设置为 Recordset 的结尾（或开始）处，即 EOF（或 BOF）属性为 True。语法格式为：

```
ObjRecordset.Find Criteria,SkipRows,SearchDirection,Start
```

其中 ObjRecordset 为 Recordset 对象变量名。Criteria 为搜索条件字符串，一般为列名、比较操作符和值的组合。比较操作符可以是>、<、=或 Like（模式匹配）等。如果比较操作符为 Like，则字符串值可以包含通配符星号（*）和下画线（_），星号表示任意个任意字符，下画线表示一个任意字符。SkipRows 是可选参数，指定从当前行或 Start 书签的位移开始搜索。其默认值为 0。SearchDirection 为可选参数，指定搜索的方向，值为 adSearchForward（1）或 adSearchBackward（-1）；如果该值为 adSearchForward，不成功的搜索将在 Recordset 的结尾处停止，如果该值为 adSearchBackward，不成功的搜索将在 Recordset 的开始处停止。Start 是可选参数，变体型书签，指定搜索的开始位置。

例如，从第一条记录开始，搜索 Recordset 对象 RS 内 ST_NAME 为“王伟”的记录。

```
RS.Find " ST_NAME='王伟'", , ,1
```

调用 Find 方法后，可以用 RS.EOF 来判断是否找到。若找到，则定位到姓名为“王伟”的记录。

注意：如果在调用 Find 前未设置当前记录的位置，将发生错误。

4. 更新、删除和增加记录的方法

使用 Recordset 对象的 AddNew、Delete、Update、CancelUpdate、UpdateBatch 方法可以增加记录、删除记录和更新记录。

（1）AddNew 方法

AddNew 方法用于在 Recordset 中添加记录。有两种使用格式：

第一种没有任何参数，语法格式为：

```
ObjRecordset.AddNew
```

其中 ObjRecordset 为 Recordset 对象变量名。使用该格式调用 AddNew 方法，在 Recordset 的最后添加一个空记录。在为新增记录的各个字段赋值后调用 Update 方法保存所做的更改。

第二种使用可选参数，语法格式为：

```
ObjRecordset.AddNew Array(字段名 1,字段名 2,……), Array(字段值 1,字段值 2,……)
```

其中 ObjRecordset 为 Recordset 对象变量名。使用该格式调用 AddNew 方法，在 Recordset 的最后添加一个记录，语句中列出的字段均被赋值。需要注意的是，字段值列表中的数据一定要与字段名列表中的字段顺序和类型一致。

【例 8.6】给 Student.mdb 数据库的 SCORE 表中增加一条记录。

```
<!-- #Include File="Adovbs.Inc" -->
<%
'打开数据库，建立连接
db_path="Student.mdb"
Set objCn=Server.CreateObject("ADODB.Connection")
Objcn.ConnectionString="Provider=Microsoft.Jet.OLEDB.4.0; " & _
                    " Data Source=" & Server.MapPath("student.mdb") & _
                    ";Jet OLEDB:Database Password= '123'"
objcn.Open
'创建一个 Recordset 对象
Set objRs = Server.CreateObject("ADODB.Recordset")
objRs.Source="SCORE"
objRs.ActiveConnection=objcn
objRs.CursorType=adopenkeyset
objRs.LockType=adLockOptimistic
objRs.open
objRs.Addnew
objRs.Fields("St_Sn")="200601023456"
objRs.Fields("St_Name")="张三"
objRs.Fields("St_Class")="5"
objRs.Fields("St_Grade")=88
objRs.Update
objRs.Close
Set objRs=Nothing
objcn.Close
Set objcn= Nothing
%>
使用第二种格式时，增加记录的语句可改为:
RS.AddNew Array("St_sn"," St_name"," St_class"," St_grade") , _
        Array("200601023456","张三","5",88)
```

（2）Update 方法

Update 方法保存对当前记录所做的所有更改，移向其他记录时自动调用该方法。Update 方法的语法格式为：

```
ObjRecordset.Update
```

其中 ObjRecordset 为 Recordset 对象变量名。

例如，将已打开的 Recordset 对象 RS 中当前记录的 St_Grade 字段的值修改为 90。

```
RS.Fields("St_Grade")=90
RS.Update
```

（3）CancelUpdate 方法

CancelUpdate 方法取消对当前记录或新记录所做的任何更改，必须在调用 Update 方法或移向其他记录前调用。CancelUpdate 方法的语法格式为：

```
ObjRecordset.CancelUpdate
```

其中 ObjRecordset 为 Recordset 对象变量名。

（4）UpdateBatch 方法

UpdateBatch 方法将所有挂起的批更新写入磁盘。UpdateBatch 方法的语法格式为：

```
ObjRecordset.UpdateBatch
```

其中 ObjRecordset 为 Recordset 对象变量名。

（5）Delete 方法

Delete 方法用于删除打开的 Recordset 对象中的当前记录。语法格式为：

```
ObjRecordset.Delete
```

其中 ObjRecordset 为 Recordset 对象变量名。

【例 8.7】删除 Student.mdb 数据库中 SCORE 表的 ST_Name 是“张三”的记录。

```
<!-- #Include File="Adovbs.Inc" -->
<%
'打开数据库，建立连接
db_path="Student.mdb"
Set objCn=Server.CreateObject("ADODB.Connection")
Objcn. ConnectionString="Provider=Microsoft.Jet.OLEDB.4.0; "  & _
                " Data Source=" & Server.MapPath("student.mdb") & _
                ";Jet OLEDB:Database Password= '123'"
objcn.Open
'创建一个 Recordset 对象
Set objRs=Server.CreateObject("ADODB.Recordset")
strSQL="Select * From  SCORE  Where  ST_Name='张三' "
objRs.Open strSQL,objcn,adopenkeyset,adLockOptimistic, adCmdText
objRs.Delete
objRs.Close
Set objRs=Nothing
objcn.Close
Set objcn= Nothing
%>
```

5. Save 方法

Save 方法用于将 Recordset 中的记录保存成其他格式的文件。语法格式为：

```
ObjRecordset.Save  Filename,Format
```

其中 ObjRecordset 为 Recordset 对象变量名。Filename 指定保存记录集的完整文件名，Format 指定保存 Recordset 对象中记录的格式（XML 或 ADTG）。保存到其他文件格式中的内容可使用 RrecordSet 对象的 Open 方法恢复到 RrecordSet 对象变量中。

Save 方法执行完成后，Recordset 对象的当前记录为第一行，在 Recordset 对象关闭之前，可以读取保存到其他格式文件中的内容。

8.3.5 Recordset 对象的分页显示

当 Recordset 对象中的记录数很多时，将所有的记录显示在一个页面中不便于用户浏览，这时可分页显示。分页显示时，用到 Recordset 对象的一些属性。

1. PageSize 属性

PageSize 属性设置或返回一个长整型值，它指定某页上的记录数，默认值为 10。使用 PageSize 属性可以确定组成逻辑数据页的记录数。在分页显示时，其值用来计算特定页第一个记录的位置。

2. PageCount 属性

PageCount 属性用于确定 Recordset 对象中数据的逻辑页数。“逻辑页”是大小等于 PageSize 属性设置的记录组。即使最后页不完整，由于记录数比 PageSize 值少，该页也会作为 PageCount 值中的附加页进行计数。如果 Recordset 对象不支持 PageCount 属性，该值为-1，以表明该属性无法确定。

3. AbsolutePage 属性

AbsolutePage 属性设置或返回从 1 到该对象所含页数(即 PageCount)的长整型值。使用 AbsolutePage 属性可以识别当前记录所在的页码，可以使用该属性将记录集从逻辑上划分为一系列的页，每页的记录数等于 PageSize，但最后一页除外，该页记录数可能比较少。提供程序必须支持该属性的相应功能才能使用该属性。

AbsolutePage 属性从 1 开始并在当前记录为 Recordset 对象中的第一个记录时等于 1。设置该属性可以移动到特定页的第一个记录。

【例 8.8】分页显示 Student.mdb 数据库中 SCORE 表的所有记录。

```
<%
Sub ShowPage(Objrs,PageNo)
    Response.Write "<Table Border=1 Align='Center' Width='70%'>"
    '读取表的字段名称作为表格的标题
    Data="<TR>"
    For I=0 To Objrs.Fields.Count-1
        Data=Data & "<TH>" & Objrs.Fields(I).Name & "</TH>"
    Next
    Data=Data & "</TR>"
    Response.Write Data
    '设置目前页次，然后利用 For…Next 循环显示出该页的记录
    Objrs.Absolutepage=Pageno
    For I=1 To Objrs.Pagesize
        Data="<TR>"
        For J=0 To Objrs.Fields.Count-1
            Data=Data & "<TD>" & Objrs.Fields(J).Value & "</TD>"
        Next
        Data=Data & "</TR>"
        Response.Write Data
        Objrs.Movenext
        If  Objrs.EOF  Then Exit For
    Next
    Response.Write "</Table>"
End Sub
%>
<!DOCTYPE html>
```

```
<html>
  <title>
    分页显示示例
  </title>
<body>
<!-- #Include File="Adovbs.Inc" -->
<%
'打开数据库，建立连接
db_path="Student.mdb"
Set ObjCn=Server.CreateObject("ADODB.Connection")
ObjCn.ConnectionString="Provider=Microsoft.Jet.OLEDB.4.0; " & _
                " Data Source=" & Server.MapPath("student.mdb") & _
                ";Jet OLEDB:Database Password= '123'"
ObjCn.Open
'创建一个 Recordset 对象
Set Rs=Server.CreateObject("ADODB.Recordset")
Rs.Open "Score",ObjCn,adOpenkeyset,adLockoptimistic,adCmdTable
Rs.Pagesize=20
Response.Write "<P Align='Center'>"
For I=1 To Rs.Pagecount
    Response.Write "<a href=?Page=" & I & ">第" & I & "页</A> 
           "
Next
Response.Write "</P>"
Pageno=Request("Page")
If Pageno="" Then
      Showpage Rs,1
Else
    Showpage Rs,Pageno
End If
%>
</body>
</html>
```

上述代码中的 ShowPage(Objrs,PageNo)过程以表格的形式显示 Recordset 对象 Objrs 的一个逻辑页（页号为 PageNo）的记录。该过程是一个通用过程，可以显示任何 Recordset 对象的一个逻辑页的记录，不受字段名的影响。该示例的运行结果如图 8-3 所示。

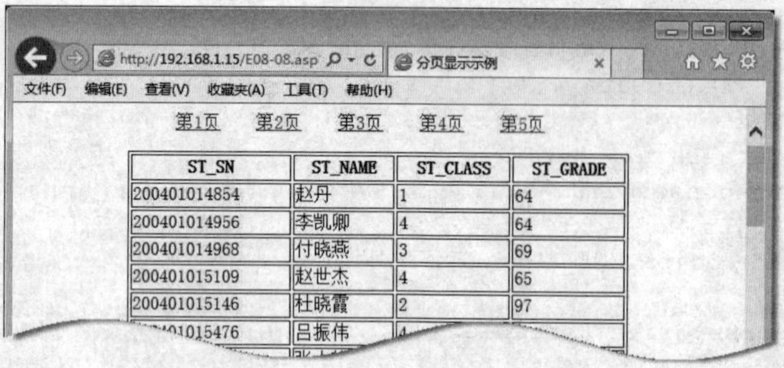
http://192.168.1.15/E08-08.asp
分页显示示例
文件(F) 编辑(E) 查看(V) 收藏夹(A) 工具(T) 帮助(H)
第1页 第2页 第3页 第4页 第5页
ST_SN ST_NAME ST_CLASS ST_GRADE
200401014854 赵丹 1 64
200401014956 李凯卿 4 64
200401014968 付晓燕 3 69
200401015109 赵世杰 4 65
200401015146 杜晓霞 2 97
吕振伟

图 8-3 例 8.8 的运行结果图

8.4 Command 对象

Command 对象封装了对数据源所执行的命令，包括 SQL 命令、存储过程等。虽然使用 Connection 对象和 Recordset 对象也可以执行一些对数据源的操作，但功能上要比 Command 对象弱。使用 Command 对象可以预先把命令和参数存储在它的属性和集合中，最后再执行 Command 对象的 execute 方法，它特别适用于参数化查询和存储过程。

在使用 Command 对象之前，必须先建立一个到数据库的有效连接（即一个到数据库的连接对象 Connection）。然后调用 Server 对象的 CreateObject 方法创建 Command 对象，语法格式为：

```
Set ObjCommand= Server.CreateObject("ADODB.Command")
```

其中 ObjCommand 为创建的 Command 对象的变量名。

8.4.1 Command 对象的属性

1. ActiveConnection 属性

ActiveConnection 属性是一个 Connection 对象，指定 Command 对象当前所属的 Connection 对象。该属性确定相关的数据库连接，设置或返回在其上将执行指定 Command 对象的 Connection 对象变量。对于 Command 对象，ActiveConnection 属性为可读可写。为 ActiveConnection 属性赋值的语句可写成如下格式：

```
Objcommand.ActiveConnection=objcn
```

其中 ObjCommand 为 Command 对象的变量名，objcn 为当前连接到某数据库的有效连接，即 Connection 对象变量名。

2. CommandText 属性

CommandText 属性是一个字符串，用于定义命令的可执行文本，即要发送给提供程序的命令文本。该属性可设置或返回包含提供程序命令的字符串值，例如 SQL 语句、表名称或存储过程名等。为 CommandText 属性赋值的语句可写成如下格式：

```
Objcommand.CommandText=CommandString
```

其中 ObjCommand 为 Command 对象的变量名，CommandString 为命令字符串。

例如：

```
Objcommand.CommandText="Select * From  Score  Where  st_grade>?
```

其中 ObjCommand 为 Command 对象的变量名，“?”不是一个特定的值，而是一个参数，它的值可由参数对象提供。

3. CommandType 属性

使用 Command 对象的 CommandType 属性指定命令类型以优化性能。该属性可以设置或返回以下某个常量值。

```
adCmdText: &H0001，指定 CommandText 的类型为 SQL 命令。
adCmdTable: &H0002，指定 CommandText 的类型为表的名称。
adCmdStoredProc: &H0004，指定 CommandText 的类型为存储过程名称。
```

```
    adCmdUnknown: &H0008，默认值，指定 CommandText 属性中的命令类型为未知。
```

以上符号常量的定义包含在 adovbs.ins 文件中。

4. CommandTimeout 属性

Command 对象的 CommandTimeout 属性设置在终止尝试和产生错误之前执行命令期间需等待的时间，即提供程序等待命令执行的秒数，是一个长整型值。该属性值默认为 30，单位为秒。

5. Name 属性

Command 对象的 Name 属性设置 Command 对象的名称，设置名称的格式为：

```
ObjCommand.Name=CmdName
```

其中 ObjCommand 为 Command 对象的变量名，CmdName 为 Name 属性的值。

例如：

```
ObjCommand.Name="GetResult"
```

在该例中 Command 被命名为 GetResult。

通过调用 Name 来执行命令，就像它是 Command 对象的 ActiveConnection 属性的方法。

```
objCn.GetResult objRs
```

其中 objCn 为当前连接到某数据库的有效连接，GetResult 为命名的 Command 对象。objRs 是执行结果返回的 RecordSet 对象。

8.4.2 Command 对象的方法

1. Execute 方法

Command 对象提供了 Execute 方法。该方法执行在 CommandText 属性中指定的查询、SQL 语句或存储过程。Execute 方法的语法格式分为两种形式：

（1）返回 Recordset 对象

```
    Set objRecordset=command.Execute([RecordsAffected][,Parameters]
[,Options])
```

其中 objRecordset 为返回的 objRecordset 对象变量名，可选参数 RecordsAffected 返回操作所影响的记录数目，可选参数 Parameters 为 CommandText 中的参数指定值，可选参数 Options 指定如何对 Command 对象的 CommandText 属性赋值。

（2）无返回值

```
    command.Execute [RecordsAffected][,Parameters][,Options]
```

其中可选参数 RecordsAffected 返回操作所影响的记录数目，可选参数 Parameters 为 CommandText 中的参数指定值，可选参数 Options 指定如何对 Command 对象的 CommandText 属性赋值。

【例 8.9】使用 Command 对象从 student.mdb 数据库的 score 表中查询“张”姓的记录。

```
    <!-- #include file=adovbs.inc -->
```

```
<%
'打开数据库，建立连接
db_path="Student.mdb"
Set objCn=Server.CreateObject("ADODB.Connection")
Objcn. ConnectionString="Provider=Microsoft.Jet.OLEDB.4.0; " & _
                    " Data Source=" & Server.MapPath("student.mdb") & _
                    ";Jet OLEDB:Database Password='123'"
objcn.Open
'定义查询文本
strSQL="Select * From SCORE Where ST_Name like '张%'"
'创建一个 command 对象实例
Set objcommand=Server.CreateObject("ADODB.command")
'定义 Command 对象实例的属性
objcommand.activeconnection=objcn
objcommand.commandType= adCmdText
objcommand.commandText=strSQL
'执行查询
set Rs=objcommand.execute
Response.Write "<table border=1>"
Response.Write "<tr><td>" & Rs(1).name & "</td><td>" & Rs(3).name & "</td>"
Do While Not Rs.Eof
    Response.Write "<tr><td>"
    Response.write Rs("St_name").value & "</td><td>"
    Response.write Rs("St_grade").value & "</td></tr>"
    Rs.movenext
Loop
Rs.Close
Set Rs=Nothing
set objcommand=nothing
objcn.close
Set objcn=nothing
%>
```

2. CreateParameter 方法

没有参数的查询，并不能体现出 Command 对象的优势。Command 对象有一个由 Parameter 对象组成的 Parameters 集合，Parameter 对象代表基于参数化查询或存储过程的 Command 对象相关联的参数或自变量。通过创建 Parameter 对象并添加到 Parameters 集合中，可以向参数化查询和存储过程传递参数。

Command 对象的 CreateParameter 方法用于创建新的 Parameter 对象，语法格式为：

```
Set objparameter=objcommand.CreateParameter(Name,Type,Direction, Size,
Value)
```

其中 objparameter 为创建的 Parameter 对象变量名，objcommand 为 Command 对象变量名，参数 Name 设置或返回参数名称，参数 Type 指定 Parameter 对象的数据类型，可以使用符号常量为其赋值。例如，adDate 表示日期值；adInteger 表示 4 字节的带符号整型等。参数 Direction 指定 Parameter 对象类型，可以设置或返回下列某个符号常量值之一：

① adParamInput：1，说明参数为输入参数（默认值）。

② adParamOutput：2，说明参数为输出参数。

③ adParamInputOutput：3，说明参数为输入参数和输出参数。

④ adParamReturnValue：4，说明参数为返回值。

以上符号常量的定义包含在 adovbs.inc 文件中。

参数 Size 指定值的最大长度，以字符或字节数为单位。Value 指定 Parameter 对象的值。例如：

```
set objparm=objcommand.CreateParameter("grade",adNumeric,adParamInput,3,85)
```

该语句创建了一个输入参数，变量名为"grade"，值为 85，数值型。

8.4.3 Parameters 集合

Command 对象的 Parameters 集合由 Parameter 对象组成，它是 Command 对象拥有的所有 Parameter 对象的集合。它只有一个 count 属性，表示集合已经定义的 Parameter 对象的个数。使用 Command 对象的 CreateParameter 方法创建一个 Parameter 对象后，该对象并不会自动加入到 Parameters 集合，可以使用 Parameters 集合的 Append 方法将该对象添加到 Parameters 集合中。下面讨论 Parameters 集合的方法。

1. Append 方法

Append 方法用于将 Command 对象的 CreateParameter 方法创建的 Parameter 对象加入到 Parameters 集合，语法格式为：

```
objcommand.Parameters.Append objparm
```

其中 objcommand 为 Command 对象变量名，objparm 指定 Parameter 对象的名称。

例如，将参数对象 objpa 加入到 Comamnd 对象 objcmd 的 Parameters 集合。

```
objcmd.Parameters.Append objpa
```

2. Delete 方法

Delete 方法将 Parameter 对象从 Parameters 集合中删除，语法格式为：

```
objcommand.Parameters.Delete Index
```

其中 objcommand 为 command 对象变量名，参数 Index 指定要删除的 Parameter 对象的名称，或者该对象在 Parameters 集合中的位置索引值。

例如，删除 Comamnd 对象 objcomamnd 的 Parameters 集合中索引为 3 的参数：

```
objcommand.Parameters.Delete 3
```

3. Refresh 方法

Refresh 方法用来重新取得 Parameters 集合中的所有参数。使用 Refresh 方法，ADO 可以在运行时自动填入命令所需要的所有参数信息。但该技术可能会降低性能，因为 ADO 必须查询数据源以获得关于参数的信息。

8.4.4 Parameter 对象

Parameter 对象代表与参数化查询关联的参数，用于创建参数化的命令。这些命令（在它们已被定义和存储之后）使用参数在命令执行前来改变命令的某些细节。例如，SQL Select 语句可使用参数定义 Where 子句的匹配条件，而使用另一个参数来定义 Sort By 子句的列的名称等。

Parameter 对象有四种类型的参数，分别是 input 参数、output 参数、input/output 参数以及 return 参数。Parameter 对象有以下一些属性：

```
属性              描述
Attributes       设置或返回一个 Parameter 对象的属性
Direction        设置或返回某个参数如何传递到存储过程或从存储过程传递回来
Name             设置或返回一个 Parameter 对象的名称
NumericScale     设置或返回一个 Parameter 对象的数值的小数点右侧的数字数目
Precision        设置或返回当表示一个参数中数值时所允许数字的最大数目
Size             设置或返回 Parameter 对象中的值的最大大小（按字节或字符）
Type             设置或返回一个 Parameter 对象的类型
Value            设置或返回一个 Parameter 对象的值
```

8.4.5 使用 Command 对象

使用 command 对象的基本步骤是：

① 建立 Command 对象。

② 设置 ActiveConnection 属性。

③ 设置 CommandText 属性。

④ 创建 Parameter 对象。

⑤ 添加 Parameter 对象到 Parameters 集合。

⑥ 执行 command 对象的 Execute 方法。

下面从参数化 SQL 语句、参数化查询和存储过程等方面来说明 Command 对象的使用。

1. 参数化 SQL 语句

（1）检索记录

从表中检索符合某种条件的记录时，可以将带有 Where 子句的 SQL Select 查询语句作为 Command 对象的命令文本，并使用某个参数定义 Where 子句的匹配条件，也就是用问号“?”表示字段值。当使用 Command 对象的 Execute 方法执行命令时将返回一个记录集，执行命令时所需参数值可以通过 Parameter 对象来传递。

【例 8.10】用参数化的 SQL 语句查询 st_grade 大于等于 85 以上的记录并显示。

```
<!-- #include file=adovbs.inc -->
<%
'打开数据库，建立连接
db_path="Student.mdb"
Set objCn=Server.CreateObject("ADODB.Connection")
Objcn. ConnectionString="Provider=Microsoft.Jet.OLEDB.4.0; "  & _
                " Data Source=" & Server.MapPath("student.mdb") & _
                ";Jet OLEDB:Database Password= '123'"
objcn.Open
'定义查询文本，查询参数用？代替
strSQL="Select * From  SCORE  Where  ST_grade>=? "
```

```
'创建一个 Command 对象实例
Set objcommand = Server.CreateObject("ADODB.command")
'定义 Command 对象实例的属性
objcommand.activeconnection=objcn
objcommand.commandType= adCmdText
objcommand.commandText=strSQL
'创建 Parameter 对象
set objgrade=objcommand.CreateParameter("grade",adNumeric,adParamInput,
                                                                  3,85)
'添加 Parameter 对象到 Parameters 集合
objcommand.Parameters.Append objgrade
'执行查询
set Rs=objcommand.execute
'以表格的形式显示执行查询后的结果
Response.Write "<table border=1>"
Response.Write "<tr><td>" & Rs(1).name & "</td><td>" & Rs(3).name & "</td>"
Do While Not Rs.Eof
    Response.Write "<tr><td>"
    Response.write Rs("St_name").value & "</td><td>"
    Response.write Rs("St_grade").value & "</td></tr>"
    Rs.movenext
Loop
Rs.Close
Set Rs=Nothing
set objcommand=nothing
objcn.close
Set objcn=nothing
%>
```

例 8.10 中的"Select * From SCORE Where ST_grade>=? "中的？号用参数集合中的参数赋值为 85，结果显示 ST_grade>=85 的记录。

（2）添加记录

使用 Command 对象添加记录时，可以将 SQL Insert 语句作为 CommandText 的值，并使用问号"?"来表示 Values 子句中的值，执行命令时所需参数通过相应的 Paramater 对象来传递。

【例 8.11】用参数化的 SQL 语句为表 SCORE 增加一条记录。

```
<!-- #include file=adovbs.inc -->
<%
'打开数据库，建立连接
db_path="Student.mdb"
Set objCn=Server.CreateObject("ADODB.Connection")
Objcn. ConnectionString="Provider=Microsoft.Jet.OLEDB.4.0; " & _
            " Data Source=" & Server.MapPath("student.mdb") & _
            ";Jet OLEDB:Database Password= '123'"
objcn.Open
'定义 SQL 文本
strSQL="Insert Into SCORE(st_sn,st_name,st_class,st_grade) Values(?,?,?,?)"
'创建一个 Command 对象实例
```

```
Set objcmd = Server.CreateObject("ADODB.command")
'定义 Command 对象实例的属性
objcmd.activeconnection=objcn
objcmd.commandType= adCmdText
objcmd.commandText=strSQL
'创建 4 个 Parameter 对象
set objsn=objcmd.CreateParameter("mysn",adchar,adParamInput,12,"2008010
                                                            19942")
set objname=objcmd.CreateParameter("myname",adchar,adParamInput,8,
                                                            "赵武")
set objclass=objcmd.CreateParameter("myclass",adchar,adParamInput,
                                                            1,"1")
set objgrade=objcmd.CreateParameter("mygrade",adNumeric,adParamInput,
                                                            3,90)
'将创建的 4 个 Parameter 对象添加到 Parameters 集合
objcmd.Parameters.Append objsn
objcmd.Parameters.Append objname
objcmd.Parameters.Append objclass
objcmd.Parameters.Append objgrade
'执行 SQL 语句
objcmd.execute
set objcmd=nothing
objcn.close
Set objcn=nothing
%>
```

（3）修改记录

使用 Command 对象修改记录时，可以将 SQL Update 语句作为 CommandText 的值，并使用问号“?”来表示 SET 子句和 Where 子句中的值，执行命令时所需参数通过相应的 Paramater 对象来传递。

【例 8.12】用参数化的 SQL 将表 SCORE 中 st_name 为“张三”的 st_grade 更新为 100。

```
<!-- #Include File=Adovbs.Inc -->
<%
'打开数据库，建立连接
db_path="Student.mdb"
Set objCn=Server.CreateObject("ADODB.Connection")
Objcn. ConnectionString="Provider=Microsoft.Jet.OLEDB.4.0; " & _
                " Data Source=" & Server.MapPath("student.mdb") & _
                ";Jet OLEDB:Database Password= '123'"
objcn.Open
'定义 SQL 文本
strSQL="update SCORE set st_grade= ? where st_name=?"
'创建一个 Command 对象实例
Set objcmd = Server.CreateObject("ADODB.command")
'定义 Command 对象实例的属性
objcmd.activeconnection=objcn
objcmd.commandType= adCmdText
```

```
objcmd.commandText=strSQL
'创建 2 个 Parameter 对象
set objgrade=objcmd.CreateParameter("mygrade",adNumeric,adParamInput,
                                                              3,100)
set objname=objcmd.CreateParameter("myname",adchar,adParamInput,8,
                                                              "张三")
'将创建的 2 个 Parameter 对象添加到 Parameters 集合
objcmd.Parameters.Append objgrade
objcmd.Parameters.Append objname
'执行 SQL 语句
objcmd.execute
set objcmd=nothing
objcn.close
Set objcn=nothing
%>
```

（4）删除记录

使用 Command 对象删除记录时，可以将 SQL Delete 语句作为 CommandText 的值，并使用问号“?”来表示 Where 子句中的值，执行命令时所需参数通过 Paramater 对象来传递。

【例 8.13】用参数化的 SQL 语句删除表 SCORE 中 st_name 为“张三”的记录。

```
<!-- #include file=adovbs.inc -->
<%
'打开数据库，建立连接
db_path="Student.mdb"
Set objCn=Server.CreateObject("ADODB.Connection")
Objcn. ConnectionString="Provider=Microsoft.Jet.OLEDB.4.0; " & _
              " Data Source=" & Server.MapPath("student.mdb") & _
             ";Jet OLEDB:Database Password= '123'"
objcn.Open
'定义 SQL 文本
strSQL="delete from  SCORE where st_name=?"
'创建一个 Command 对象实例
Set objcmd = Server.CreateObject("ADODB.command")
'定义 Command 对象实例的属性
objcmd.activeconnection=objcn
objcmd.commandType= adCmdText
objcmd.commandText=strSQL
'创建 Parameter 对象
set objname=objcmd.CreateParameter("myname",adchar,adParamInput,8,
                                                              "张三")
'添加 Parameter 对象到 Parameters 集合
objcmd.Parameters.Append objname
'执行 SQL 语句
objcmd.execute
```

```
set objcmd=nothing
objcn.close
Set objcn=nothing
%>
```

2. 参数化查询

在数据库中定义参数化的查询，然后使用 Command 对象的 Parameters 集合传递参数完成查询。

【例 8.14】在 Access 数据库 student.mdb 中定义一个参数化的查询 getrecord。

```
Parameters grade Short;
Select *
From score
Where st_grade>=[grade];
用 Command 对象的 Parameters 集合传递参数 grade 的值 85，完成查询并显示记录。
<!-- #include file=adovbs.inc -->
<%
'打开数据库，建立连接
db_path="Student.mdb"
Set objCn=Server.CreateObject("ADODB.Connection")
Objcn. ConnectionString="Provider=Microsoft.Jet.OLEDB.4.0; " & _
                " Data Source=" & Server.MapPath("student.mdb") & _
                ";Jet OLEDB:Database Password= '123'"
objcn.Open
'创建一个 Command 对象实例
Set objcmd = Server.CreateObject("ADODB.command")
'定义 Command 对象实例的属性
objcmd.activeconnection=objcn
objcmd.commandType= adCmdStoredProc
objcmd.commandText="getrecord"
'创建 Parameter 对象
set objgrade=objcmd.CreateParameter("grade",adNumeric,adParamInput, 3,85)
'添加 Parameter 对象到 Parameters 集合
objcmd.Parameters.Append objgrade
'执行查询
set Rs=objcmd.execute
'以表格的形式显示执行查询后的结果
Response.Write "<table border=1>"
Response.Write "<tr><td>" & Rs(1).name & "</td><td>" & Rs(3).name &
                                                              "</td>"

Do While Not Rs.Eof
    Response.Write "<tr><td>"
    Response.write Rs("St_name").value & "</td><td>"
    Response.write Rs("St_grade").value & "</td></tr>"
    Rs.movenext
Loop
Rs.Close
Set Rs=Nothing
```

```
set objcmd=nothing
objcn.close
Set objcn=nothing
%>
```

3．存储过程

由于一般情况下，存储过程总是比功能相当的 SQL 命令文本执行速度快。另外，存储过程可以包含带参数的复杂的 SQL 语句。所以，在很多场合使用存储过程。

【例 8.15】Command 对象使用 SQL Server 存储过程示例。

```
Create Procedure getrecord
    @stname char(8)
As
  Select *
  From score
  Where st_name = @stname
该存储过程中带有一个参数@ stname。
将以下代码写入 E08-15.asp，然后在客户端浏览器请求该文件。
<!-- #include file=adovbs.inc -->
<%
set objcn=server.createobject("ADODB.connection")
objcn.connectionstring="Provider= SQLOLEDB.1; " & _
                    "Data Source=192.168.1.8;" & _
                "User ID=sa;Password =abc123;" & _
                "Initial Catalog=student"
'数据库 student 所在的 SQL Server 数据库服务器 IP 地址为 192.168.1.8，且已启
 用 TCP/IP
objcn.open
'创建一个 Command 对象实例
set objcmd=server.createobject("ADODB.command")
'定义 Command 对象实例的属性
objcmd.activeconnection=objcn
objcmd.commandtype=adCmdStoredProc
objcmd.commandtext="getrecord"
'创建 Parameter 对象
set objparm=objcmd.createParameter("sname",adChar,adParamInput, 5, "张三")
'添加 Parameter 对象到 Parameters 集合
objcmd.Parameters.Append objParm
'执行查询
set rs=objcmd.execute
Response.write rs(1) &  rs(3)
'重新为 Parameter 对象变量赋值并重新执行
objcmd.parameters("sname")="赵五"
set rs=objcmd.execute
Response.write rs(1)& rs(3)
objcn.close
set objcn=nothing
%>
```

8.5 Stream 对象

从 ADO 2.5 开始，ActiveX 数据对象中引入了 Stream 对象。Stream 对象用于读写以及处理二进制数据或文本流。该对象的引入大大简化访问和修改数据库中的二进制数据需要编写的代码。在使用 Stream 对象之前，必须先调用 Server 对象的 CreateObject 方法创建 Stream 对象，语法格式为：

```
Set ObjStream= Server.CreateObject("ADODB. Stream")
```

其中 ObjStream 为创建的 Stream 对象的变量名。

8.5.1 Stream 对象的属性

Stream 对象包括了一系列的属性。

1. CharSet 属性

Charset 属性是一个字符串，用于设置和返回用于转换文本 Stream 内容的字符集。默认值为“Unicode”。所允许的值是作为 Internet 字符集字符串（例如，“iso-8859-1”，“Windows-1252”等）被传递到接口的典型字符串。系统支持的字符集字符串的列表，可从 Windows 注册表中 HKEY_CLASSES_ROOT\MIME\Database\Charset 的子键中找到。

在文本 Stream 对象中，文本对象存储为 Unicode。Charset 属性将用指定的字符集转换从 Stream 读取的数据。与之类似，以指定字符集写入 Stream 的数据被转换为 Unicode 以便存储在 Stream 对象中。

对于打开的 Stream 对象，其当前位置必须位于 Stream 对象的开始处，才能设置 Charset 属性。

Charset 属性只能与文本 Stream 对象（Type 属性为 adTypeText）一起使用。如果 Type 属性为 adTypeBinary，则忽略此属性。

2. Size 属性

Size 属性返回一个长整型值，指示 Stream 对象流的字节数。默认值为 Stream 对象流的大小，如果不能确定 Stream 对象流的大小，则该值为 -1。Size 属性只能与打开的 Stream 对象配合使用。

Stream 对象中可以存储任意多个位，它仅受系统资源限制。如果 Stream 对象包含的位数超过系统长整型值所能表示的位数，Size 将被截断因而不能精确表示 Stream 的长度。

3. Position 属性

Position 属性返回一个长整型值，指示在 Stream 对象中的当前位置，即 Stream 流开始处到当前位置的偏移字节数。默认值为 0，表示流中的第一个字节。Position 始终度量字节。对于使用多字节字符集的文本流，应将位置与字符大小相乘以确定字符数。例如，对于双字节字符集，第一个字符位置为 0，第二个字符位置为 2，第三个字符位置为 4，依次类推。

可将当前位置移动到流的结尾处后面的一点。如果 Stream 在 Stream 流结尾处以外的地方指定当前位置，Stream 对象的 Size 也将随之增加。所有以这种方式添加的新字节都将为 Null。不能用负值设置 Stream 对象的当前位置，即只能为 Position 属性赋一个正数。

对于只读 Stream 对象，如果设置的 Position 值超过 Stream 的 Size，ADO 不返回错误，也不会更改 Stream 的大小，更不会以任何方式改变 Stream 的内容。

4. Type 属性

Type 属性设置或返回 StreamTypeEnum 值，用于指定包含在 Stream 对象中的数据类型。默认值为符号常量 adTypeText（表示文本）。如果二进制数据最初被写入新的空 Stream 中，Type 将被更改为 adTypeBinary 类型。符号常量的定义包含在 adovbs.inc 文件中。

只有当前位置位于 Stream 的开始处时，Type 属性才为读/写；位于其他位置时均为只读。

5. State 属性

State 属性返回 ObjectStateEnum 值，指示对象的当前状态是打开还是关闭。默认值为符号常量 adStateClosed。State 属性为只读。

6. Mode 属性

Mode 属性设置或返回 ConnectModeEnum 值，指示在 Stream 对象中修改数据的有效权限，可取以下常用符号常量值：

```
adModeUnknown=0
adModeRead=1
adModeWrite=2
adModeReadWrite=3
adModeShareDenyRead=4
adModeShareDenyWrite=8
```

对于与基本源相关联的 Stream（用 URL 将其作为源打开或者作为 Record 的默认 Stream 打开），默认值为 adModeRead。对于与基本源不关联的 Stream（在内存中实例化），默认值为 adModeUnknown。

对于 Stream 对象，如果未指定访问模式，它将从用于打开 Stream 对象的源继承。例如，如果 Stream 是从 Record 对象打开的，默认情况下它将以打开 Record 对象相同的模式打开。此属性在对象关闭时为读/写，在对象打开时为只读。

7. LineSeparator

LineSeparator 属性设置或返回 LineSeparatorsEnum 值，用在文本 Stream 对象中的分行符。它的取值为下列符号常量值之一，默认值为 adCRLF：

```
Const adLF=10
Const adCR=13
Const adCRLF=-1
```

读取文本 Stream 的内容时，LineSeparator 用于解释行。可以用 SkipLine 方法跳过行。LineSeparator 只能与文本 Stream 对象（Type 为 adTypeText）一起使用。如果 Type

为 adTypeBinary，则忽略此属性。

8. EOS 属性

EOS属性返回一个布尔值，指示当前位置是否位于 Stream 对象流的结尾。

如果流中没有其他字节，则 EOS 返回 True；如果当前位置后还有其他字节，则返回 False。若要设置流的结尾位置，使用 SetEOS 方法。若要确定当前位置，使用 Position 属性。

8.5.2 Stream 对象的方法

Stream 对象提供了一系列操作二进制数据或文本数据流的方法。

1. Open 方法

Open 方法用于打开一个 Stream 对象。它的语法格式为：

```
objStream.Open Source,Mode,OpenOptions,UserName,Password
```

参数 Source 是一个可选项，Variant 值。用于指定 Stream 的数据源。如果未指定 Source，Stream 将被实例化并被打开。

参数 Mode 是一个可选项，ConnectModeEnum 值，指定打开的 Stream 对象的访问模式（例如，读/写或只读）。默认值为 adModeUnknown。它的取值参阅 Mode 属性。如果未指定 Mode，它将被源对象继承。例如，如果以只读模式打开源 Record，那么默认情况下 Stream 也将以只读模式打开。

参数 OpenOptions 是一个可选项，StreamOpenOptionsEnum 值，取值为下列符号常量之一，默认值为 adOpenStreamUnspecified。

```
adOpenStreamUnspecified=-1
adOpenStreamAsync=1
adOpenStreamFromRecord=4
```

以上符号常量的定义包含在 adovbs.inc 文件中。

参数 UserName 是一个可选项，String 值，指定（在需要时）访问 Stream 对象的用户。

参数 Password 是一个可选项，String 值，指定（在需要时）访问 Stream 对象的密码。

如果未指定 Source，打开的 Stream 对象将不包含数据，并且其 Size 为 0。当 Stream 关闭时，要避免丢失任何写入此 Stream 的数据，请用 CopyTo 或 SaveToFile 方法保存 Stream 对象，或将其保存到另一个内存位置。

Stream 对象未打开时，有可能读取 Stream 的所有只读属性。如果异步打开 Stream 对象，所有后续的操作（除了检查 State 和其他只读属性）都将被阻塞，直到 Open 操作完成为止。

2. Close 方法

Close 方法关闭打开的对象。语法格式为：

```
objStream.Close
```

使用 Close 方法关闭 Stream 对象并释放任何相关联的系统资源。关闭对象不会将其从内存中删除；随后可以更改其属性设置并再次将其打开。要从内存中彻底清除对象，在关闭对象后将对象变量设置为 Nothing。

3．Write 方法

Write 方法将二进制数据写入 Stream 对象。语法格式为：

```
objStream.Write Buffer
```

参数 Buffer 是 Variant 值，包含要写入的字节数组。

该方法将指定的字节写入 Stream 对象，每个字节之间没有间隔。当前 Position 被设置为写入数据的后一个字节。如果写入超过了当前 EOS 位置，Stream 的 Size 将增加以包含新的字节，EOS 也将移动到 Stream 中新的最后一个字节。

4．WriteText 方法

WriteText 方法将指定的文本字符串写入 Stream 对象。语法格式为：

```
objStream.WriteText Data,Options
```

参数 Data 是 String 值，包含要写入的字符文本。Options 是可选项，StreamWriteEnum 值，指定是否在指定字符串的结尾写入分行符字符。

指定的字符串被写入 Stream 对象，每个字符串之间没有间隔空格或字符。当前 Position 被设置为写入数据的后一个字节。如果写入超过了当前 EOS 位置，Stream 的 Size 将增加以包含新的字符，EOS 也将移动到 Stream 中新的最后一个字节。

5．Read 方法

Read 方法从二进制 Stream 对象读取指定的字节数。语法格式为：

```
Variant=Stream.Read(NumBytes)
```

参数 NumBytes 可选，是一个长整型值，指定要读取的字节数或 StreamReadEnum 值，默认值为 adReadAll（读取全部字节）。

返回值为读取到的指定的字节数或整个流，并以 Variant 形式返回所得到的数据。如果 NumBytes 超过 Stream 对象中剩余的字节数，将只返回剩余的字节。如果没有剩余的字节可读取，将返回一个值为 Null 的变体。NumBytes 始终度量字节。对于文本 Stream 对象，请使用 ReadText 方法。

6．ReadText 方法

ReadText 方法从文本 Stream 对象读取指定数目的字符。语法格式为：

```
String=Stream.ReadText(NumChars)
```

参数 NumChars 是可选项，是一个长整型值，指定要从文件读取的字符数或 StreamReadEnum 值。默认值为 adReadAll（读取全部字符）。

返回值为读取到的指定数目的字符、整个行或整个流，并返回所得到的字符串。

如果 NumChar 超过流中剩余的字符数，将只返回剩余的字符。如果没有剩余的字符可读取，将返回一个值为 Null 的变体。ReadText 方法与文本流（Type 为 adTypeText）一起使用。对于二进制流，请使用 Read 方法。

7．Flush 方法

Flush 方法将保留在 ADO 缓冲区中的 Stream 的内容强加到与 Stream 相关联的基本对象。语法格式为：

```
objStream.Flush
```

此方法可用于将流缓冲区的内容发送到 URL（Stream 对象源）表示的基本对象。要确保对 Stream 内容所做的所有更改都被写入，应调用此方法。

用 Close 方法关闭 Stream 对象将自动刷新 Stream 的内容，一般无需在 Close 之前显式地调用 Flush 方法。

8．CopyTo 方法

将 Stream 中指定数目的字符或字节（取决于 Type）复制到另一个 Stream 对象。语法格式为：

```
objStream.CopyTo DestStream, NumChars
```

参数 DestStream 是 Stream 对象变量值，指向一个打开的 Stream 对象。将当前 Stream 对象复制到由 DestStream 指定的目标 Stream 对象，目标 Stream 必须已打开；否则将发生运行时错误。参数 NumChars 是一个可选项，是一个整型值，指定要从源 Stream 中的当前位置复制到目标 Stream 的字节或字符数目。默认值为 -1，它指定将所有字符或字节从当前位置复制到 EOS。

此方法从 Position 属性指定的当前位置开始，复制指定数目的字符或字节。如果指定的数目超过可用的数目（即超过 EOS），那么只复制当前位置到 EOS 之间的字符或字节。如果省略 NumChars 值或其值为 -1，将复制从当前位置开始的所有字符或字节。

如果在目标流中存在现有字符或字节，超过复制结束位置的所有内容将保留，不会被截断。Position 成为紧跟在复制的最后一个字节后面的字节。使用 CopyTo 将数据复制到与源 Stream 同类型的目标 Stream（两者的 Type 属性设置都是 adTypeText，或者都是 adTypeBinary）。对于文本 Stream 对象，可以更改目标 Stream 的 Charset 属性设置以进行字符集间的转换。可以将文本 Stream 对象成功地复制到二进制 Stream 对象中，但却不能将二进制 Stream 对象复制到文本 Stream 对象中。

9．SkipLine 方法

SkipLine 方法读取文本流时跳过一整行。语法格式为：

```
objStream.SkipLine
```

该方法跳过到（包括）下一个分行符之间的所有字符。默认情况下，LineSeparator 为 adCRLF。如果试图跳过超出 EOS 的位置，那么当前位置将保持在 EOS 处。SkipLine 方法与文本流（Type 为 adTypeText）一起使用。

10．SetEOS 方法

SetEOS 方法设置 Stream 对象流的结尾位置。语法格式为：

```
objStream.SetEOS
```

SetEOS 通过使当前 Position 成为流的结尾来更新 EOS 属性的值。当前位置后面的所有字节或字符都将被截断。

注意：如果将 EOS 设置到流的实际结尾前面的位置，那么新的 EOS 位置后面的所有数据都将丢失。

11. SaveToFile 方法

SaveToFile 方法把 Stream 对象流中的二进制内容保存到文件。语法格式为：

```
objStream.SaveToFile FileName,SaveOptions
```

参数 FileName 是一个字符串值，指定要保存 Stream 对象内容的文件的完整名称。文件可以保存到任何有效的本地位置，或任何可以通过 UNC 值访问的位置。

参数 SaveOptions 是一个 SaveOptionsEnum 值，指定当文件不存在时 SaveToFile 方法是否创建新文件，它的取值为下列符号常量值之一，默认值为 adSaveCreateNotExists。

```
adSaveCreateNotExist=1
adSaveCreateOverWrite=2
```

这些符号常量的定义包含在文件 adovbs.inc 中。

如果指定的文件不存在，可以用这些选项来指定产生错误。还可以指定 SaveToFile 覆盖现有文件的当前内容。如果 SaveOptions 值为 adSaveCreateOverwrite 时，SaveToFile 将覆盖现有文件并截断原始文件中超出新 EOS 的所有字节。

SaveToFile 可用于将 Stream 对象的内容复制到本地文件。Stream 对象的内容或属性不发生变化。调用 SaveToFile 之前，Stream 对象必须被打开。完成 SaveToFile 操作后，Stream 对象流中的当前位置被设置到流的开始处。

此方法不更改 Stream 对象与其基本源的关联。Stream 对象将仍与原来的 URL 关联，该 URL 在 Stream 对象打开时就是其源。

12. LoadFromFile 方法

LoadFromFile 方法将现有文件的内容加载到 Stream 中。语法格式为：

```
objStream.LoadFromFile FileName
```

参数 FileName 是一个字符串值，指定要加载到 Stream 对象中的文件的完整名称。FileName 可以是任何 UNC 格式的有效路径和名称。如果指定的文件不存在，将发生运行时错误。该方法可用于将本地文件的内容上传至服务器。

调用 LoadFromFile 方法之前 Stream 对象必须打开。此方法不改变 Stream 对象的绑定；它将仍旧绑定到原来打开 Stream 对象的 URL 所指定的对象。LoadFromFile 方法用从该文件中读取的数据覆盖 Stream 对象的当前内容。Stream 对象中任何现有的字节都被该文件的内容覆盖，调用 LoadFromFile 后，新 EOS 后跟随的任何原有和剩余的字节都将被截去，当前位置将设置在 Stream 对象的开始处（Position 为 0）。

8.5.3 使用 Stream 对象

下面通过几个具体例子，说明 Stream 对象的使用方法。

【例 8.16】该示例由两个文件组成，E08-16.htm 文件实现文件选择界面，E08-16.asp 文件用于实现文件上传。

E08-16.htm 文件

```
<!DOCTYPE html>
<html>
  <head>
    <title>照片上传示例</title>
  </head>
  <body>
  <form name="myform" action="E08-16.asp" method="post">
    <input type="submit" name="submit" value="upload">
    <input type="file" name="txtFileName" style="width:400" value= "">
  </form>
  </body>
</html>
```

E08-16.asp 文件

```
<%
vbNewCrlf=chrB(13) & chrB(10)                  '定义二进制的回车符
uploadDataSize=Request.TotalBytes              '接收到数据的大小
uploadData=Request.BinaryRead(uploadDataSize)     '接收到的二进制数据
set tempStream=Server.CreateObject("adodb.stream")
tempStream.Type=1
tempStream.Mode=3
tempStream.Open
tempStream.Write uploadData                    '将接收到的二进制数据写入 stream 对象
tempStream.Position=0
RequestData=tempStream.Read                    '从 Stream 对象读取全部二进制字节

tmpStart=1
tmpEnd=LenB(RequestData)
sStart=MidB(RequestData,1, InStrB(tmpStart,RequestData,vbNewCrlf)-1)
iStart=LenB (sStart)
tmpStart=tmpStart+iStart+1
While (tmpStart+10) < tmpEnd
   iInfoEnd=InStrB(tmpStart,RequestData,vbNewCrlf & vbNewCrlf)+3
   tmpStart=InStrB(iInfoEnd,RequestData,sStart)
   FileStart=iInfoEnd
   FileSize=tmpStart -iInfoEnd -3
   tmpStart=tmpStart+iStart+1
Wend
set objStream=CreateObject("Adodb.Stream")
objStream.Mode=3
objStream.Type=1
objStream.Open
tempStream.position=FileStart
tempStream.copyto objStream,FileSize
objStream.SaveToFile Server.MapPath("\a.jpg"),2
objStream.Close
set objStream=nothing
tempStream.Close
```

```
set tempStream=nothing
Response.Write "照片上传成功！"
%>
```

将例 8.16 中的两个页面文件存放到 Web 站点的主目录，然后通过浏览器首先访问 E08-16.htm，显示如图 8-4 所示的效果。

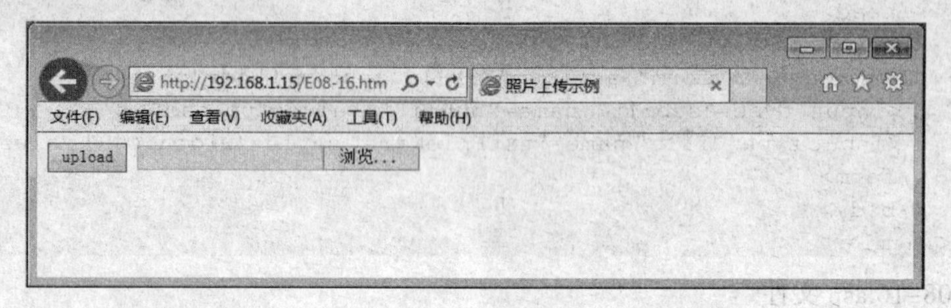

图 8-4　例 8.16 的运行效果图

单击“浏览”按钮后，选择需要上传的照片（由于该示例没有考虑上传照片文件的大小，所以只能上传大小不超过 64 KB 的照片），然后单击“upload”按钮完成上传。这时，站点主目录就会增加一个名为 a.jpg 的文件。

【例 8.17】图像文件存输到 SQL Server 表的 Image 数据类型列。

```
<!-- #include file=adovbs.inc -->
<%
set objcn=server.createobject("ADODB.connection")
objcn.connectionstring="Provider=SQLOLEDB.1; " & _
                  "Data Source=192.168.1.8;" & _
                       "User ID=sa;Password=abc123;" & _
                       "Initial Catalog=student"
'数据库 student 所在的 SQL Server 数据库服务器 IP 地址为 192.168.1.8，且已启
'用 TCP/IP
objcn.open

'创建一个 Recordset 对象
Set objRs=Server.CreateObject("ADODB.Recordset")
objRs.Source="SCORE"
objRs.ActiveConnection=objcn
objRs.CursorType=adopenkeyset
objRs.LockType=adLockOptimistic
objRs.open

set tempStream=Server.CreateObject("adodb.stream")
tempStream.Type=adTypeBinary
tempStream.Open

objRs.Addnew
objRs.Fields("St_Sn")="201501023456"
objRs.Fields("St_Name")="张三"
objRs.Fields("St_Class")="5"
objRs.Fields("St_Grade")=88
```

```
    tempStream.loadfromfile server.MapPath("\a.jpg")
    objRs.Fields("St_Photo").Value = tempStream.Read
    objRs.Update
    objRs.Close
    Set objRs=Nothing
    tempStream.Close
    set tempStream=nothing
    objcn.Close
    Set objcn= Nothing
    Response.Write "新增记录成功！"
    %>
```

例 8.17 中的代码为 student 数据库中的 SCORE 表新增一条记录，并将站点主目录下的 a.jpg 图像文件存储到 image 类型的 St_Photo 列中。

综合使用例 8.16 和例 8.17，可将上传的照片直接存储到数据库中。读者可以参考这两个示例和 Stream 对象的方法与属性编写从数据库中读取照片并显示在页面的代码。

本章小结

本章主要讲述了以下内容：

（1）Microsoft ActiveX 数据对象包括 Connection、Command、Recordset、Field、Property、Parameter 及 Error 等对象和 Properties、Parameters、Fields 及 Errors 等数据集合。

（2）SQL 使用九个动词就完成了数据控制、数据操纵、数据查询和数据定义的核心功能。其中 CREATE、DROP、ALTER、SELECT、INSERT、UPDATE、DELETE 等最为常用。

（3）Connection 对象表示一个与数据源的连接。使用 Connection 对象的属性和方法，可以访问 Oracle、Microsoft SQL Server、DB2 和 Access 等数据库，并通过 SQL 语句对所连接的数据库进行多种操作。

（4）Recordset 对象表示来自基本表或命令执行结果的记录集。使用 Recordset 对象属性和方法，可以操作来自不同数据库提供程序的数据，并可完成所有的数据操作。在创建并打开 Recordset 对象之前，必须存在一个到数据库的有效连接（即一个打开的连接对象 Connection）。所有 Recordset 对象中的数据在逻辑上由记录（行）和字段（列）组成。

（5）Command 对象封装了对数据源所执行的命令，包括 SQL 命令、存储过程等。使用 Command 对象可以实现对数据源较为复杂的操作，如可以预先把命令和参数存储在它的属性和集合中，最后再执行 command 对象的 execute 方法，它特别适用于参数化查询和存储过程。

（6）从 ADO 2.5 开始，ActiveX 数据对象中引入了 Stream 对象。Stream 对象用于读写以及处理二进制数据流和文本流。该对象的引入大大简化访问和修改数据库中的二进制大数据需要编写的代码。

习　题

一、单项选择题

1. Recordset 对象的 CursorType 属性设置为（　　）时会使用最少的系统资源。

A. adOpenForwardOnly　　B. adOpenKeyset

C. adOpenDynamic　　D. adOpenStatic

2. 打开记录集时，打开类型参数有四种取值，其中（　　）可以向前或向后移动，但是不会对其他用户造成的记录变化有所反映。

A. adOpenFowardOnly　　B. adOpenKeyset

C. adOpenStatic　　D. adOpenDynamic

3. 打开记录集时，打开类型参数有四种取值，其中（　　）使用最少的系统资源。

A. adOpenFowardOnly　　B. adOpenKeyset

C. adOpenStatic　　D. adOpenDynamic

4. 关于 ADO 组件，下面说法正确的是（　　）。

A. Connection、Recordset 和 Command 都是 ADO 组件的对象。这些对象和 ASP 的内建对象类似，但是使用这些对象之前要创建一个实例。

B. 语句 Test= Server.CreateObject("ADODB.Connection")可创建了一个 Connection 对象的实例。

C. 使用 Connection 对象，必须通过 ODBC 来连接数据库。

D. RecordSet 对象只用来浏览存放在服务器中的数据库的内容

5. 关于 ADO 组件中 RecordSet 对象的 open 方法执行一条 SQL 语句后，返回一个记录集合，下列描述不正确的是（　　）。

A. 当记录指针指到第一条记录，eof 返回值为 TRUE

B. 使用 MovePrevious 方法，可以将指针移到前一条记录

C. 使用 MoveNext 方法将指针移到下一条记录

D. 使用 MoveFirst 方法，可以将指针移到第一条记录

6. 关于 RecordSet 对象，下列描述不正确的是（　　）。

A. 使用 MoveFirst 方法，可以将指针移到第一条记录

B. 使用 MoveNext 方法可将指针移到下一条记录

C. 使用 MovePrevious 方法，可以将指针移到前一条记录

D. 当记录指针指到第一条记录，BOF 返回值为 TRUE

7. 关于 SQL 语言，下列描述错误的是（　　）。

A. SQL 是结构化查询语言（Structured Query Language）的缩写

B. SQL 是访问数据库的标准语言

C. SQL 只能访问 Access 生成的数据库

D. 通过 ODBC，用户可以使用 SQL 来访问任何类型的数据库

8. 可用于获得当前记录在记录集中的位置号的属性是（　　）。

A. AbsolutePage　　B. Recno

C. AbsolutePosition　　D. RecordCount

9. 利用记录集对象向数据表中添加记录时，应使用（　）方法。

A. movenext　B. update　C. flush　D. addnew

10. 若要将当前记录的指针移动到记录集的最后，可以使用（　）方法。

A. Move　B. MoveNext　C. MoveFirst　D. MoveLast

11. 若要删除 logdat 表中 userid 号为 12 的记录，则实现的 SQL 语句为（　）。

A. drop logdat where userid=12　　B. delete from logdat where userid=12

C. delete from logdat　　D. drop logdat

12. 若要使用 ado 的命令对象，应该将命令对象 cmd 的（　）属性设置成 sql 或查询语句。

A. set cmd.activeconnection　　B. cmd.CommandText

C. cmd.execute　　D. cmd.commandType

13. 若要移动记录指针到最后一条记录，可以使用记录集对象的（　）方法。

A. movenext　　B. movelast

C. movefirst　　D. moveprevious

14. 设 CN 为一个打开的数据库连接对象，以下用法中正确的是（　）。

A. RS=CN.EXECUTE("SELECT * FORM USERINOF")

B. SET RS=CN.EXECUTE "SELECT * FORM USERINOF"

C. CN.EXECUTE("DELECT * FORM USERINOF")

D. CN.EXECUTE "SELECT * FORM USERINOF"

15. 设 conn 为一个已打开的数据库连接对象，以下用法中不正确的是（　）。

A. RS=conn.Execute("SELECT * FROM product")

B. Set RS=conn.Execute "SELECT * FROM product"

C. conn.Execute("DELECT * FROM product WHERE ID=132")

D. conn.Execute "DELECT * FROM product WHERE ID=132"

16. 设一个用户表 user 有 no（整数）、username、password 三个字段，若要修改 no 为 10 的记录，使其值 username=vuser,password=vpass,(vuser、vpass 是字符串变量)，以下（　）sql 语句能更新这条记录。

A. sql="update user set username=vuser,password=vpass where no=10"

B. sql="update user set username='" & vuser & "',password='" & vpass & "' where no=10"

C. sql="update user set username=" & vuser & ",password=" & vpass & " where no=10"

D. sql="update user set username='" & vuser & "',password='" & vpass & "'"

17. 实现统计 gz 表中职称为“工程师”的人数的 SQL 语句为（　）。

A. Count * FROM WHERE 职称='工程师'

B. SELECT Count(*) FROM gz WHERE 职称=工程师

C. SELECT * FROM gz WHERE 职称='工程师'

D. SELECT Count(*) FROM gz WHERE 职称='工程师'

18. 我们可以使用（　）方法筛选记录集中的记录。

A. Sort　B. Filter　C. Open　D. Execute

19. 显示 employee 表中所有姓名以“J”开头的并且年龄在 25 至 30 的职工的姓名（字段为 name）和地址（字段为 addr）。完成这一操作的SQL语句是（　　）。

A. select name,addr from employee where name like "J*"and30>age>20

B. select * from employee where name like "J*" and(age>25 and age<30)

C. select * from employee where name="J*" and(age>25 and age<30)

D. select name,addr from employee where name like "J*"and(age>25 and age<30)

20. 要创建一个记录集对象，应使用的语句是（　　）。

A. RS=SERVER.CREATEOBJECT("ADODB.RECORDSET")

B. SET RS=SERVER.CREATEOBJECT("ADODB.RECORDSET")

C. RS=SERVER.CREATEOBJECT("ADODB.COMMAND")

D. RS=SERVER.CREATEOBJECT("ADODB.RECORDS")

21. 以下连接对象的创建方法，正确的是（　　）。

A. conn=CreateObject("ADODB.Connection")

B. conn=Server.CreateObject("ADODB.Connection")

C. Setconn=Server.CreateObject(ADODB.Connection)

D. Set conn=Server.CreateObject("ADODB.Connection")

22. 用来打开与关闭数据库连接的是（　　）对象。

A. recordset　　B. connection　　C. server　　D. command

23. 用来读取、插入、删除或更新表记录的ADO对象是（　　）。

A. application　　B. connection

C. recordset　　D. command

24. 可用来灵活执行复杂的SQL的ADO对象是（　　）。

A. connection　　B. recordset　　C. application　　D. command

25. 要将 logdat 表中所有记录的 keyw 字段的值改为'012'，实现这一操作的语句为（　　）。

A. update logdat set keyw='012'　　B. delete logdat where keyw='012'

C. edit logdat set keyw='012'　　D. insert logdat set keyw='012'

26. 在分页显示时，用于指定记录集中每页记录数的属性是（　　）。

A. PageSize　　B. PageCount　　C. bookmark　　D. recordcount

27. 在记录集 RS 中，访问当前记录的“产品型号”字段值（该字段的顺序号为1）的方法中，不正确的是（　　）。

A. fdvalue=RS.FIELDS(1)　　B. fdvalue=RS.Fields("产品型号")

C. fdvalue=RS("产品型号")　　D. fdvalue=RS.Fields(产品型号).Value

28. 在记录集 RS 中，可用于返回记录总数的语句是（　　）。

A. num=RS.Count　　B. num=RS.RecordCount

C. num=RS.Fields.Count　　D. num=RS.PageCount

29. 对于连接对象，可用来存储连接信息的属性是（　　）。

A. CONNECTIONSTRING　　B. CONNECTION

C. OPEN　　D. EXECUTE

30. 在连接对象中，可用于执行 SQL 语句的方法是（　　）。

A. RUN　　B. CONNECTION

C. OPEN　　D. EXECUTE

31. 关于 SQL 语言，下列描述不正确的是（　　）。

A. SQL 对任何数据库都有安全控制功能

B. SQL 具有数据检索功能

C. SQL 具有数据操纵功能

D. SQL 是结构化查询语言(Structured Query Language)的缩写

32. 在 SQL 语言的 SELECT 语句中，实现投影操作的是（　　）子句。

A. select　　B. WHERE　　C. GROUP BY　　D. ORDER BY

二、多项选择题

1. 如果要使用 SQL 语言的存储过程，必须使用下面的（　　）ADO 对象。

A. connections　　B. recordset

C. command　　D. err

2. 关于 ADO 组件，下面说法错误的是（　　）。

A. ADO 组件包括三个对象：Connection、Recordset、Command。这些对象和 ASP 的内建对象类似，但是使用这些对象之前要创建一个实例

B. 可用下面的语句创建一个 Connection 对象的实例 SET test= Server.CreateObject("ADODB.Connection")

C. RecordSet 对象只用来浏览存放在服务器中的数据库的内容

D. 使用 Connection 对象，必须通过 ODBC 来连接数据库

3. 以下属于 ADO 对象的是（　　）。

A. connection　　B. command

C. recoreset　　D. procedure

4. ADO 组件中 RecordSet 对象的 open 方法执行一条 SQL 语句后，返回一个记录集合，下列描述正确的是（　　）。

A. 当记录指针指到第一条记录，那么第一条记录是当前记录，方法 eof 返回值为 0

B. 使用 MoveNext 方法将指针移到下一条记录

C. 使用 MovePrevious 方法，可以将指针移到第一条记录

D. 使用 Fields(" 字段名称 ").Value 可在程序读取和设置指定当前记录的某个字段的内容。

三、是非题

1. ADO 对象只能存取 Microsoft Access 和 SQL Server 数据库。（　　）

A. 正确　　B. 错误

2. ASP 能通过一组统称为 ADO 的对象模块来访问数据库。（　　）

A. 正确　　B. 错误

3. SQL 语句不区分大小写。（　　）

A．正确　　　　　　　　　　　　　　B．错误

4．对于用 set rs=conn.execute("select * from student")打开的记录集，可以使用 rs.moveprevious 来移动记录指针。（　　）

A．正确　　　　　　　　　　　　　　B．错误

5．设置命令对象 cmd 的活动连接属性（conn 是一个连接对象）语句为 set cmd.connection=conn,要用 set 的原因是 conn 是一个对象。（　　）

A．正确　　　　　　　　　　　　　　B．错误

6．在 access 及 SQL 中，表中的记录没有固定的顺序，因此不能按记录号来读取记录数据。（　　）

A．正确　　　　　　　　　　　　　　B．错误

四、填空题

1．利用 ADO 组件的________对象，可连接服务器上的数据库。

2．ODBC 的中文全称是________。

3．连接对象的________属性返回连接状态。

第 9 章

电子文档管理系统的开发 ‹‹‹

本章根据 Web 应用程序开发的基本特点，以一个基于 Web 技术的电子文档管理系统的开发为例，详细介绍了 Web 应用程序的可行性分析、需求分析、概要设计、详细设计、编码实现、测试与发布的基本过程。另外，还介绍了项目开发过程中需要创建的各种开发文档的基本格式和相关注意事项。读者要重点掌握需求分析文档，概要设计文档，详细设计文档，测试计划与报告以及项目进度管理文档的编写方法。

9.1 Web 应用程序的开发流程

Web 应用程序开发的一般过程，包括可行性分析、需求分析、概要设计、详细设计、编码、测试以及发布七个阶段，其具体步骤如下：

（1）系统分析员和用户初步接触，了解 Web 应用项目的功能和进度需求。然后根据相关技术、经济、法律、道德和时间等标准，确定项目最终功能列表和进度安排，并编写可行性分析报告。

（2）系统分析员深入了解用户的功能需求，并借助 Visio、Rational Rose 或 PowerDesigner 等软件绘制该项目的数据流图，同时形成一份详细的需求分析文档。

（3）软件概要设计员根据需求分析文档中的数据流图和相关说明，进行软件功能模块的划分和重组（即软件的概要设计），同时形成软件概要设计文档。通常情况下该部分工作也可由系统分析员完成。

（4）软件详细设计员根据概要设计文档和具体分工，对项目的每一个模块的实现算法分别进行详细设计，并形成详细设计文档。通常情况下该部分工作也可由程序员完成。

（5）程序员根据详细设计文档和具体分工，使用指定的计算机语言，编写所有功能模块的代码，并完成模块内部的代码测试工作。

（6）系统测试员在代码编写工作进行的同时，根据需求分析文档、概要设计文档和详细设计文档，提出系统测试方案。在编码工作完成后，使用具体的测试方案对系统进行整体测试，同时形成测试报告。

（7）测试完成无误后，软件交给用户使用，用户对每个功能和界面验收。

总之，在项目开发过程中除了编写项目程序的代码外，还需要要编写大量的文档材料。因为开发文档的完善程度是评估软件开发项目的重要指标，所以一般情况下编写文档所需的工作量要占整个项目的 50%～60%，甚至更多。B/S 架构的软件项目往往需要客户端和服务器端两套程序，所以项目文档往往需要分开编写。

9.2 电子文档管理系统需求分析概述

需求分析是指项目开发者深入理解用户软件开发的各种需求，就软件功能与客户达成一致，估计软件风险和评估项目代价，最终形成完整开发计划的一个复杂过程。

9.2.1 系统功能需求

通过对电子文档管理系统的调查研究，要求系统前台主要具备以下功能：

- 显示用户信息功能
- 上传文件功能
- 修改个人资料功能
- 创建目录功能
- 查看目录功能
- 共享目录功能
- 查询用户功能
- 使用帮助功能
- 会员等级
- 退出登录

通过对电子文档管理系统的调查研究，要求后台系统管理主要具备以下功能：

- 用户等级管理功能
- 用户管理功能
- 修改密码功能
- 退出登录

9.2.2 系统数据流分析

根据用户对软件项目的各项功能需求，对系统整体和各个功能所需要的各种原始数据，以及该数据在本系统中可能的流动和变化过程，进行深入的分析。并将该过程以数据流图的形式表现出来。图 9-1 所示为电子文档管理系统前台用户数据流图，图 9-2 所示为后台管理用户数据流图。

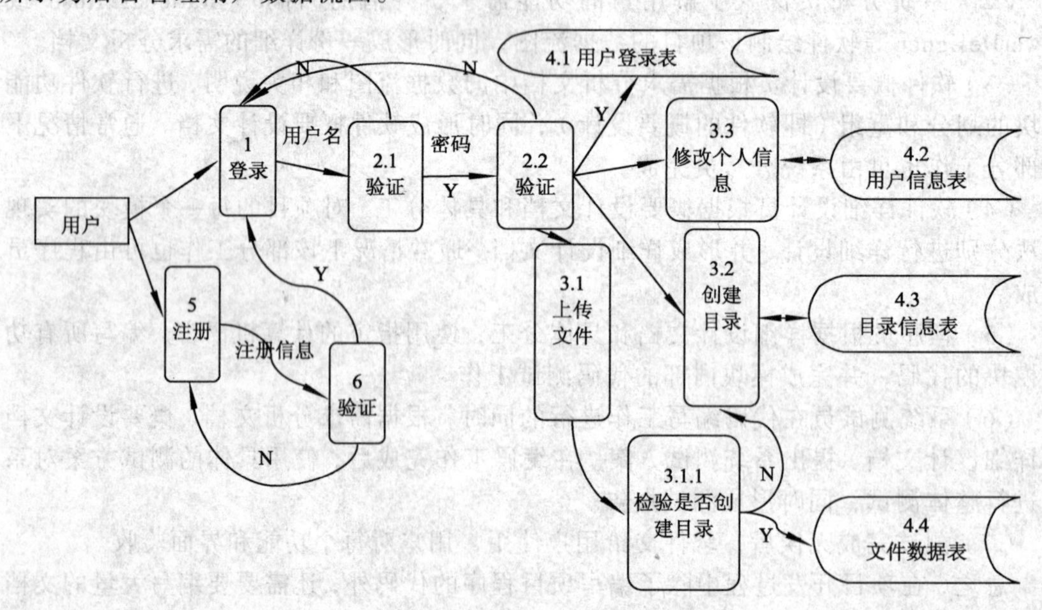

图 9-1 系统前台用户数据流图

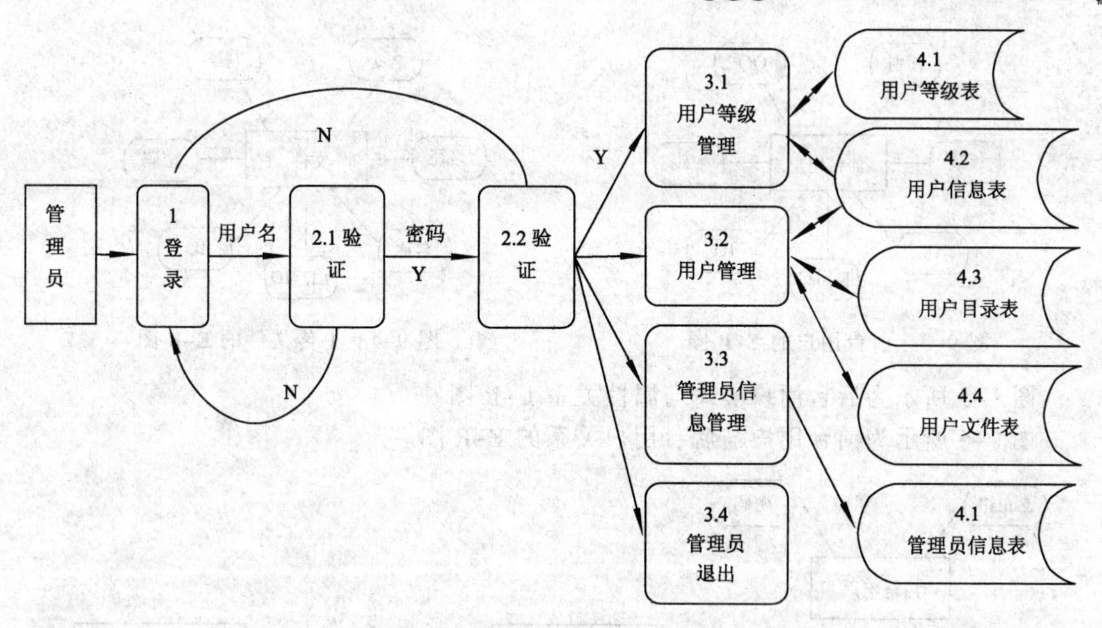

图 9-2 系统后台用户数据流图

9.2.3 数据项和数据结构

数据流图表达了数据与处理的关系，数据字典则是对系统中数据的详尽描述，它提供对数据库数据描述的集中管理。对数据库设计来说，数据字典是进行详细的数据收集和数据分析所获得的主要成果。针对“基于 Web 电子文档管理系统”的业务需求，通过对管理工作过程的内容和数据流分析，设计如下数据项和数据结构：

管理员信息包括：用户名，用户密码。

用户信息包括：用户 ID，用户名称，密码，年龄，性别，E-mail，等级，IP 地址，上传文件个数及其他资料。

目录信息包括：用户 ID，目录名，目录密码，是否共享，目录 ID。

文件信息包括：目录 ID，用户 ID，文件路径，文件大小，是否共享。

等级信息包括：等级名称，文件数量，文件大小，文件类别，目录数量，存储目录。

9.2.4 系统数据库分析

数据库分析主要是使用 E-R 图对系统中所有实体及实体之间的关系进行描述，从而为设计数据库表做好准备工作。以下为 Web 电子文档管理系统中主要实体的 E-R 图。

图 9-3 所示为系统前台用户实体与属性关系 E-R 图。

图 9-4 所示为用户上传文件实体与属性关系 E-R 图。

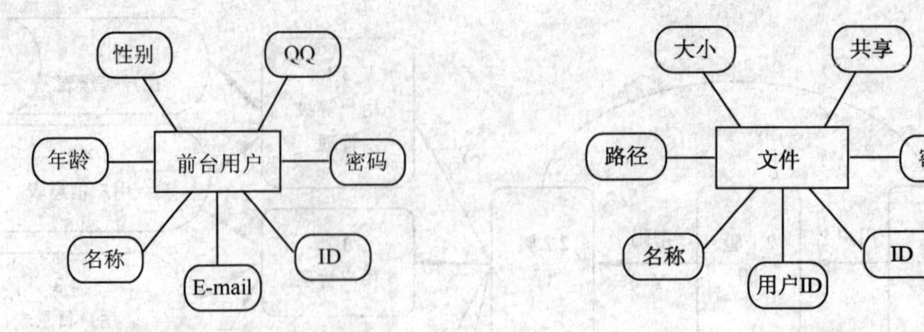

图 9-3　前台用户的 E-R 图　　图 9-4　上传文件的 E-R 图

图 9-5 所示为后台用户实体与属性关系 E-R 图。

图 9-6 所示为前台用户与后台用户关系的 E-R 图。

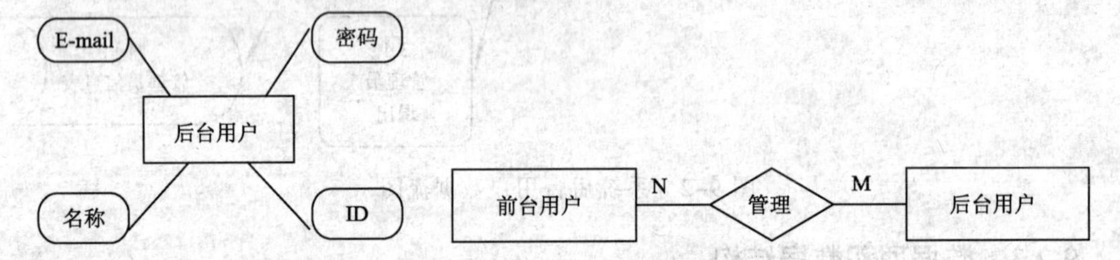

图 9-5　后台用户的 E-R 图　　图 9-6　前台用户和后台用户关系的 E-R 图

以上为 Web 电子文档管理系统的主要 E-R 图，由于篇幅的原因，本书不能一一列出所有 E-R 图。

9.3　电子文档管理系统设计

电子文档管理系统是一个典型的基于 B/S 架构的数据库应用程序，根据需求分析将系统分成前台功能模块和后台管理模块。

9.3.1　系统功能模块划分

1. 系统前台模块

根据需求分析中的数据流图和相关说明，可将系统前台模块进一步细分为九个子模块，如图 9-7 所示。

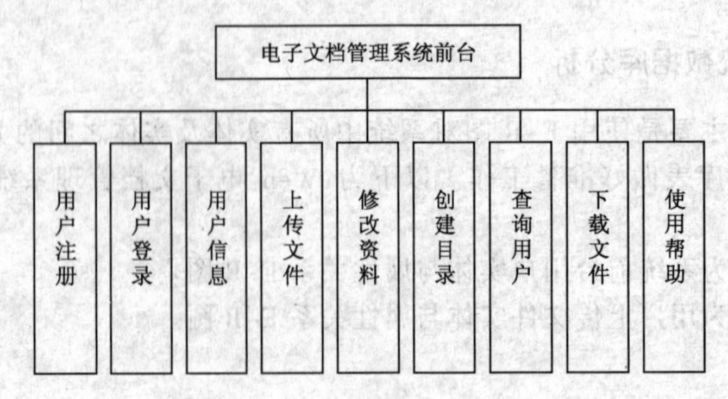

图 9-7　系统前台功能划分

用户注册模块：主要是完成用户注册功能，用户需要正确填写注册项目，成功注册后成为系统用户。

用户登录模块：要求用户正确填写登录信息，经过验证，用户进入系统。

用户信息模块：提供系统用户的基本信息，用户通过此界面查阅自己的基本信息。

上传文件模块：要求用户先选择上传目录，再选择文件的上传路径，经过格式验证和文件大小的验证，若正确，则上传成功；否则，需修改格式或调整文件的大小。

修改资料模块：提供给用户基本信息修改功能。

创建目录模块：要求用户首先输入所要创建的目录名称（不允许重复），再次输入密码。若不输入密码，默认为与其他用户共享。

查询用户模块：用户通过输入要查询的用户名，确定其是否为系统用户，与其共享文件。

下载文件模块：用户可以根据需要选择下载自己目录中的电子文档。

使用帮助模块：用户通过查看此模块了解系统的基本功能。

2. 系统后台模块

根据需求分析中的数据流图和相关说明，可将系统后台模块进一步细分为四个子模块，如图 9-8 所示。

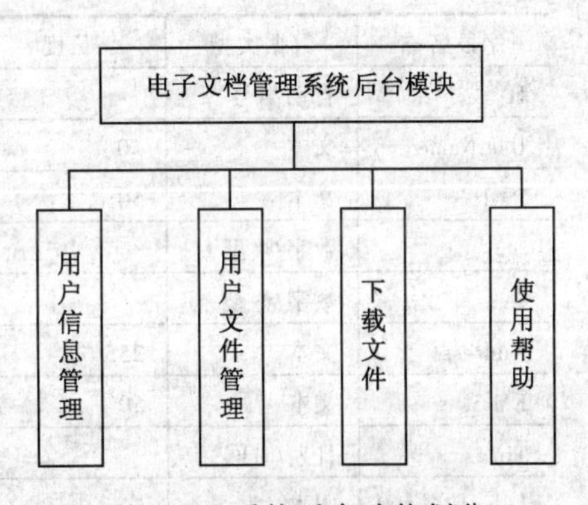

图 9-8　系统后台功能划分

用户信息管理模块：管理员通过登录此模块可以查到系统所有用户的基本信息，对系统用户进行等级管理等。

用户文件管理模块：对所有用户上传的文件进行审核、校验和删除。

下载文件模块：下载用户上传的各种文件。

使用帮助模块：可以帮助管理员用户快速掌握该系该系统软件的操作方法。

9.3.2　数据库设计

数据库概要设计是根据 E-R 图并参考数据流图中数据存储的要求，设计数据库的表名称以及表结构。设计过程中，必须对每个字段的类型以及功能提供详细说明，因为不同数据库管理系统提供的数据类型有些差异，所以应该指出这些数据对应的数据库管理系统。

电子文档管理系统使用 Access 数据库，数据库名称为 db.mdb。数据库 db.mdb 中包含九个数据表，有后台用户数据表 Vip_Admin、用户信息表 Vip_User、文件目录表 Vip_FileDir、文件上传信息表 Vip_file 等。

收集基本数据、数据结构以及数据处理的流程，可为后面的具体设计打下基础。

1. 表结构

（1）后台用户数据表 Vip_Admin

后台用户数据表用于存储本系统的后台用户的相关基本信息，其表结构如表 9-1 所示。

表 9-1　后台用户数据库表结构

字段名称	数据类型	长度	默认值	必填	允许空	字段描述
ID	自动编号			是	否	唯一标识
UserName	文本	50		是	否	用户名
Pwd	文本	50		是	否	密码
Times	日期/时间			否	是	登录时间
Flag	数字/整型		0	否	是	标志
Email	文本	50		否	是	用户 EMAIL
Right	文本	2		否	是	用户权限
Phone	文本	11		否	是	电话

（2）用户信息表 Vip_User

用户信息表用来存储系统用户的基本信息，其表结构如表 9-2 所示。

表 9-2　前台用户数据库表结构

字段名称	数据类型	长度	默认值	必填	允许空	字段描述
ID	自动编号			是	否	唯一标识
UserName	文本	50		是	否	用户名
Pwd	文本	50		是	否	密码
Sex	数字/整型		0	否	是	性别
Age	数字/整型		0	否	是	年龄
Address	文本	255		否	是	地址
EMail	文本	50		否	是	电子邮件
Times	日期/时间			否	是	登录时间
LoginIP	文本	50	0	否	是	IP 地址
right	文本	2	null	否	是	用户权限
QQ	文本	15		否	是	用户 qq 号
Phone	文本	11		否	是	用户电话号

（3）文件目录表 Vip_FileDir

用户可将指定的文件存储到已创建的目录之下，文件目录表用来存储用户自建的目录信息，其表结构如表 9-3 所示。

表 9-3　目录数据库表结构

字段名称	数据类型	长度	默认值	必填	允许空	字段描述
FileDir_ID	自动编号			是	否	唯一标识
FileDir_Userid	数字/整型		0	是	否	用户 id
FileDir_Name	文本	50		是	否	目录名称
FileDir_Pass	文本			否	是	目录密码
FileDir_Time	日期/时间		Now()	否	是	创建时间
FileDir_Share	数字/整型		0	是	是	共享权限
File_sum	数字/整型			是	否	文件数量

（4）文件上传信息表 Vip_file

文件上传信息表用来存储系统用户上传的文件信息，其表结构如表 9-4 所示。

表 9-4　文件信息数据库表结构

字段名称	数据类型	长度	默认值	必填字段	允许空	字段描述
ID	自动编号			是	否	唯一标识
User_id	数字/整型			是	否	用户 ID
Name	文本	255		是	否	文件名
FileDir_id	数字/整型			是	否	目录 ID
FileDir	文本	255		是	否	文件目录
FileDateSize	数字/整型			否	是	文件大小
Share	数字/整型		0	否	是	是否共享

其他数据库表结构略。

2. 表索引设计

数据索引方案的好坏直接关系到数据信息检索的效率，好的索引方案可以大大提高数据的检索效率。各个表的索引如表 9-5 所示。

表 9-5　索引数据库表结构

索引名称	功 能 说 明	表名称
UserName	管理员表的索引	Vip_Admin
Email	管理员邮箱的索引	Vip_Admin
UserName	前台用户用户名索引	Vip_User
Id	前台用户 id 索引	Vip_User
QQ	前台用户 qq 索引	Vip_User
Mail	前台用户邮箱的索引	Vip_User
User_id	前台用户 id 索引	Vip_File
Name	文件名索引	Vip_File
FileDir_id	文件路径索引	Vip_File
……	……	……

3. 数据库访问策略设计

所有基于 ASP 的 Web 应用程序都离不开数据库的访问。而 ASP 要求 Web 页面在对数据库进行读取或写入操作之前必须先连接数据库，当该页面对数据库读取或写入结束后，要关闭数据库连接。这样就使得系统所有需要访问数据库的页面中都会包含相同的连接数据库的代码。所以可将页面中连接数据库的代码形成一个单独的，不具备显示功能的 ASP 页面，文件名为 conn.asp。其主要代码如下：

```
DB="Data/db.mdb"
'此处数据库为Access2003，如果为其他数据库，请选择相应的连接字符串
Set Conn=Server.CreateObject("ADODB.Connection")
Connstr="Provider=Microsoft.Jet.OLEDB.4.0;Data Source=" & Server.
```

```
MapPath(""&DB&"")
    Conn.Open Connstr
```

9.3.3 系统页面设计

为保证系统页面风格一致和对网页布局、字体、颜色、背景等的精确控制，使用CSS层叠样式表可以简化网站的代码长度。本例使用的样式表代码如下：

```
Body {margin:0px; font-family:"宋体"; text-align:center; color:#
                                        5d5f52; font-size: 9pt}
.img image {vertical-align:middle}
table {font-size: 9pt; line-height:17px}
a {color:#465584; text-decoration: none}
a:visited {color:#465584; text-decoration : none}
a:hover {color:#000000; text-decoration : underline}
.inp2 {border:1px solid #999999}
input{border-right:#40c8d0 1px solid;border-top:#40c8d0 1px
solid;font-size:9pt;border-left:#40c8d0 1px solid;border-bottom:#40c8d0
                                        1px solid;height:19px;}
textarea{border-right:#40c8d0 1px solid;font-size:9pt;border-left:
          #40c8d0 1px solid;border-bottom:#40c8d0 1px solid;}
```

1. 前台用户界面设计

前台用户界面设计需要符合项目需求分析文档和概要设计文档中对相应界面及功能的说明；同时还需要综合考虑整个软件系统界面的统一性；再结合软件设计人员的个人经验，最终完成用户界面的设计工作。

（1）页面布局设计

根据用户需求文档的相关说明，最终确定，所有页面文档宽的度为780像素；页面布局使用框架集，采用统一的“匚”字型布局，如图9-9所示，规划所有前台用户的界面信息。其中所有前台用户界面的标题区、快速导航区、页面信息区的内容完全一致。为了简化程序编写过程和提高系统维护的效率，可将标题区、快速导航区和页面信息区的内容分别形成一个单独的页面文档，文件名分别为top.asp、left.asp和bottom.asp，并使用<!--#include “文件路径/文件名” -->服务器端包含标记插入到前台用户的每个功能页面中相应的位置。

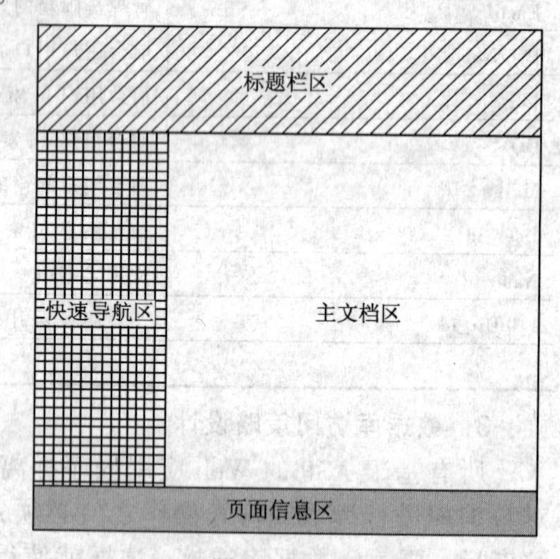

图 9-9 前台用户界面布局形式图

（2）top.asp页面的设计说明

文件名：top.asp

文件存放路径：/include/top.asp

功能说明：top.asp是所有前台用户界面的标题区，依据需求文档的要求，该页面的页

面宽度为“780”像素，高度为“160”像素，面用于显示网站的 logo 和一些标题信息。

（3）left.asp 页面的设计说明

文件名：left.asp

文件存放路径：/include/left.asp

功能说明：left.asp 是所有前台用户界面的快速导航区，以超链接的方式显示用户信息、上传文件、修改资料、创建目录、共享目录、在线用户、查看目录、查询用户、会员等级、使用帮助和退出登录等。依据需求文档的要求，该页面的页面宽度为“160”像素，高度随文档区伸展。

（4）bottom.asp 页面的设计说明

文件名：bottom.asp

文件存放路径：/include/bottom.asp

功能说明：bottom.asp 是所有前台用户界面的信息区，依据需求文档的要求，该页面的页面宽度为“780”像素，高度为“60”像素，用于显示版权信息等。

2. 后台用户界面设计

同前台用户界面设计类似，布局形式仍然为“匚”字型布局，但要求所用后台界面标题区、快速导航区采用和文档区分别放到“框架集”中。

9.3.4 系统详细设计

系统详细设计的目的是依据概要设计和需求分析文档，对系统各个模块的实现算法进行设计和描述，以便编码阶段的程序员能够快速编写出程序代码。下面以系统注册模块为例，说明系统详细设计的方法和过程。

1. 模块名称

前台用户注册模块。

2. 网页文件名

```
reg.asp, regcheck.asp
```

3. 文件路径

```
/reg.asp/regcheck.asp
```

4. 功能描述

（1）单击系统主页上的“注册按钮”，进入用户信息填报页面，如图 9-10 所示。

（2）在用户信息填报页面，按要求填入用户名称、密码、年龄和 E-mail 等用户基本信息。单击“提交”按钮，用户信息经客户端代码完成合法性检查后提交给前台用户注册校验页面 regcheck.asp。

（3）根据 regcheck.asp 文件的反馈信息提示用户是否注册成功。如果成功，系统返回到电子文档管理系统的前台用户登录页

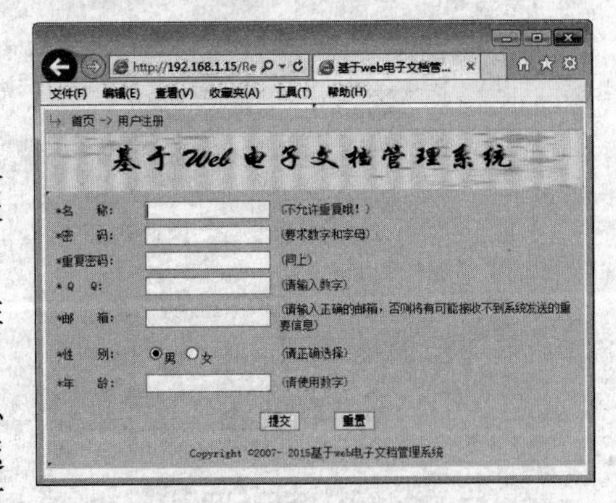

图 9-10　前台用户注册页面

面；如果不成功，提示信息出错的原因，并要求用户重新填写注册信息。

5. 主要代码

（1）reg.asp 文件

```
<!DOCTYPE html>
<html>
<head>
<title>基于 Web 的电子文档管理系统</title>
<meta http-equiv="content-type" content="text/html; charset=gb2312">
<meta http-equiv="content-language" content="zh-cn">
<meta name="description" content="电子文档管理系统">
<link rel="stylesheet" href="style.css">
</head>
<script language="javascript">
<!--
function check_add()
   {
    errfound=false;
if (document.form1.username.value=="")
        {
        if (!errfound)
        {
        window.alert("请输入名称! ");
        form1.username.focus();
         errfound=true;
        }
        }
if (document.form1.pwd.value=="")
        {
        if (!errfound)
        {
        window.alert("请输入密码! ");
        form1.pwd.focus();
         errfound=true;
        }
        }
if (document.form1.pwd.value!=document.form1.pwd1.value)
        {
        if (!errfound)
        {
        window.alert("两次密码不相同! ");
        form1.pwd1.focus();
         errfound=true;
        }
        }
if (document.form1.qq.value=="")
        {
        if (!errfound)
        {
```

```
        window.alert("请输入 qq! ");
        form1.qq.focus();
         errfound = true;
        }
        }
if (document.form1.mail.value=="")
        {
        if (!errfound)
        {
        window.alert("请输入信箱! ");
        form1.mail.focus();
         errfound = true;
        }
        }
if (document.form1.mail.value.indexof("@")< 0)
        {
        if (!errfound)
        {
        window.alert("错误的信箱! ");
        form1.mail.focus();
         errfound = true;
        }
        }
   return ! errfound;

}
-->
</script>
<body>
<center>
<table width=543 border=0 ><tr><td height=1>
<!--#include file="top.asp"-->
<form method="post" action="regcheck.asp"  name=form1 onsubmit=
                     "return check_add();" autocomplete="off">
<div align="center">
  <center>
<table width=540 ><tr><td>
<table width=548 border=0 cellspacing=1 cellpadding=3 class=bg2>
<tr><td width="84"><span class=star>*</span>名   
                                                 称: </td>
<td width="130"><input type=text name=username size=20 maxlength=20
                                                 class=inp2></td>
<td width="302">(不允许重复哦! )</td></tr>
<tr><td width="84"><span class=star>*</span>密   
                                                 码: </td>
<td width="130"><input type=password name=pwd size=20 maxlength=20
                                                 class=inp2></td>
<td width="302">(要求数字和字母)</td></tr>
<tr><td width="84"><span class=star>*</span>重复密码: </td>
```

```
<td width="130"><input type=password name=pwd1 size=20 maxlength=20
                                                    class=inp2></td>
<td width="302">(同上)</td></tr>
<tr><td width="84"><span class=star>*</span> q   
                                                          q: </td>
<td width="130"><input type=text name=qq size=20 maxlength=40 class=
                                                         inp2></td>
<td width="302">(请输入数字)</td></tr>
<tr><td width="84"><span class=star>*</span>邮    
                                                          箱: </td>
<td width="130"><input type=text name=mail size=20 maxlength=40
                                                    class=inp2></td>
<td width="302">(请输入正确的邮箱，否则不能收到系统发送的信息)</td></tr>
<tr><td width="84"><span class=star>*</span>性   
                                                      别: </td>
<td width="130"><input type="radio" name="sex" value="0" checked>男
<input type="radio" name="sex" value="1">女</td>
<td width="302">(请正确选择)</td></tr>
<tr><td width="84"><span class=star>*</span>年    
                                                          龄: </td>
<td width="130"><input type=text name=age class=inp2></td>
<td width="302">(请使用数字)</td></tr>
</table><br>
<center>
  <label>
  <input type="submit" name="btnok" id="btnok" onclick="check_add()"
                                                      value="提交">
      
  <input type="reset" name="btnrest" id="btnrest" value="重置">
  </label>
</center>
</td></tr></table>
</center>
</div>
</form>
<!--#include file="bottom.asp"-->
</body>
</html>
```

（2）regcheck.asp 文件

```
<!--#include file="conn.asp"-->
<!--#include file="md5.asp"-->
<%
opendata
dim web_vip_reg,web_vip_name,web_vip_caller
web_config
if web_vip_caller=1 then
  response.write "已经停止注册"
  response.end
```

```
end if
%>
<center>
<!--#include file="top.asp"-->
</center>
<%
dim username,pwd,sex,age,address,mail,freg
freg=1
dim errstr
errstr="提示信息==>> "
username=replace(request.form("username"),"'","")
pwd=replace(request.form("pwd"),"'","")
sex=replace(request.form("sex"),"'","")
age=replace(request.form("age"),"'","")
qq=replace(request.form("qq"),"'","")
mail=replace(request.form("mail"),"'","")
if len(username)>10 then
   errstr=errstr & "用户名长度不能大于10个字符！"
   freg=0
end if
if instr(username," ")<>0 or instr(pwd," ")<>0 then
   errstr=errstr & "用户名，密码不能包含空格！"
   freg=0
end if
if trim(username)="" or trim(pwd)="" or trim(mail)="" then
   errstr=errstr & "带*号的必须填写！"
   freg=0
end if
if not isnumeric(age) then
   errstr=errstr & "年龄必须为数字！"
   freg=0
end if
if not isnumeric(qq) then
   errstr=errstr & "qq必须为数字！"
   freg=0
end if
if isnull(address) then
   errstr=errstr & "请填写地址！"
   freg=0
end if
if  freg=0 then
   response.write errstr & "<a href=reg.asp><font color=red>返回
                                        </font></a>修改注册信息！"
else
    sql="select * from vip_user where username='" & username & "'"
    set rs=conn.execute(sql)
    if not rs.eof then
       errstr=errstr & "用户名已存在！"
       rs.close
       set rs=nothing
```

```
        else
           pwd=md5(pwd)
           sql="insert into vip_user (username,pwd,sex,age,address,mail,
           times,vip,loginip)values('"&username&"','"&pwd&"',"&sex&",
           "&age&","&qq&",'"&mail&"','"&now()&"',"&web_vip_reg&",'"&request.
                                     servervariables("remote_addr")&"')"
           conn.execute (sql)
           errstr=errstr & "注册成功 <a href=login.asp><font color=
                                                   red>点此登录</font></a>"
           rs.close
           set rs=nothing
        end if
        response.write errstr
    end if
    closedata
    %>
    <!--#include file="bottom.asp"-->
```

在这个文件中使用了 md5.asp，该文件用于用户密码加密。

9.4 系统发布与测试

系统的发布方法详见第 1 章 1.3.4 节。正式系统需发布在硬件配置较高的服务器上，并且要求软件环境和网络带宽能满足大量用户并发访问的需要。

系统在正式发布之前需要进行大量的测试工作，并在发布之后再根据设计意图的变化和用户的反映不断地完善系统的结构并更新内容。系统测试可以及时地发现存在的问题。按照软件业通行的做法，系统在正式发布前进行两个不同的测试：Alpha 测试和 Beta 测试。

Alpha 测试在开发单位内部进行，通常由开发人员、系统设计人员和专门的测试人员参与。

Beta 测试需在更大范围内完成，由专门的测试人员并可以邀请外单位人员和用户进行测试。Beta 测试完成后才可以正式发布。

由于 Web 应用系统的特殊性，系统测试除检查网站的结构与设计方案是否吻合外，还要进行以下几方面的测试：

1. 用户界面

使用 Web 浏览器作为应用程序前台的一个原因就是它易于使用。用户界面测试包括网站使用说明、站点地图和导航条、颜色/背景、图片、表格等。

2. 功能测试

Web 站点的功能测试包括链接、表单、数据校验、Cookies 和应用程序特定的功能需求等。最重要的是，测试人员需要对应用程序特定的功能需求进行验证。尝试用户可能进行的所有操作。

3. 接口测试

在很多情况下，Web 站点不是孤立的。Web 站点可能会与外部服务器通讯，请求数据、验证数据或提交订单。接口测试主要包括服务器接口、外部接口和错误处理等。

4. 兼容性测试

兼容性测试验证应用程序是否可以在用户使用的机器上运行。如果用户是全球范围的，需要测试各种操作系统、浏览器、视频设置和网络速度。最后，还要尝试各种设置的组合。

5. 负载/压力测试

负载/压力测试验证系统能否在同一时间响应大量的用户，在用户传送大量数据时能否响应，系统能否长时间运行。可访问性对用户来说是极其重要的。不仅要使用户能够正常访问站点，在很多情况下，可能会有黑客试图通过发送大量数据包来攻击服务器。出于安全的原因，测试人员应该知道当系统过载时，需要采取哪些措施，而不是简单地提升系统性能。

6. 安全性测试

安全性测试非常重要。Web 站点收集的用户资料只能在有限的范围内使用。如果用户信息被泄露，用户就不会有安全感，有时可能会造成极大的损失。安全性测试除 Web 应用程序部署的目录和服务器端网络配置外，应用程序自身的各种漏洞如 SQL 注入漏洞、表单漏洞、Cookie 验证漏洞、用户身份验证漏洞、文件操作漏洞、Session 漏洞、跨网站脚本（XSS）漏洞和命令注射漏洞等均需要进行测试。

随着 Web 应用的普及，Web 应用安全检测技术变得日益精细起来，Web 应用程序弱点检测工具不断被开发出来，我们可以预期集成 Bug 追踪系统的出现，将简化测试人员现在所使用的缺陷跟踪方法，并使测试人员可以像处理功能缺陷一样简便地处理安全缺陷。

需要说明的是，尽管系统测试分为两个阶段，但测试的次数和时间并不固定，测试工作的进度取决于测试的结果，测试工作贯穿于整个开发过程。

本章小结

本章通过一个基于 Web 技术的电子文档管理系统的开发实例，介绍了 Web 程序设计的一般方法和过程。有助于培养初学者树立基于软件工程学的程序设计思想。

参 考 文 献

[1] Microsoft.Microsoft JScript 手册[EB]. http://www. Microsoft.com.

[2] Microsoft.Microsoft VBScript 手册[EB]. http://www. Microsoft.com.

[3] Microsoft.Microsoft Jet SQL 参考手册[EB]. http://www. Microsoft.com.

[4] Microsoft.Microsoft Active Server Pages 参考手册[EB]. http://www. Microsoft.com.

[5] ALEXIS GOLDSTEIN,LOUIS LAZARIS, ESTELLE WEYL. HTML5 & CSS3 for the Real World[M]. SitePoint Pty. Ltd, 2011.

[6] DAVID FLANAGAN. JavaScript 权威指南[M]. 6 版. 淘宝前端团队，译. 北京：机械工业出版社，2012.